彩版

家庭花草病虫害防治百科

吴棣飞 蒋明 主编

中国农业出版社

图书在版编目（CIP）数据

彩版家庭花草病虫害防治百科 / 吴棣飞，蒋明主编．
-- 北京：中国农业出版社，2018.1
ISBN 978-7-109-23645-5
Ⅰ．①彩… Ⅱ．①吴… ②蒋… Ⅲ．①花卉－病虫害防
治 Ⅳ．①S436.8
中国版本图书馆 CIP 数据核字 (2017) 第 296966 号

中国农业出版社出版
(北京市朝阳区麦子店街 18 号楼)
(邮政编码 100125)
责任编辑 黄 曦

北京中科印刷有限公司印刷　新华书店北京发行所发行
2018 年 1 月第 1 版　2018 年 1 月北京第 1 次印刷

开本：710mm × 1000mm　1/16　印张：20
字数：350 千字
定价：75.00 元
(凡本版图书出现印刷、装订错误，请向出版设发行部调换)

前言 preface

自古以来，种花种草就是人们文化生活中重要的一部分。绚烂多彩的花草使得我们的生活多了几分优雅和闲适。老舍先生曾在散文《养花》中提到："有喜有忧，有笑有泪，有花有实，有香有色，既须劳动，又长见识，这就是养花的乐趣。"在现代社会，花草除了赏心悦目之外，还能起到净化空气、抵御辐射、有益于人体健康等作用。

近年来，随着人们生活水平的提高，很多人选择在自己家中养花种草，装点房间。然而，无论是室外还是室内，花草在生长过程中免不了遭受病虫害，像人一样也会得病。轻者会使得花草姿容减色，重者则会导致植株死亡。俗话说："工欲善其事，必先利其器。"因此，要想花草枝繁叶茂，就必须及时做好花草的病虫害防护工作。为了帮助广大花草爱好者做好这项工作，我们为此编写了《彩版家庭花草病虫害防治百科》这本书，希望可以为您解疑答惑。

在编写过程中我们参阅了相关专业书籍，在此基础上，结合实践经验，完成了此书。全书共分为五章。第一章是总述，着重介绍花草病虫害防治的基础知识。简述花草发生病虫害的原因，并介绍了常见的病虫害有哪些，方便读者朋友了解花草是否害病，以及如何采取措施等。第二章至第五章为分述，分别讲述观花类植物病虫害的识别与防治、观叶类植物病虫害的识别与防治、观果类植物病虫害的识别与防治和多肉类植物病虫害的识别与防治，我们分别选取了比较有代表性的植物以及病虫害类型进行了阐述。

全书对每种植物从别名、科属、分布区域或原产地等方面做了简单介绍，介绍了该植物常见的病害症状表现、病害发病规律、虫害发生规律以及防治方法。全书条理清晰，通俗易懂。希望读者朋友可以通过本书了解花草常见的病虫害以及做好防治工作。

由于笔者学识、经验等方面的原因，书中难免有纰漏，望广大读者批评指正。

编者

2017 年 9 月

目录 contents

第一章

花草病虫害防治基础知识

第二章

观花类植物病虫害的识别与防治

翠菊

金盏菊

百日草

金鱼草

虞美人

凤仙花

鸡冠花

美女樱

福禄考

天竺葵

芍药

朱顶红

鸢尾

满天星

风信子

仙客来

马蹄莲

百合

睡莲

水塔花

郁金香

大丽花

唐菖蒲

扶桑

栀子

茉莉

山茶

月季

杜鹃

牡丹

紫娇花

金边瑞香

珊瑚花

龙船花

五星花

毛茉莉

长春花

桔梗

卷丹百合

垂丝海棠

绣线菊

红花蕉

锦鸡儿

百子莲

瓷玫瑰

番红花

大岩桐

五色梅

口红花

第三章

观叶类植物病虫害的识别与防治

龟背竹

文竹

肾蕨

铁线蕨

第四章

观果类植物病虫害的识别与防治

第五章 多肉类植物病虫害的识别与防治

第一章

花草病虫害防治基础知识

1. 花草发生病害的原因

生理病害和病菌感染导致花草发生病害。

（1）**生理病害**。是由温度、湿度、光照、营养等不良环境条件所引起的花草病害。如水分过多或不足、光照过强或过弱、温度过高或过低、营养不足或失调、烟尘及有害气体污染等。这些病害严重影响了花草生长发育。

（2）**病菌感染**。这是由真菌、细菌、病毒等病原生物侵染引起的花草病害，它们都从寄主细胞内吸取营养来进行生长繁殖，其中以真菌感染最为常见。病菌感染具传染性，在适宜的环境条件下，能迅速蔓延传染，危害极大。

花草一旦发生生理病害，只要及时改善栽培管理，以适应花草生长发育的要求，一般会自然复壮；而花草如发生了病菌感染，则很难采取措施控制，杀菌剂可以用于早期防治。生理病害与病菌感染是紧密联系、互为因果的，当花草处于生长衰弱的状况下，往往容易招致病菌感染。另外，花草遭受虫害时，也可能导致病菌感染发生。

2. 花草生理病害有哪些

花草生长过程中，造成花草生理病害的主要原因有：

（1）**低温**。不同植物生长所需要的温度是不同的，一般植物需要的温度在20～30℃。很多植物抗寒性不佳，当温度过低时，会出现生理干旱、冻裂，甚至死亡的状况。

（2）**高温**。同样的，植物也不能承受过高的温度，要是温度过高，会引起植物灼伤和开裂，还会加速蒸腾，导致根部吸收供不应求，造成失水，从而引起植物枯萎甚至死亡。

（3）**有害气体**。目前对花草威胁大的有害气体主要有二氧化硫、氟化氢、氯气、臭氧等。

（4）**干旱**。干旱可导致植物脱水，水对植物的重要性不必赘述，没有水，植物就无法生长。

（5）**涝害**。植物没有水是万万不能活的，但水多了对植物（除水生植物）的生长也不利。水涝会造成植物根部透气性差，导致植物缺氧、活力下降、根尖变黑、植株矮小、叶片变黄甚至死亡。

（6）盐碱土。不同植物对土壤酸碱性要求是不同的，有些植物喜好酸性土壤，但也不能酸性太高；有些植物则喜好偏碱性或中性的土壤，但碱性也绝不能高，否则不利于植物生长。我国西北地区就是因为土壤呈碱性从而导致植物无法生长，这种现象被称为土地“盐碱化”。

3. 花草病菌感染病害有哪些

感染了灰霉病的栎叶白粉藤，叶片上生出了厚厚的、呈水腐状的灰色霉层。

（1）真菌性病害。真菌是没有叶绿素的异养生物，以菌丝体为营养体，靠风、雨、昆虫等进行传播。由此引起的病害为真菌性病害。病害主要有灰霉病、褐斑病、黑斑病、白粉病、立枯病、炭疽病、锈病、白绢病等。以上诸多病害可形成的病征有：出现粉状物；霉状物；锈状物；点状物；丝状物、颗粒状物。

（2）细菌性病害。细菌性病害主要症状是腐烂、坏死、肿瘤、畸形和萎蔫等。主要特征为受害组织呈水渍状，潮湿环境下从发病部位溢出细菌黏液，有明显恶臭味。

（3）病毒性病害。病毒性病害主要表现为外部症状：变色；坏死；畸形。

（4）线虫病害。这是由植物线虫侵袭和寄生引起的植物病害，分为地上部寄生和地下部寄生两种。受害植物可因侵入线虫吸收体内营养而影响正常的生长发育，线虫代谢过程中的分泌物还会刺激寄主植物的细胞和组织，导致植株畸形。

（5）菟丝子。菟丝子是旋花科菟丝子属植物的总称，为攀缘性寄生草本植物。遇到适宜寄主就缠绕在上面，吸取寄主养分和水分，轻则影响寄主植物的生长和观赏价值，重则引起寄主植物死亡。

4. 花草发生病害后的表现

（1）变色。以叶片变色最为明显，表现为一些花草叶片褪绿或变黄，或产生红色、黄色或紫色斑点。其中，由缺元素引起的叶片变色，常表现为整片叶子变黄或褪绿，如植株缺铁时，新叶叶脉间褪绿，但叶脉保持绿色；而由病毒侵染引起的变色，则表现为沿叶脉褪色并呈花叶状，这是病毒病的典型症状。

（2）**坏死**。坏死多由真菌或细菌侵染引起，在叶片上的表现有叶斑和叶枯两种。叶斑根据其形态的不同，有圆斑、角斑、条斑、环斑、轮纹斑等。叶枯是指叶片较大面积枯死，枯死的轮廓不一定明显。叶部的坏死是花草病害中最常见的一种症状，如月季黑斑病等。此外，茎部的坏死也能形成病斑或茎枯，在枝干上形成疮痂和溃疡；根部的坏死形成根腐；幼苗的茎和根部的坏死可以造成死苗而发生猝倒或立枯症状。

（3）**腐烂**。花草的花、果及贮藏器官（如球根等）生病后容易发生腐烂，按其性质可分为干腐、湿腐和软腐。含水分少而较坚硬的组织发生干腐；含水分较多的组织往往发生湿腐或软腐。此病可由病菌侵染引起，也可因管理不善（如浇水过多等）造成，如花草花腐病、根腐病、茎腐病等。

（4）**畸形**。畸形是由于花草受到病毒、细菌或线虫等病原物侵害后，导致细胞或组织生长增生或受到抑制的状况，植株整体表现有徒长、矮化和丛生等。畸形在叶片上常表现为扭曲、皱缩、卷叶、缩叶等，而根、茎的过度分枝则会引起丛根和丛枝等丛生现象，如花木根癌病、根结线虫病、夹竹桃丛枝病。

（5）**萎蔫**。萎蔫是维管束组织病害的一种表现，是由于花草的根部受害，水分吸收和运输困难或由病原毒素的毒害、诱导的导管堵塞物造成。萎蔫期间失水迅速、植株仍保持绿色的称为青枯，不能保持绿色的又分为枯萎和黄萎，如菊花枯萎病、大丽花青枯病等。

5.花草常见病征

花草常见的病征有以下几种：

（1）**锈粉**。也称锈状物，为锈菌所致病害的病征，初期在病部表皮下形成黄色、褐色或棕色病斑，病斑破裂后散出铁锈状粉末。常见的如玫瑰锈病。

（2）**白锈**。为白锈菌所致病害的病征，是在病部表皮下形成的白色疱状斑（多在叶片背面），破裂后散出的灰白色粉末状物。常见的如牵牛花白锈病。

（3）**白粉**。为白粉菌所致病害的病征，是在病部叶片正面表生的大量白色粉末状物，后期颜色加深，产生细小黑点。常见的如菊花白粉病。

（4）**黑粉**。为黑粉菌所致病害的病征，是在病部形成菌瘿，瘿内产生的大量黑色粉末状物。

（5）**霉状物**。为病原真菌在受害部位产生各种颜色的霉层（霜霉、灰霉、黑霉、青霉等）。常见的如牡丹灰霉病。

（6）**点状物**。在病部产生的形状、大小、色泽和排列方式各不相同的小颗粒状物，它们大多呈暗褐色至褐色，针尖至米粒大小。常见的如兰花炭疽病。

（7）**颗粒状物**。真菌菌丝体变态形成的一种特殊结构，生于植株受害部位，其形态大小差别较大，多数为黑褐色。常见的如非洲菊菌核病。

（8）**脓状物**。细菌性病害在病部溢出的含有细菌菌体的脓状黏液，一般呈露珠状，或散布为菌液层。常见的如仙客来细菌性软腐病。

6. 花草常见害虫种类

无论是新手，还是种花经验丰富的人，甚至是专业人员，都不能保证所养的植物永远不发生虫害。

花草害虫种类很多，一般分为刺吸性害虫、食叶害虫、蛀干害虫和地下害虫四大类。

（1）**刺吸性害虫**。这类害虫有针状刺吸式口器，用于吸取花草组织的汁液，从而导致植物发生卷叶、叶片上出现灰黄等色小点或出现叶片、枝条枯黄等症状。

（2）**食叶害虫**。这类害虫有咀嚼式口器，用于取食固体食物，从而导致植物发生卷叶症状。这类害虫会将叶片咬得残缺不全，甚至直接将叶片吃光。

（3）**蛀干害虫**。这类害虫会钻蛀花木枝条、茎秆内食害，造成隧道或孔洞。

（4）**地下害虫**。指在土中危害花草根部或近地表主茎的害虫。这类害虫多潜伏在土中，不容易被发现，并且为害期主要集中在春、秋两季。

7. 常见刺吸性害虫有哪些

这类害虫都具有刺吸式口器，能刺吸花草茎叶内的养分。常见的刺吸汁液的害虫有蚜虫类、蓟马类、介壳虫类、叶螨类、粉虱等。

（1）**蚜虫类**。蚜虫是花草最常见、最普遍的害虫，同时也最令人头痛。蚜虫种类繁多，具有很强的繁殖能力，群集在植物的生长点、花、嫩枝、叶背，用它的针状刺吸式口器吸食植株的汁液，造成植物叶片卷曲皱缩，植物细胞遭到破坏，植株停止生长，甚至枯萎死亡。

（2）**蓟马类**。蓟马是缨翅目昆虫，种类繁多，常见的有瓜蓟马、葱蓟马等，其一年四季均有发生，主要发生地在露地，冬天则发生在温室大棚里。蓟马取食植株茎、叶、花、果的汁液，还传播真菌，导致植株枯萎，危害很大。

（3）**介壳虫类**。介壳虫类有几十种，是比较常见的花草虫害，常见的有粉蚧、长白蚧、吹绵蚧、红蜡蚧、日本龟蜡蚧等，属小型昆虫，体长一般只有1～7毫米，最小的只有0.5毫米。介壳虫类虫体一般有蜡质，繁殖很快，常群集于枝叶及花蕾上吸取汁液，引起枝叶干枯、树势衰退，并容易引发煤污病。

（4）**叶螨类**。叶螨是学名，俗称红蜘蛛，种类繁多，有柑橘全爪螨、朱砂叶螨、山楂叶螨等，能危害110多种植物。主要危害植物叶片，其将口器刺入叶片内吸食汁液，使叶绿素遭到破坏，出现灰黄点或斑块，造成叶片枯黄、掉落。

（5）**粉虱类**。粉虱很小，看上去像白色的小飞蛾，搬动患病植物时常会扬起一阵粉尘。粉虱成虫和若虫都刺吸植物的叶、果实以及嫩枝的汁液，会引起叶片和果实掉落等。

8. 常见食叶害虫有哪些

这类害虫具有咀嚼式口器，咬食花草叶片为害。常见的有：

（1）**蓑蛾**。该虫俗称布袋虫。幼虫在囊内越冬，4～5月化蛹变成成虫产卵。1年中的6～7月为害最严重。

（2）**刺蛾**。常称洋辣子。5～10月幼虫吃叶片为害，幼虫在11月结茧越冬，翌年4月孵化为成虫产卵。

（3）**金龟子**。成虫咬食叶片，幼虫称蛴螬，为地下害虫。1年中的6～7月，黄昏时飞出为害。

（4）**卷叶蛾**。俗称卷叶虫。幼虫咬食叶片。1年2～3代，翌年4月开始为害。

9. 常见蛀干害虫有哪些

蛀干害虫是指钻蛀花木枝条、茎秆内啃食，造成隧道或孔洞的害虫。危害花木的害虫主要有天牛、木蠹蛾、吉丁虫、茎蜂等。

（1）**天牛**。天牛种类繁多，长有咀嚼式口器和很长的触角，是植食性昆虫，危害木本植物，还会对木材和建筑房屋以及家具等造成损害。

（2）**木蠹蛾**。木蠹蛾是大型蛾类，其危害最大的虫态是幼虫。木蠹蛾幼虫钻进蛀入树体里生活约两年，树体被蛀成无数连通的孔道，出现巨大的树洞，造成树木生长受阻。

（3）**吉丁虫**。吉丁虫俗称爆皮虫，成虫以叶片为食，幼虫蛀食枝干皮层，被咬处流胶，为害严重时引起树皮爆裂，所以称为"爆皮虫"，对树木损伤很大，甚至造成树木整株枯死。

（4）**茎蜂**。主要危害蔷薇科植物，如月季、玫瑰等。除幼虫会在植物茎内蛀食外，成虫产卵也会造成嫩梢折断，使受害枝失去开花能力。

10. 常见地下害虫有哪些

地下害虫是指在土中危害花草根部或近地表主茎的害虫，常见的地下害虫有以下几种：

（1）**蛴螬**。蛴螬是金龟子的幼虫，种类繁多，有四十余种，多为白色，少数为黄白色，身体肥大，身体弯曲呈C形，喜食刚播种的种子、植物的根和块茎还有幼苗，危害很大。

（2）**地老虎**。地老虎属于夜蛾科，种类很多，以幼虫危害最大，主要危害豆科、十字花科、百合科等观赏植物等。

（3）**其他害虫**。还有蝼蛄、金针虫、种蝇幼虫、蟋蟀等昆虫也会对花草根部或近地表主茎造成损害。

11. 害虫对花草有哪些危害

从花草的繁殖、生长、开花、结果整个过程来看，害虫危害花草分为3种类型：

（1）**取食性危害**。害虫能直接危害花草的根、茎、叶、花、芽、果等，从而形成不同的被害状。因其取食部位和口器的不同可分为嚼食、潜叶、刺吸、卷叶或缀叶营巢、成瘿、钻蛀。

（2）**非取食性危害**。这种危害方式在花草木上表现为产卵伤害和钻土伤害，损伤花木茎枝，造成花木折断或失去开花功能。

（3）**传播植物病原**。大多植物病毒都是由害虫传播的，害虫造成的伤口，为某些病菌侵入植物打开了入口；害虫分泌的液体还会污染植物。比如蚜虫、介壳虫和粉虱等排出的蜜露能玷污叶片，导致植物患上煤污病。

12. 防治花草病虫害的主要途径有哪些

防治花草病害的途径从总体上来说主要有3个：

（1）提高寄主的抗病性。

（2）控制环境条件，使之有利于花草生长发展的方向发展。

（3）消灭和抑制病菌。在实际的实施操作上可分为以下几种：消灭病原物来源；培育抗病品种；保护植物；压低病原物数量；预测预报；适时施药。

13. 花草病虫害防治的基本原则是什么

花草病虫害防治坚持"预防为主，综合防治"的八字方针。

（1）预防为主。就是要根据发病规律，抓关键时期和薄弱环节，采取切实可行而又高效的方法，以期达到理想效果。

（2）综合防治。就是改善环境条件，充分利用自然界抑制病虫害的各种因素，创造良好的栽培环境。因地制宜、因时而作、取长补短将损失降到最小。

（3）防治原则。花草病虫害防治还要注意以下几点：①提高花草本身的抗病能力；②创造良好环境，增强花草抗病力；③直接消灭病原物和害虫，减少或切断传播途径。

14. 为什么说防治花草病虫害应"预防为主"

预防为主很重要，因为对于大多数病害来说，只能预防而不能有效根治。原因有两个：

（1）从病理及生理上来看。在植物尚未发生病虫害的时候，采取有效的预防措施，可以避免病虫害的大面积发生。同时病虫害发生初期，采取及时有效的措施，可将损失降到最低。

（2）从技术上来说。一旦病状显露则已处于严重状态，尤其是病变后期，施药只能治愈尚未发病的组织。综上所述，防治花草病虫害应该更加注重预防，控制和避免病害发生。

15. 如何对花草病虫害进行综合防治

花草病虫害的综合防治主要有以下几种：

（1）**园艺防治**。选取抗病品种、深耕细作、实行轮作、修枝剪叶等。

（2）**物理防治**。根据害虫和病害对一些物理因素的反应，利用物理因子的作用防治害虫就叫物理防治法。

①**捕杀法。**刷除枝干上的介壳虫，刮除植株上卵块，摇动植株震落假死习性害虫，人工挖除小地老虎和蛴螬等；有些害虫会有假死性，所以可以采取人工震落等方法，再将其捕杀。

②**诱杀法。**利用害虫的某个趋性或别的特性进行诱杀，目前来说较为普遍的是趋光性；比如蝼蛄、叶蝉、金龟子、蛾类等，可利用的有电灯、黑光灯、油灯等。

③**热力法。**一定的温度可以将害虫或病菌杀死，如用 50 ～ 55℃的温水能将种子的内部病菌杀死；用铁锅加热、烘烤盆栽土壤；或用蒸汽对土壤进行消毒。

除以上几种方法外，还可对土表覆盖薄膜，这样既防止扩散，又防病菌生成。

（3）**生物防治**。利用害虫的天敌进行防治。主要内容包括：利用微生物、寄生性天敌、捕食性天敌防治等。

①**以菌治虫。**就是利用害虫致病的有益生物或代谢产物进行防治。主要有白僵菌和苏云金杆菌细菌防治。真菌能防治玉米螟、红蜘蛛、松毛虫、蓟马、菜青虫、叶蝉、地老虎、甘蓝夜蛾、蛴螬等；细菌可防治鳞翅目害虫等。

②**以菌治菌。**就是利用抗生素对病害进行防治，如利用链霉素防治细菌性软腐病，利用炭疽病的生物制剂防治菟丝子，利用哈茨木霉菌防治茉莉白绢病等。

③**以虫治虫。**就是保护和利用害虫的天敌进行防治。如利用七星瓢虫捕食粉虱和蚜虫等；利用大草蛉防治粉虱、蓟马、蛾蝶、叶蝉、蚜虫、红蜘蛛类幼虫及卵等；利用螳螂成虫捕食各种能飞的害虫，叶蝉、蛾、蝶等；利用赤眼蜂可以防治玉米螟、松毛虫、蓟马、食心虫、叶蝉、地老虎等将近 20 种害虫。

④**以鸟治虫。**就是利用一些有益的鸟类，如大斑啄木鸟、山雀、灰喜雀、啄木鸟等，它们能捕食蛾类、蝶类幼虫和天牛类蛀干害虫。

（4）**化学防治**。目前花草防治中以此为主，其优缺点也很分明。优点是：杀虫速度快、效率高，能显特效；缺点是：露养时，会杀死害虫天敌，但打破了生态平衡，污染环境，残留的毒药对人畜造成一定威胁。长期使用，会使一些害虫产生抗药性等。

16. 如何从园艺栽培管理防治病虫害

对植物进行合理的栽培管理，不仅能在一定程度上促进植物健康成长，还能有效防止病虫害的发生。通常情况下，采取的措施有：

（1）合理地进行施肥灌溉。

（2）实行轮作制度或对土壤进行深翻。

（3）选取抗病虫品种。

（4）保持庭院卫生，不要杂草丛生或凌乱。

（5）培育无病无菌的健壮花苗。

（6）适当调节播种期。

（7）定期对花草进行修剪、整理。

17. 如何科学施用农药

喷施农药无疑是解决植物病虫害一个最有效的方法，在施用农药时，我们要注意以下几个方面问题：

（1）**正确选用农药种类**。首先要了解农药的性能和保护对象，根据病虫害的种类对症下药。

（2）**合理选用药剂剂型**。防治灰霉病类病害，可选择粉尘剂或速克灵烟剂等；防治介壳虫类虫害，则可选取浇灌内吸性药液或地下埋施内吸性颗粒剂。

（3）**适时用药**。了解病虫害发生规律，找出薄弱环节，及时用药。可用药剂对土壤进行处理或拌种，也可用杀菌剂等。

（4）**药剂的交替和混合使用**。选取不同药剂进行交替施用或混合使用，以避免抗药性的产生。

（5）**安全用药，避免产生药害**。有些花草在某个时期对某些药剂过敏，因此，要慎重选药。严格控制药剂的施用量，对剧毒药剂要严令禁止。

18. 如何防止施药过程中对花草产生药害

农药的不当使用不仅会伤害花草，还会影响其生长。因此，了解花草产生药害的原因，后采取一定的措施，显得尤为重要。

（1）合理配制。较为常见的就是不适当的施药和施药浓度过高造成的药害，所以，为防止发生药害，要严格按照农药手册的规定进行配制。

（2）慎重选用。不同种类的花草，或同一种类不同发育阶段，对农药的反应也不同，所以要慎重观察、选用。

（3）适时施药。在高温、强光的中午不宜施药。夏季施药应选在傍晚。

（4）药具不混用。不要将某一些喷雾器作为通用药具。花农常常将某一些喷雾器作为通用药具，常用它打完某种农药后，不加清洗又盛另一种农药。使得原先的农药残留物对花草产生了药害，尤其残留的是除草剂等类似的农药，对花草的伤害更大。

19. 原生态杀虫剂配制方法

除了农药，还可以配制一些原生态杀虫剂来杀灭花草的害虫，比起农药，原生态杀虫剂具有环保、方便、无污染的优点，不会对人体造成伤害，尤其适用于家庭种植花草除虫。

（1）蒜。取大蒜20～30克捣成泥，加10千克水，搅拌均匀后取其汁液对红蜘蛛、蚜虫、软体害虫有很好的防治效果。

（2）黄瓜蔓。取新鲜黄瓜蔓1千克，加入少量的水捣碎，去残渣控出的汁液再加3～5倍水，对花圃进行喷洒，能防治菜青虫和菜螟虫。

（3）番茄叶。取新鲜番茄叶捣烂，加2～3倍清水，浸泡5～6小时，取其汁对植株进行喷洒，可防治红蜘蛛。

（4）辣椒。取新鲜辣椒加30～35倍水加热半小时，捣烂后取其汁喷洒植株，能防治蚜虫、红蜘蛛、地老虎等。

（5）韭菜。将新鲜韭菜捣烂成糊，加0.5倍的水浸泡，取其滤液对植株进行喷洒，能杀灭蚜虫。

（6）苦瓜叶片。将新鲜苦瓜叶片加入少量清水捣烂，取其滤液，按1：1比例加入石灰水，对植株幼苗进行浇灌，能防治地老虎。

(7) 南瓜叶片。取新鲜南瓜叶片，加入少量水捣烂，取其汁，按两份原汁加3份水进行稀释，再加入少量肥皂液，搅拌均匀后对植株进行喷雾，对杀灭蚜虫非常有效。

(8) 丝瓜。将新鲜丝瓜捣碎，按1 ：20比例加入水，搅拌后对植株进行喷雾，能防治菜青虫、菜螟、蚜虫、红蜘蛛等。

(9) 草木灰。用500 克草木灰，加水2.5 升，泡上一夜，除去杂质，用过滤液喷洒受害植株，也能有效杀死蚜虫、蓟马、卷叶蛾、潜叶蛾、叶蝉、菜青虫等。

(10) 菜籽饼。将菜籽饼磨碎，开水浸泡一夜，过滤后稀释20 ~ 30倍液喷洒。再加水成1 000 倍液稀释，可防治锈病。

20. 如何巧除虫害

(1) 消毒泥土。将栽花土沾湿后，放在火上烘烤即可。后用此土栽花，不生虫、不霉根。

(2) 去掉异味。鲜橘子皮泡水浇花上，灭飞虫、除异味。

(3) 肥皂除虫。将切碎的肥皂头溶解在水中，再将枝条压在肥皂液中洗刷或用布涂擦枝条即可。

(4) 杀灭蚜虫。用香烟熏枝叶即可，也可用浸泡的香烟水喷洒3遍，可除；另外，用1 000 ~ 2 000倍液乐果可杀灭。

(5) 杀灭蚂蚁。用氧化乐果稀释500 ~ 800倍液，浇灌盆土1 ~ 2次。

(6) 杀灭介壳虫。用棉签蘸水洗刷枝叶。幼虫期，喷洒氧化乐果乳剂1 000 ~ 1500倍液可灭。

(7) 杀灭红蜘蛛。将整个花盆放入能容纳它的容器中，点燃蚊香，将其密封。大约2个小时即可。

(8) 杀灭白蝇。将两汤匙洗涤剂，放在两升水中调和，喷洒植株叶背，5天1次，连喷几次即可。

(9) 封闭法除虫害。发现花草害虫，用装有杀虫剂的塑料袋罩在盆花上，扎紧袋口。3天后拿掉即可。

第二章

观花类植物

病虫害的识别与防治

石竹

别名：洛阳花、中国石竹
科属：石竹科石竹属
分布区域：中国、韩国、朝鲜、俄罗斯

21. 石竹锈病

症状表现：发病部位多集中于叶片、茎部，萼片上。初染时叶片绿色减淡，受害叶片变色。病部表皮变黄，粗糙破裂，后期形成黑褐色，严重时引起叶片枯萎和植株死亡。

发病规律：病原为石竹单孢锈菌，病菌以冬孢子堆在石竹上越冬，春天经风吹散，经发育后转入石竹上为害。

防治方法：①发病期间及时清除和销毁落地病叶。②以药剂防治，可选用 20% 萎锈灵乳油 400 倍液，或 65% 代森锌可湿性粉剂 500 倍液，也可用 0.3 波美度石硫合剂进行喷雾，10 天左右喷雾 1 次，连喷 2 ~ 3 次，从而控制病害蔓延。

22. 石竹叶斑病

症状表现：症状主要表现在叶、茎、花蕾和花瓣上。发病初，叶片为淡绿色，再变紫，后形成中央白色、边缘褐色，呈近圆形或半圆形病斑。茎部病害多在节上，初为灰褐色。花蕾上病斑呈圆形，现黄褐色水渍状，严重者花蕾枯死。

防治方法：①及时清除病株。②喷洒化学药剂。从发病初期开始喷药，摘芽、切花之后应立即喷药保护。可选用 75% 百菌清 800 倍液，或 80% 代森锌 600 倍液，或 70% 代森锰锌 800 倍液，或其他杀菌剂，每 10 天喷 1 次。

23. 石竹灰霉病

症状表现：主要发生在花瓣、花蕾上，芽、茎、叶有时也会被侵染。花瓣在蕾中或开放后均可染病，使花瓣变褐色，使花腐烂。花蕾受害时，初期为水渍状病斑，继而腐烂，整个花蕾不能开放。

发病规律：灰霉病病原是灰葡萄孢菌，借气流、浇水或园艺操作，从植株的伤口或衰老器官侵入，阴雨天或低温环境中最易发病。

防治方法：①减少侵染源：及时清除染病的植株和花朵并销毁。②保持室内通风透气。浇水时，不要在花瓣上留有水膜。③药剂防治。发病期或切花前，喷施 75%百菌清可湿性粉剂 500 倍液，或 50%多菌灵可湿性粉剂 500 倍液。

24. 矮牵牛花叶病

症状表现：在我国矮牵牛主要有烟草花叶病毒和黄瓜花叶病毒两种。被烟草花叶病侵染后，植株叶片出现花叶、斑驳，从而影响生长、开花，降低观赏价值。

发病规律：矮牵牛花叶病作为一种病毒病害。由两种病毒引起。一种是烟草花叶病毒（TMV），另一种是黄瓜花叶病毒，区别在于传播途径。烟草花叶病毒主要是通过汁液传播。即在栽培中，人的手指和操作工具不能接触病株，否则会传播给其他健康植株。

防治方法：①发现病株及时拔除并烧毁。②因此病主要由蚜虫传播，喷洒杀虫剂可防治此病。喷洒40%氧化乐果1 000倍液来防治蚜虫。③接触前用肥皂洗手，工具和种子要消毒。

25. 矮牵牛白锈病

症状表现：白锈病主要危害叶片、叶柄和嫩茎。发病初，有小斑点，后变黄褐色。严重时叶片枯死，嫩茎与花梗肿胀、扭曲。

发病规律：该病由真菌侵染所致。植株生长较弱，花盆积水或排水不畅易引起此病。

防治方法：①及时护理。②发病初期喷1%波尔多液或50%疫霉净500倍液，每隔10～15天喷雾1次有较好的防治效果。

26. 矮牵牛叶斑病

症状表现：该病主要危害叶片，也会危害叶鞘。发病初呈水渍状斑点，后期扩大为红褐色，斑点周围没有晕圈。最后植株叶黄脱落。

防治方法：①及时彻底清除病叶并销毁。②喷洒50%代森铵1 000倍液。

北面房间养花窍门

北面房间没有充足的阳光，但其实也同样可以养好很多花草，前提是选择合适的植物种类，如怕光喜阴的蕨类植物，或对环境要求不高的植物。

矮牵牛

别名：灵芝牡丹、毽子花、撞羽朝颜
科属：茄科碧冬茄属
原产地：南美洲阿根廷

报春花

别名：小种樱草、七重楼
科属：报春花科报春花属
分布区域：中国南北各地常见栽培

27. 报春花斑点病

症状表现：报春花斑点病主要侵害叶片。病后叶面变色，严重时，影响生长和观赏。病原细菌在种子内外或随病残体遗落土中越冬，成为来年病源。

防治方法：①选用抗病品种。②注意花田排水降湿，增施有机肥和磷钾肥。③病害初期喷洒70%甲基托布津1 000倍液加75%百菌清可湿性粉剂1 000倍液，或1∶1∶100波尔多液。

28. 报春花灰霉病

症状表现：灰霉病是报春花常见病害。主要侵害叶片、嫩茎及花等。病原为灰葡萄孢菌，是比较难防治的一种真菌性病害，属低温高湿型病害。当温度为20～25℃，湿度持续在90%以上时，为病害高发期。

防治方法：①及时清除病部。②化学防治，如家有小温室，可封闭，可用45%百菌清烟剂或20%速克灵烟剂，进行棚室熏烟。也可试用10%灭克粉尘剂或5%百菌清粉尘剂。

29. 报春花细菌性叶斑病

症状表现：细菌性叶斑病主要危害叶片。初为水渍状斑点，后为浅黄色晕圈。病原为丁香假单胞杆菌。

防治方法：①精心管理，不要触碰叶子，保持室内通风透气。②及时清除病叶。③喷洒化学药剂。发病后用50%琥胶肥酸铜可湿性粉剂500倍液，或72%农用链霉素可湿性粉剂4 000倍液喷施。

30. 长尾粉蚧

症状表现：长尾粉蚧主要分布于我国华南、西南及北方温室。病发以成虫、若虫吸食枝干，影响植株生长、开花和观赏。一年2～3代，可常年繁殖。

防治方法：①少量时，人工刮除或白酒刷除。②大量时可用化学药剂。在若虫孵化盛期，喷施杀螟松1 000倍液或40%速扑杀乳油1 500倍液。

31. 一串红叶斑病

症状表现：发病初叶片为浅褐色点状斑，严重时，叶片早落。秋雨多的年份易发病，地势低或湿气时间长，发病重。

发病规律：病原为镰刀菌，病菌附在土壤里越冬，借助风雨传播，通风不畅、高湿、植株过密更易发病。

防治方法：①园艺防治。即秋冬季及时清园，施用有机肥，增强抗病力。②药剂防治。发病初期及时喷药，药剂可选用50%多霉威可湿性粉剂1 000倍液，40%混杀硫胶悬剂500倍液，50%苯菌灵可湿性粉剂1 000倍液。以上药剂隔10天左右喷1次，连续防治2～3次。

32. 一串红霉疫病

症状表现：一串红霉疫病主要危害茎、枝、叶，病害发病率高，发展迅速，危害大，能致花卉大批死亡。发病初病部出现水渍状、不规则斑点，后呈黑褐色。叶片受害多发于叶缘、叶基部，叶柄受害后叶片萎垂。

发病规律：病原为烟草疫霉菌，病菌附在病残体或土壤里越冬，借助风雨进行传播，地势低、高温、高湿、多雨条件下，更易发病。

防治方法：①以控制湿度为主，勿栽植过密。②及时清除病株并烧毁，每天施用药粉。③喷洒药剂。发病初期喷施75%百菌清可湿性粉剂700倍液，或代森锌可湿性粉剂600倍液，并将植株下面的土壤喷湿。

33. 一串红花叶病

症状表现：植株感病后，叶片变色，出现浓绿、淡绿相间的斑驳病斑，最后变成褐色。导致叶片变小、不平、黄化、质地变脆；植株矮化、丛生、花少。

发病规律：由多种病毒侵染所致，病原主要有黄瓜花叶病毒、豇豆蚜传花叶病毒等。病害的发生与有翅蚜虫有密切的关系。有翅蚜虫吸取已染病的寄主植物后，再来吸健康植株，导致汁液接触传染。

防治方法：①加强管理，及时拔除病株并烧毁。②防治蚜虫，对花叶病也有一定的控制作用。③药剂防治。发病初期可喷洒20%病毒A可湿性粉剂500倍液，或1.5%植病灵乳剂1 000倍液，可控制病害蔓延。

一串红

别名：炮仗红、象牙红、西洋红

科属：唇形科鼠尾草属

原产地：巴西

三色堇

别名：猫儿脸、蝴蝶花、人面花
科属：堇菜科堇菜属
原产地：欧洲北部

34. 三色堇碎色病

症状表现：三色堇碎色病由病毒引起，植株感病后，生长受阻，花变小。初期老叶上出现淡绿色病块，严重时畸形，花瓣有黄、白碎色条斑。其病原为黄瓜花叶病毒。

防治方法：①选择排水好的土壤种植，合理施肥。②避免与黄瓜花叶病毒的其他寄主同栽。

35. 三色堇炭疽病

症状表现：三色堇植株的叶、茎、花等均可感染。花染病后，萼片出现长条形暗褐色斑块，边缘为淡褐色。严重时，可使植株死亡。三色堇炭疽病为三色堇刺盘孢真菌侵染导致。在高温、大湿度的环境下更利于炭疽病的发生和蔓延。

防治方法：①清除枯枝落叶并烧毁，②施用药剂。药剂拌种：用50%退菌特可湿性粉剂100倍液，或50%代森锌铵120倍液等药剂处理种子。生长期发病，可喷施50%退菌特800倍液，或50%克菌丹600倍液。

36. 二十八星瓢虫

症状表现：二十八星瓢虫又叫马铃薯瓢虫、酸浆瓢虫。俗称花大姐、花媳妇。分布范围广但危害植物的较少。该虫一年发生多代，成虫在土块、树皮缝、杂草丛等处越冬，次年5月活动。

防治方法：①程度较轻时可人工摘除卵块，捕杀成虫和幼虫。②严重时，喷洒植物性杀虫剂苦参素1 000倍液、烟参碱1 000倍液、50%乙酰甲胺磷乳油1 000倍液，50杀螟松乳油1 000倍液等进行防治。

37. 蚜虫

症状表现：蚜虫在5月发病最严重，主要集中在嫩芽和叶背吸取汁液，使叶片皱缩畸形变色，蚜虫粪便还能污染植株枝条，严重影响植株生长，甚至引发死亡。

防治方法：①种植环境要保持通风，不能过于闷热。②合理施肥，保证植株健康生长。③可喷施40%氧化乐果1 000倍液进行防治。

养花无忧小窍门

养护三色堇要注意哪些问题?

① 首先要将种子浸湿，晾干后就可以直接播种了，覆土 2 ～ 3 厘米即可。播种 10 天左右小苗就会长出。

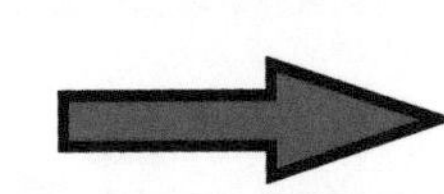

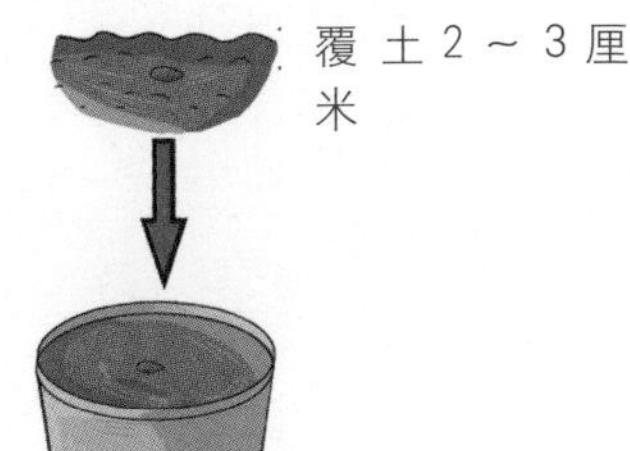

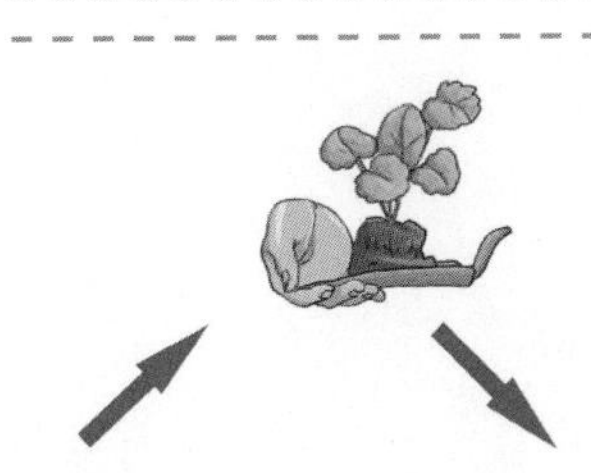

② 等小苗长到 3 ～ 5 片叶的时候，应定植上盆，然后置于阴凉的地方养护至少 1 周的时间，然后再放到阳台向阳的地方正常养护。

③ 在生长旺季，要施 1 次稀薄的有机肥或含氮液肥。

④ 植株开花一般在种植 2 个月后，开花时要让其保持充足的水分，这样更加有利于增加花朵的数量，适当遮阴还可以延长花期。

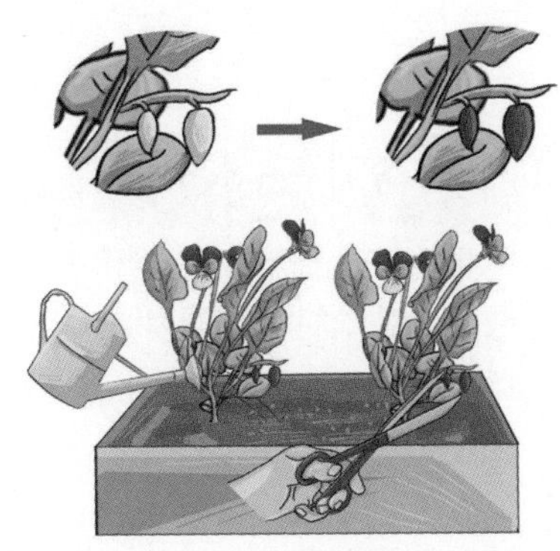

⑤ 开花后 1 个月结果。当卵形的果实由青白色转为赤褐色时，要及时采收，否则会干裂炸开。

紫罗兰

别名：草桂花、四桃克、草紫罗兰
科属：十字花科紫罗兰属
原产地：欧洲南部

38. 紫罗兰菌核病

症状表现：叶柄、茎、叶病初为水浸状，后生出大量白色菌丝，形成黑色鼠粪状菌核。

发病规律：紫罗兰菌核病病原为核盘菌。在20℃左右和湿度相对较大的环境里极易成长发育。主要通过风雨传播，也可靠菌丝生长传播。

防治方法：①清除病残体，土壤深翻，掩埋。②对种子和土壤进行消毒。③当出现子囊盘时及时喷药。可选用的药剂有：50%多菌灵可湿性粉剂500倍液、50%速克灵可湿性粉剂1 500倍液、50%扑海因可湿性粉剂1 200倍液，每隔10天喷1次，连续防治3～4次。

39. 紫罗兰根肿病

发病规律：该病病原是芸薹根肿菌，对植株根部产生危害。感病后根部呈不规则状肿瘤，植株生长不良。

防治方法：①选用无病土或对土壤进行消毒。②用70%五氯硝基苯进行土壤消毒。可适当施用石灰，使土壤变成微碱性，可减轻发病。

40. 紫罗兰灰霉病

症状表现：紫罗兰灰霉病常出现在苗期和成株期，发生于叶、茎及花部。湿度越大灰霉越多。

发病规律：该病病原为灰葡萄孢菌。幼株碰触菌土或紫罗兰衰老组织出现伤口时，易被病菌侵入。

防治方法：①精心养护，注意通风，适当加肥。②发病初期可用扑海因、甲基托布津喷药保护。

41. 紫罗兰黄萎病

症状表现：叶片叶脉变黄，进而变褐干枯，叶缘上卷，严重时，干枝脱落。

发病规律：该病病原是由轮枝孢菌侵染引起。病菌菌丝初无色，熟后变褐色，有隔膜。主要靠流水、风雨和耕作传播，远距离靠带菌种子传播。

防治方法：①重病土壤要进行消毒或配药植入。②种子繁殖前用药剂拌种。③发病初进行药物喷洒。用50%多菌灵可湿性粉剂500倍液或70%DT可湿性粉剂600倍液等农药灌根，每株灌0.3～0.5千克药液，隔10天灌1次，连灌2～3次。

42. 万寿菊叶斑病

发病规律：危害主要在叶片上，发病初，叶片出现褐色小斑点，后形成斑块，在光合作用下阻止植株对营养成分的吸收，不利于生长。

防治方法：①及时清除病残体。②喷洒药剂。在发病初期喷50%扑海因可湿性粉剂800倍液+新高脂膜600倍液进行防治，或喷75%百菌清可湿性粉剂1 000倍液+新高脂膜600倍液，提高药效，7～10天喷1次，连续喷2～3次。

43. 万寿菊茎腐病

发病规律：主要危害植株茎部和茎基部，多为排水不畅造成，夏季高温、多雨时更易发。染病后茎部会发生腐烂，严重时植株倒伏。

防治方法：①注意让土壤保持良好的排水。②发病后，及时清除并销毁病株。③选用抗病品种。④喷洒可湿性粉剂。发病之初喷50%多菌灵1 000倍液，或用70%甲基托布津1 000倍液喷雾。

44. 蓟马

发病规律：以成虫、若虫形态吸食叶、花汁液，严重时使花提早凋谢。为害高峰期为秋冬季，阴天早晨、傍晚及夜间更为活跃。虫害发生后，叶片出现灰白色或灰褐色斑点，严重时，叶片变形、卷曲，阻碍生长。

防治方法：施用化学药剂防治。发生严重时喷20%杀灭菊酯3 000倍液，或50%乙酰甲胺磷乳油1 000倍液。

养花无忧小窍门

① 万寿菊生长适宜温度为15～25℃，冬天温度不可低于5℃。夏天温度高于30℃时，植株会疯长，令茎叶不紧凑、开花变少；当温度低于10℃时，植株也能生长，不过生长速度会减缓。

② 万寿菊性喜阳光，充足的阳光可以显著提升花朵的品质。

③ 万寿菊的浇水时间和浇水量都要合适，勿积聚过多的水，令土壤处于略湿状态就可以。

④ 施肥要适量。

⑤ 栽植成活后进行摘心2次，促其多分枝，增加开花数。

万寿菊

别名：臭芙蓉、万寿灯、金菊花
科属：菊科万寿菊属
原产地：墨西哥

瓜叶菊

别名：富贵菊、黄瓜花
科属：菊科瓜叶菊属
原产地：大西洋加那利群岛

45. 瓜叶菊叶斑病

症状表现：感病初期叶片有小点，后呈圆形，逐渐变色，严重时变褐色并枯死。

发病规律：病原为半知菌亚门链格孢菌，高温、大湿度利于病害发生，通风不畅更甚，气流、雨水均可传播。

防治方法：①在室内和露地摆放，保持通风，光透，降低室内温度。②及时清除病叶，病株。③选用可湿性粉剂。发病初期可选用80%代森锰锌可湿性粉剂500倍液，或50%克菌丹可湿性粉剂500倍液，或50%多菌灵可湿性粉剂800倍液喷雾，每隔7～10天喷药1次即可。

46. 瓜叶菊白粉病

症状表现：主要发生在叶片上。发病初，叶面病斑表现不明显，环境适宜时，病害迅速扩大。严重时，叶片扭曲或卷缩，严重时植株矮化，花朵过早凋谢。

发病规律：该病病原由二孢白粉菌引起，借气流传播，也可通过水珠飞溅传播。通风不畅，水分过多都会使病害加重。

防治方法：①合理施肥，及时清理病株并深埋。②药剂防治。发病初期喷洒80%代森锌500倍液，50%苯来特可湿性粉剂1 000～2 000倍液。

47. 瓜叶菊灰霉病

症状表现：叶片受害时，初期呈黄绿色或深绿色病斑，后病斑扩大，当环境潮湿时，有灰色的粉状孢子层出现，直至枯死。

发病规律：该病由真菌灰葡萄孢菌引起。病菌在病残体上或土中过冬。当气温在20℃左右、湿度较大时易发病。

防治方法：①时常换气通风，保持室内干燥，夜间室内保证不低于15℃。②及时清除病叶病株并烧毁。③药剂防治。发病期喷50%多菌灵可湿性粉剂500倍液或75%百菌清500倍液。

48. 瓜叶菊霜霉病

症状表现：瓜叶菊霜霉病贯穿生长始终，以成株受害为主，危害在叶片，由根到叶向上发展。发病初，形成多角形病斑，后期呈黄褐色，严重时叶枯而死。

发病规律：病原为轴霜霉属真菌，尤以苗期为重。主要通过浇水、气流、昆虫、农事传播。种植后，过早浇水、土壤较湿、排水不畅易发病。易发期为夏秋季。

防治方法：①选用无病菌土壤。②加强栽培管理。③控制室内温度和湿度。④施用药剂。在发病初期开始喷药，药剂可选用72%克露查湿性粉剂600倍液，69%安克锰锌可湿性粉剂800倍液。每隔10天左右喷1次，连续喷2～3次；用百菌清粉尘剂喷粉，效果也很好。

49. 蚜虫

症状表现：多集中在叶背及嫩茎上汲取汁液。受侵害叶片变黄，卷曲。为害期一般从3月开始。

防治方法：施用药剂。鉴于蚜虫卵体在瓜叶菊上过冬，应检查株体后喷洒药剂进行消灭。在蚜虫为害期喷洒40%氧化乐果1 200～2 000倍或吡虫啉1 000～2 000倍液。为避免花期药害，也可用植物性药剂如3%天然除虫菊酯、25%鱼藤精、40%硫酸烟精，均可稀释为1 000～1 500倍液喷洒。

养花无忧小窍门

(1) 种植瓜叶菊要注意哪些问题？

① 瓜叶菊的繁殖多用播种法，不易结实的品种可用扦插法繁殖。

② 播种用土可采用腐叶土和细沙按1∶1的比例配制，盆土浸透水后，将种子均匀地撒播在土壤上面，稍盖细沙，厚度以看不到种子为宜。

③ 播种过后盆面盖上玻璃或塑料薄膜，保温保湿。在20℃的温度条件下，放置阴凉处，7～10天即可萌芽。

④ 在苗出齐后可去掉玻璃或塑料薄膜透风，并逐渐移至阳光处。

⑤ 出苗1个月左右，待幼苗长出2～3片真叶时就可以分苗了，浇一次稀薄液肥，将分苗后的幼苗移植到口径10厘米的小花盆中。

⑥ 待幼苗长出5～6片真叶时，即可定植在口径约20厘米的花盆中。上盆时，盆底应略施长效性基肥。

(2) 养护瓜叶菊要注意哪些问题？

① 瓜叶菊在疏松肥沃、排水良好的沙质壤土上生长良好，pH为6.5～7.5的土壤比较适宜瓜叶菊生长。

② 瓜叶菊为喜光植物，生长期间，放在向阳处但不要强光直照。

③ 夏季日光较强，注意遮阴。

④ 在北方10月初就要将瓜叶菊移入室内，并放在阳光充足通风较好的地方。冬季室温应维持在12℃左右，保持充足的光照和适宜的温度是瓜叶菊冬季开花的关键。

⑤ 要经常浇水，保持土壤湿润，并注意在生长过程中要及时补充肥料。充足的水分和肥料是使瓜叶菊繁茂、开花鲜艳的重要条件。

⑥ 适当摘除顶芽，使其萌发侧芽，叶繁花茂。

翠菊

别名：江西腊、格桑花、七月菊
科属：菊科翠菊属
分布区域：中国、日本、朝鲜

50. 翠菊枯萎病

症状表现：该病比较常见，在我国主要集中在济南、连云港等地。幼苗感染后，所有叶片会突然枯萎，成株感染后，会出现顶梢突然萎垂、植株矮化、叶片萎缩下垂并变黑的现象。假如拔开土堆，会发现病株根系发生了不同程度的腐烂，而在病株基部，还会检查出粉红色或玫瑰色的分化孢子堆。

发病规律：病原为镰孢霉的真菌，病菌主要集中于病叶和病茎，借着风雨传播，在高温多湿条件下危害更为严重。

防治方法：①选用抗病品种。②播种前对种子进行消毒，用0.1%升汞液浸泡30分钟，以杀灭所带的病原菌。③每年轮换育苗和定植的花盆。④及时清除病株并销毁。

51. 翠菊黄化病

症状表现：植株染病后，茎叶的一部分或全部褪绿，出现黄化或黄绿化的现象。严重时，新叶也呈现黄白色，花朵颜色有不同程度的减退，病株矮小萎缩，生长减弱，并能传染邻近植株。

发病规律：该病是由类菌质体侵染引起，病菌主要通过叶蝉传播。发病期多在7～8月。

防治方法：①及时清除病株进行销毁，铲除周遭杂草，清除传染源。②发病初期，喷洒医用四环素或土霉素4 000倍液。③可喷50%马拉松1 000倍液或二嗪农等杀虫剂防治叶蝉。

52. 翠菊斑枯病

症状表现：该病主要发生在叶片上，发病初，有青白色小斑点，后转灰褐色。病斑较多时叶黄而亡。

发病规律：该病由翠菊壳针孢菌引起，病菌在植株残体上过冬，靠风雨传播，通常情况下，病害从植株下部叶片向上蔓延。植株太密或通风不好易发病。

防治方法：①消灭病枝病叶，及时清理。②改进浇水方式，避免喷浇。③施用药物。可选药剂有：80%代森锌可湿性粉剂500倍液；75%百菌清可湿性粉剂800倍液，1∶1∶100波尔多液。若植株已经发病，则需喷洒70%甲基托布津800倍液或50%多菌灵可湿性粉剂500倍液。

53. 李短尾蚜

症状表现：该病主要集中在嫩梢、花蕾、花朵及叶片上，从幼苗到开花均有危害，主要吸食汁液，使叶片卷曲和收缩。一般多发于春秋季节。

防治方法：①对土壤进行消毒。②引入天敌如瓢虫、食蚜蝇等。③喷洒具有内吸力的药剂。在发病初，选喷杀灭菊酯2 000倍液，或杀螟松1 000倍液。每隔10～15天喷1次。

54. 金盏菊白粉病

症状表现：染病初叶片呈现小斑点，后扭曲变形，植株矮化。

发病规律：病原为白粉菌属真菌，病菌在病残体上越冬，当室内湿度较大，温度在20℃左右时更为严重。

防治方法：①保持通风透气。②及时清除病叶并烧毁。③管理上施用磷、钾肥，控制氮肥。④药剂喷洒。用20%国光三唑酮乳油1 500～2 000倍或12.5%烯唑醇可湿粉剂（国光黑杀）2 000～2 500倍，25%国光丙环唑乳油1500倍液喷雾防治。连用2次，间隔12～15天。

养花无忧小窍门

(1) 种植金盏菊要注意哪些问题？

① 金盏菊多用播种法繁殖，早春或秋天均可播种。秋播一般在9月中旬进行，温度在20℃左右为宜。春播一般在2～3月进行，需要在温暖的室内播种。

② 准备一些培植土放入任意盆中，浇透水，待水下渗后将种子埋入土中，一般来说在20～22℃的情况下，种子7～10天后即可发芽。待幼苗长出2～3片叶子时需移植一次。

③ 一般来说，秋播金盏菊在第二年的5月开花，而春播的金盏菊通常在当年的6月开花。

(2) 养护金盏菊要注意哪些问题？

① 土壤以肥沃、疏松、透气性、排水性俱佳的沙质土壤为宜。土壤pH在6～7间最好。

② 金盏菊属于短日照植物，每天以接受4小时的日照为宜，日照过多或过少都会影响其开花。最适宜生长的温度为7～20℃。

③ 金盏菊在生长期间不宜过多浇水，只要保持土壤的润湿即可。

④ 金盏菊喜肥，因此在其生长期要保证充足的肥水供应，最好每半月施肥1次，磷肥、钾肥、氮肥可配合使用。

金盏菊

别名：醒酒花、黄金盏、长生菊
科属：菊科金盏菊属
原产地：欧洲南部

百日草

别名：对叶菊、秋罗、步步高
科属：菊科百日菊属
原产地：墨西哥

55. 百日草白星病

症状表现：白星病主要危害叶片，发病初期，叶片上会出现针尖大小的白色小点，渐渐扩大，形成圆形、椭圆或不规则形状病斑，病斑中央组织呈白色或灰色，边缘为红褐色至紫红色。发病后期，病斑上面密生出很多黑色霉层，严重时，病叶背面也会长出少量霉层。

发病规律：该病病原为百日草尾孢菌，病原菌以菌丝体或分生孢子在种子内或病残体上越冬，次年春天形成分生孢子，分生孢子由气流传播。发病期为5～10月份，7月、8月、9月是发病盛期，也就是说，开花期发病比较严重。

防治方法：①秋末及时清园，将病株病叶进行销毁。②选取健康植株。③发病初期，及时摘除病叶，然后立即喷药防治，可用1∶0.5∶200的波尔多液加0.1%硫黄粉，或75%百菌清可湿性粉剂500～800倍。

56. 百日草锈病

症状表现：该病主要危害花、茎、叶。发病初花变小，叶黄，后期病斑形成黑色粉末。严重时，遍布斑点。

发病规律：病原为单主寄生，病菌在病残体过冬，借风雨传播，进行危害。昆虫也能传播锈病。

防治方法：①通风透光，注意排水。②施用可湿性粉剂。发病初，选用25%粉锈宁可湿性粉剂1500倍液或0.1%～0.2%硫酸铜液喷雾防治。

57. 百日草黑斑病

症状表现：该病主要危害花、茎、叶。发病初由黑褐色小斑点转变为红褐色大斑，直至叶片变褐干枯。

防治方法：①栽种健壮幼苗，保持通风排水。②及时清理病茎、病叶及病体并进行销毁。③施用药物喷洒。用50%代森锌或代森锰锌5 000倍液或80%新万生右湿粉剂600倍液喷雾。喷药时，要特别注意叶背表面喷匀。

58. 百日草白粉病

症状表现：该病初有白粉状病斑，后形成大斑点，深秋天气，变成黑褐色，严重时叶黄衰落。

发病规律：病原为草单丝壳。借风雨而扩大，发病期为5～10月，8月、9月最为严重。天气潮湿、不通风的地方更易感病。

防治方法：①加大栽培管理，通风透气。②及时销毁病株。③施用药物防治。生长季发病，可选用25%粉锈宁粉剂1 500～2 000倍液或50%苯菌灵可湿性粉剂1 500～2 000倍液进行喷洒防治。

59. 百日草花叶病

症状表现：感染后，叶片出现深浅绿斑驳病斑，常引起植株矮小、退化。

防治方法：①注意植株的卫生管理，及时清除病株，减少侵染源。②蚜虫与病害的发生有密切关系，注意灭蚜防虫。③发病后，及时施药。

养花无忧小窍门

(1) 种植百日草要注意哪些问题？

① 百日草能忍受贫瘠，然而在土质松散、有肥力、排水通畅、土层深厚的土壤中长得最好。
② 采用播种法或扦插法都可进行繁殖，主要采用播种繁殖。
③ 选取优良的百日草花种，播入已置好了土壤的培植器皿中，上面覆盖一层蛭石。
④ 5～7天后，百日草的幼苗就会长出，出苗后气温应高于15℃，否则生长不良。
⑤ 当小苗长出4～5枚真叶时，要摘心之后才能移栽入盆中，随后浇透水分。
⑥ 当苗高10厘米时，留两对叶摘心，促使其萌发侧枝，此后正常照料即可。

(2) 养护百日草要注意哪些问题？

① 百日草喜欢温暖的环境，不能忍受寒冷，畏酷热。它的生长期适宜温度是15～30℃，适宜在北方栽植。
② 百日草喜欢光照充足的环境，可全天接受太阳直射。如果日照不足，则植株容易徒长，抵抗力也较弱，同时开花也会受影响。
③ 百日草能忍受干旱，怕积水，若露地栽培遇阴雨连绵或排水不畅就会使其正常生长受到影响，所以浇水量应适量。
④ 要以"不干不浇"为浇水原则。
⑤ 夏天由于蒸发量大，可每日浇1次水，但水量一定要小。
⑥ 百日草能忍受贫瘠，可在开花期内追施肥料，主要是追施磷、钾肥，以促使花朵繁茂、花色艳丽。
⑦ 百日草的开花时间长，后期植株生长会减缓，茎叶多而乱，花朵变得较小。所以，秋天要进行1～2次摘心。

金鱼草

别名：狮子花、龙口花、龙头花
科属：玄参科金鱼草属
原产地：地中海地区

60. 金鱼草疫病

症状表现：该病主要危害茎部和根部。病菌先从茎部侵入为淡褐色斑状，后收缩、腐烂，严重时枯死。湿度较大的地方发病更甚。

发病规律：病原为恶疫霉菌，菌丝生长温度为20℃左右，亦能在低温下生长。

防治方法：①播种前对土壤进行消毒。②强化栽培管理，及时清除病株。③药物防治。在发病初期，可选用40%乙磷铝可湿性粉剂200～400倍液、25%甲霜灵可湿性粉剂1 000～1 500倍液对发病部位进行喷雾防治；也可用50%敌菌丹可湿性粉剂1 000溶液浇灌植株根茎部，每平方米用药3升。

61. 金鱼草灰霉病

症状表现：该病主要危害叶、花和梢部，感染时出现褐色圆斑，能使叶片枯死。花朵染病时变色，萎蔫，严重时焦枯而死。

发病规律：病原为富克尔核盘菌。该病菌存活时间长，在一定条件下随空气、园艺工具及衣物传播。在高湿和20℃左右更易发病。

防治方法：①及时清除病体，保持种植环境卫生。②施用可湿性粉剂。发病初期，可选用70%甲基托布津可湿性粉剂1 000倍液，或50%多菌灵可湿性粉剂800倍液喷雾防治。每隔10～15天喷1次，连喷2～3次。

62. 金鱼草灰斑病

症状表现：主要危害植株的叶子和茎，发病初期，叶片上产生水渍状褪绿色病斑，渐渐扩大成圆形或不规则形状，此时病斑中央变成灰白色，边缘为褐色，发病后期，病斑上产生很多小黑点。病菌会蔓延到茎部，染病的茎首先产生暗绿色水渍状病斑，渐渐地，病斑中央变为灰白色，边缘变为淡紫色或黑褐色。

发病规律：病原为金鱼草叶点霉，半知菌亚门真菌。借助风和水滴溅到病株上，引起侵染。潮湿环境中危害更为严重。

防治方法：①经常通风换气。②减少侵染源，摘除病叶清除病菌。③播种前对种子进行消毒。④施用药剂防治。发病初期，喷施65%代森锌可湿性粉剂500～800倍液，或50%代森铵可湿性粉剂1 000倍液。

63. 金鱼草霜霉病

症状表现：该病主要为害幼苗，受病叶片初为淡绿色后形成白色病斑，常会导致植株不开花。

发病规律：病原为金鱼草霜霉，病菌在病残体及土中度过不良环境，产生孢子囊，借气流传播再侵染他处。

防治方法：①育苗前先将土壤消毒。②温室培植注意温度和通风，浇水时不要淋浇。③喷洒药物。发病初，用 70% 代森锰锌可湿性粉剂 400 ～ 500 倍液喷洒叶子，喷药时注意喷及叶背，每隔 10 天喷 1 次，连喷 3 ～ 4 次。

64. 金鱼草焦枯病

症状表现：该病茎上病斑主要发生在基部，叶上白斑中部灰白色，严重时叶片早落，植株矮化。

发病规律：病原为尾孢霉，病菌在病叶或病株过冬，借风雨传播，从伤口侵入。

防治方法：①强化栽培管理。②选用抗病品种。③施用药剂。发现病害及时喷洒 70% 甲基托布津 1 000 倍液或 65% 代森锌可湿性粉剂 500 倍液进行防治，每隔 10 天喷 1 次，连喷 2 ～ 3 次可有效控制病情。

养花无忧小窍门

(1) 养护金鱼草要注意哪些问题？

① 金鱼草是喜光植物，生长期每天至少要有 6 个小时的光照。但在夏秋之际要进行适当遮阴，避免高温伤害。

② 金鱼草喜湿，整个生长期都要保持盆土湿润，施肥后要及时浇水并进行松土，以保持透气。

③ 金鱼草喜肥，栽植前要施足基肥，生长期应勤施肥，每 10 ～ 15 天就要追施 1 次浓度为 10% 的氮、钾混合肥料。

④ 为了让金鱼草能多开花、多分枝，在植株长到约 8 厘米时就应进行摘心，之后长到 15 厘米应再次摘心。摘心能矮化植株，使植株分枝多。

金鱼草的正常开花时间为 5 ～ 7 月，如果想对开花时间进行改造，可进行分期播种或分批修剪，这样便可以在春季到秋季陆续开花，冬季放于室内，温度适宜也能开花。

(2) 养护金鱼草要注意哪些问题？

① 通常情况下，在 8 月下旬到 9 月初播在露地苗床上，保持通风透气，待苗高 10 厘米左右栽于盆内，并以饼肥作为基料，成活后再加入适量的水肥。

② 10 月上旬将花放在阳光充足的地方，适度浇水施肥。翌年栽种在庭院，则 5 月中旬开花，花谢后及时剪除残花，施用速效性液肥，合理浇水，让其再发新枝，9 ～ 10 月还可再次开花。

③ 北京地区可于 4 月初播种在地势稍高的地方，加盖玻璃罩，如果出现寒流，在玻璃罩上加盖草帘防寒，待苗出齐后掀去草帘；在幼苗高 10 厘米左右时定植，在 5 月、6 月就可开花。

虞美人

别名：百般娇、赛牡丹、锦被花
科属：罂粟科罂粟属
原产地：欧洲、北非和亚洲地区

65. 虞美人霜霉病

症状表现：该病在苗期可致苗枯，成株主要危害茎、花和叶。发病初，叶片由淡褐色变为紫灰色。严重时叶片干枯。病菌蔓延为害茎和花，直至植株死亡。
防治方法：①及时清除病叶病株并烧毁，栽植要保持植株透风。②药物喷洒。发病初期喷 50%代森锰锌 600 倍液，或20%瑞毒素 4 000 倍液，或 50%代森铵1 000 倍液。

66. 虞美人细菌性斑点病

症状表现：受害部位集中在叶、茎和花上。发病初由暗褐色小斑点转变为黑色斑块。
防治方法：①种子播种前进行消毒。从无病株采种，可疑种子播种前用温汤浸种。先将种子浸冷水中 7 小时，再在 49℃的温水中浸 5 分钟，然后放入 54℃温水中 5 分钟，最后在水中冷却。②及时清除病叶病株，清除杂草。③保持通风透气。

67. 蚜虫

症状表现：蚜虫主要集中于植株的嫩梢，在叶背吸取汁液使叶片变色，直至死亡。
防治方法：药物喷洒。常采用35% 卵虫净乳油1 000～1 500倍液，2.5%天王星乳油3 000倍液，50%灭蚜灵乳油1 000 ～1 500倍液，10%氯氢菊酯乳油3 000倍液，2.5%功夫乳油3 000倍液，40%毒死蜱乳油1500倍液，40%氧化乐果1 000倍液，2.5%鱼藤精乳油1 500倍喷杀。

68. 虞美人枯萎病

症状表现：该病主要危害叶片，发病初时叶片变色，逐渐转变为茎部变色，严重时植株会枯萎而死。
发病规律：病原为尖镰孢菌。病菌在病株和土壤里越冬，借助风雨传播，从植物根部和伤口入侵，高温多湿条件下更易诱发此病。
防治方法：施用可湿性粉剂。用 25% 托布津可湿性粉剂 1 000 倍液喷洒。通常子叶出苗后每周用 1 000 倍液百菌清或甲托喷施，连续 2 ～ 3 次。

69. 凤仙花叶斑病

症状表现：发病初，叶片由浅黄色小斑点转变为褐色轮纹，严重时叶枯而死。

发病规律：病原为真菌尾孢属的一种，主要残留于病残体上，借风雨传播，在高温高湿条件下更易发病。

防治方法：①及时清除病叶病株。②强化栽培管理，浇水不要直接触碰叶片。③保持通风透气。④喷洒药剂。发病初，喷洒1：200波尔多液或65%代森锌500倍液或甲基托布津800倍液进行防治。

70. 凤仙花白粉病

症状表现：受害主要在叶片上，发病初为白粉状小病斑，后形成大病斑。严重时叶黄枯死。

发病规律：病原为草单丝壳的真菌，病菌集中在病叶上越冬，每年5～6月借风雨传播给其他新叶。8～9月为发病高峰期。在通风透光不良时更为严重。

防治方法：①强化栽培管理，保持通风透气。②及时清除病叶病株并烧毁。③施用可湿性粉剂。发病期间用25%粉锈宁可湿性粉剂2 000～3 000倍液，或70%甲基托布津可湿性粉剂1 000～1 200倍液，或25%多菌灵可湿性粉剂500倍液喷施。

71. 凤仙花炭疽病

症状表现：该病主要危害叶片，发病初，叶片有黄色或褐色斑点，后转变为圆形浅褐色病斑。严重时叶片枯萎脱落而死。

防治方法：①及时清除枯枝落叶并烧毁。②定期施用可湿性粉剂。发病前可喷施国光银泰可湿性粉剂600～800倍液、国光多菌灵、百菌清进行预防；发病初用国光英纳可湿性粉剂400～600倍液、连用2～3次，间隔7～10天。

72. 红天蛾

症状表现：红天蛾主要分布在我国华北、东北及华东地区。以幼虫蚕食叶片为主。

发病规律：该虫一年两代，卵产在寄主花卉的嫩梢和叶端，以清晨危害严重。

防治方法：①土壤要进行消毒。②喷洒药物进行防治。在幼虫发生期可喷布敌百虫1 000倍液或2.5%溴氰菊酯4 000倍液。

凤仙花

别名：急性子、女儿花、指甲花
科属：凤仙花科凤仙花属
原产地：印度、马来西亚和中国

鸡冠花

别名：老来红、凤尾鸡冠、笔鸡冠
科属：苋科青葙属
原产地：非洲、美洲热带地区和印度

73. 鸡冠花褐斑病

症状表现：发病初叶片呈褐色病斑，后期叶黄脱落，严重时死亡。

发病规律：该病病原是一种镰刀菌引起。借助风雨和水滴溅泼进行传播。一般情况下，温度25℃，连续降雨时危害最为严重。发病在8月最严重。

防治方法：①将积水排除，实行轮作。②栽种前将种子和土壤进行消毒，种子要用50%多菌灵500倍液浸泡4小时进行消毒。土壤消毒，常用药为90%敌克松2～3克/平方米，或50%多菌灵可湿性粉剂4克/平方米或0.2%～0.5%高锰酸钾或0.1%托布津溶液等处理；盆栽用土也可用太阳能热处理消毒。③施用药剂喷洒。发病初期可使用国光英纳可湿性粉剂400～600倍与国光必鲜乳油500～600倍交替使用，防止单一用药病菌产生抗性。

74. 鸡冠花炭疽病

症状表现：主要危害叶片，发病初呈枯黄或褐色小点，后呈圆形病斑，严重时叶片扭曲、早落。

发病规律：该病受真菌中一种炭疽病菌侵染引起，病菌依附于病残体上越冬，借风雨传播。在高温高湿环境下（7～9月）最严重。

防治方法：①清除枯枝落叶并烧毁。②施用可湿性粉剂。可定期喷施国光银泰（80%代森锌可湿性粉剂）600～800倍液+国光思它灵（氨基酸螯合多种微量元素的叶面肥），用于防病前的预防和补充营养，提高观赏性；发病初，喷洒25%咪鲜胺乳油500～600倍液，或50%多锰锌可湿性粉剂400～600倍液。连用2～3次，间隔7～10天。

75. 鸡冠花疫病

症状表现：主要侵害叶片，发病初为暗绿色斑点，后扩展为不规则大斑，茎部被侵染出现不规则病斑，严重时茎部腐烂，植株倒伏。

防治方法：①注意通风透气。②及时清除病残体。③喷洒化学药剂防治。初病期喷布700倍的75%百菌清可湿性粉剂，或600倍代森锌可湿性粉剂，并将植株下面的土壤喷湿。

76. 鸡冠花轮纹病

症状表现：主要危害叶片，初期叶面为褐色小点，后形成不规则病斑。

发病规律：病原是分生孢子器，露养时，分生孢子借雨水传播。9～11月染病较重。高温或植株较密的情况下易于发病。

防治方法：①选择健壮良种。②通风透气。③播种前对土壤进行消毒。④施用可湿性粉剂。发病初期及早喷洒1∶1∶200倍波尔多液或77%可杀得可湿性微粒粉剂500倍液。

77. 豆蚜

症状表现：该病主要集中在嫩芽、茎、叶和花上，可诱发煤烟病，传播病毒病，严重时致植株停止生长而枯死。此类虫害在全国均有分布，每年多在5～6月和10～11月。

防治方法：①选用抗蚜品种种子。②用黄板诱蚜。③药物喷洒。可喷洒国光毙克（吡虫啉）1 000倍液、国光崇刻（啶虫脒）3 000倍液。

教你一招

受冻盆花怎么复苏

春寒时节，盆花在室外会冻僵。遇到这种情况，可立即将盆花用吸水性较强的废报纸连盆包裹三层，包扎时注意不要损伤盆花枝叶，并避免阳光直接照射。这样静放一天，可使盆花温度逐渐回升。经此处理后，受冻盆花可渐渐复苏。

养花无忧小窍门

(1) 种植鸡冠花要注意哪些问题？

① 鸡冠花主要采用播种法进行繁殖。

② 栽培适宜在4～5月进行，种子栽培最佳适宜温度为20～25℃。

③ 把鸡冠花的种子均匀撒播在盆内，鸡冠花种子细小，覆土2～3毫米即可，不宜过厚。

④ 用细眼喷壶喷少许水，再给花盆遮阴，两周内不要浇水。

(2) 养护鸡冠花要注意哪些问题？

① 对土壤要求不严，但以在疏松肥沃、排水良好的土壤上生长最为适宜。

② 可选择排水、透气性良好的泥瓦盆或陶盆。

③ 如要得到特大花头，可再换口径为23厘米的花盆。

④ 鸡冠花生长期喜欢高温，最佳适宜生长温度为18～28℃。

⑤ 鸡冠花喜温暖，忌寒冷。生长期要有充足的光照，每天至少保证有4小时的光照。

⑥ 生长期间适当浇水，浇水不能过多，浇水时尽量不要让下部的叶片沾上污泥。

⑦ 不宜让盆土过湿，以潮润偏干为宜，防止植株只长高不开花或开花时间延迟。

⑧ 种子成熟阶段应少浇水，利于种子成熟，并可使花朵较长时间保持颜色浓艳。

⑨ 育苗期、生长期均需施用营养肥料，有机肥、复合肥等皆宜。

⑩ 生长后期加施磷肥，可促使植株生长健壮和花朵增大。

⑪ 鸡冠花的花朵形成后应每隔10天施1次稀薄的复合液肥。

⑫ 矮生、多分枝的品种，应在定植后进行摘心，以促进植株分枝；而直立、可分枝品种则不必摘心。

美女樱

别名：铺地锦、草五色梅、四季绣球
科属：马鞭草科马鞭草属
原产地：巴西、秘鲁、乌拉圭

78. 美女樱白粉病

症状表现：主要危害叶片和茎，白粉病早期是独立分散的，后联合呈一个大雾斑，高温高湿条件极易发病，危害严重，会造成植株死亡。

防治方法：施用药剂防治。发病初期开始喷洒36%甲基硫菌灵悬浮剂500倍液或40%达科宁悬浮剂600～700倍液、47%加瑞农可湿性粉剂700～800倍液，隔7～10天喷施1次，连续防治2～3次。病情严重的可选用25%敌力脱乳油4 000倍液、40%福星乳油9 000倍液。

79. 黑角蓟马

症状表现：黑角蓟马以吸食植物的汁液为生，病害高峰期为3～5月和11～12月，植株受害后，叶片逐渐变形，卷曲，严重阻滞了植株的生长。

防治方法：施用化学药物喷洒。虫害严重时喷20%杀灭菊酯3 000倍液，或50%乙酰甲胺磷乳油1 000倍液。

教你一招

优质土壤的标准

植物能否健康成长，关键在于土壤的选择，好的土壤可以使植株更好地吸收养分、水分，使植株根系健壮。优质的土壤必须具备四大特性，即排水性、透气性、保水性以及保肥性。

① 排水性：排水性好的土壤在浇水的时候，水能够迅速地融入土中，不会停留在表面。排水性差的土壤会使植物根部长时间难以干燥，很容易出现烂根的现象。

② 透气性：透气性好的土壤微粒之间不会黏聚在一起，空气可以自如流通，为植株根系有效输送氧气和水分。

③ 保水性：保水性是指土壤在一定时间内可以保持湿润的能力，如果土壤不具备保水性，土壤很快就会干燥缺水。

④ 保肥性：保肥性指的是土壤可以保持肥料肥性的能力，只有保肥性好的土壤才能够让植物在营养充足的环境里好好生长。

80. 福禄考缺铁黄化病

症状表现：植株染病后，叶脉变黄，严重时新叶亦呈黄白色，该病由缺铁所致。在土壤pH高时易缺铁，磷的用量过多也会影响铁的吸收，根过干过湿都会发生缺铁。

防治方法：①当土壤碱性过大时应停止使用碱性肥料或施用酸性肥料。②当磷粉过多时应将土地深翻。③发病初期可用硫酸亚铁（黑矾）30～50倍液浇灌根际土壤，或用“矾肥水”（硫酸亚铁2.5千克、豆饼5千克、猪粪15千克混合沤制，经10～15天发酵腐熟后施用）与清水间隔浇灌。也可用0.1%～0.2%硫酸亚铁水溶液喷洒叶面。

81. 福禄考白斑病

症状表现：该病常造成叶片干枯。病菌主要危害叶片，发病初叶片出现水浸状斑点，逐渐扩展为圆形褐色斑点；发病后期，病斑中央色淡，边缘色深。

发病规律：病原是半知菌纲壳针孢属真菌，病菌在病残体上越冬，次年产生分生孢子，借气流传播，侵入植物体内。在7～8月病情最甚。

防治方法：①及时清除病株，注意周遭卫生。②保持通风透气。③施用药物防治。每年在发病前1周用50%扑海因可湿性粉剂1 000～1 500倍液，或80%大生可湿性粉剂500～800倍液喷雾。在发病初期用50%苯菌灵可湿性粉剂1 000～1 500倍液喷雾，每隔10天1次，连续3～4次，即可控制病害的发生。

82. 红蜘蛛

症状表现：红蜘蛛很小，很难发觉，常群集在叶片的背面，将口器刺入叶片内吸取汁液，破坏叶片的叶绿素，使叶子变黄、出现斑点，会造成叶片脱落甚至掉光。

发病规律：红蜘蛛繁殖能力强，常一年发生13代，以卵越冬，越冬的卵一般在3月初开始孵化，4月初全部孵化完毕。

防治方法：化学药剂防治。发生时可用40%氧化乐果乳油1 000～1 500倍液或80%敌敌畏1 000～1 500倍液喷杀。

福禄考

别名：五色梅、福乐花、福禄花
科属：花葱科天蓝绣球属
原产地：北美南部

天竺葵

别名：洋葵、驱蚊草、洋绣球
科属：牻牛儿苗科天竺葵属
分布区域：南非、中国、法国、西班牙、意大利

83. 天竺葵花腐病

症状表现：该病主要危害叶、花等部。病发于叶部，后扩展到整个叶片。花瓣变色失去光泽，形成褐色斑点直至整个花冠。

发病规律：病原为葡萄孢属真菌。在潮湿条件下形成大量分生孢子，多从伤口处侵染危害。温室期内发病严重。

防治方法：①及时清除病株并烧毁。②注意通风透气。③药剂防治。发病初期可喷洒1%波尔多液或多抗霉素2 000倍液，亦可喷洒70%甲基托布津1 000～1 500倍液进行防治

84. 天竺葵细菌性叶斑病

症状表现：该病主要危害叶片，也可侵染茎秆和枝条。感病后，初期为褐色小斑点，后扩展为褐色不规则圆斑。严重时，叶片干枯脱落。

发病规律：病原是黄单胞杆菌引起，借助插条的接触、飞溅的水滴、昆虫进行传播。高温潮湿、施肥不当时，容易发病。

防治方法：①彻底清除和销毁病株及病残体，再进行消毒。②加强栽培管理，注意室内通风透光。③从健壮插枝上进行繁殖。④及时防治粉虱等传病昆虫。⑤药剂防治。发病初，用60%百菌通可湿性粉剂500倍液，或77%可杀得可湿性粉剂400倍液，或新植霉素4 000倍液，进行叶面喷雾，每隔7～10天用药1次，连续喷施3～4次。

85. 天竺葵菌核病

症状表现：该病主要发生在茎基部。初时病斑为淡褐色，水渍状，后扩展，病部组织腐烂。潮湿时，病部泛白，后期产生黑色鼠粪状菌核。

发病规律：病原为核盘菌。借助风雨传播，潮湿处，植株过密均会使病害加重。

防治方法：①将土壤进行消毒。②加强肥水管理，多施有机肥。③植株不要过密，注意通风透光。④及时清除病株并烧毁。⑤覆盖地膜。⑥药剂防治。发病初，及早喷雾防治，药剂可选用50%混杀硫悬浮剂600倍液，或40%菌核净可湿性粉剂500倍液，或50%扑海因可湿性粉剂1 000～1 500倍液。

86. 天竺葵真菌性叶斑病

症状表现：该病主要发生在植株下部老叶上。初生为水渍状斑点，后呈不规则形。重病的叶斑可达数十个，叶黄脱落。

发病规律：病原为链格孢菌引起，在温暖潮湿的环境下，发病较重。

防治方法：①注意室内通风透气。②精心管理，浇水不要碰叶。③及时清除枯枝落叶。④药剂防治。喷施50%多菌灵可湿性粉剂1000倍液，或80%代森锌可湿性粉剂500倍液，或1：1：100的波尔多液。

87. 斜纹夜蛾

发生规律：斜纹夜蛾散布我国南北，其繁殖后代相当频繁，卵多产在叶背上，逐渐蚕食叶片，危害花与花蕾。

防治方法：①不严重时，可人工摘除和捕杀。②药物防治。防治时用45%丙溴辛硫磷（国光依它）1000倍液，或国光乙刻（20%氰戊菊酯）1500倍液+乐克（5.7%甲维盐）2000倍混合液，40%啶虫毒1500～2000倍液喷杀幼虫，可连用1～2次，间隔7～10天。可轮换用药，以延缓抗性的产生。

养花无忧小窍门

如何养护天竺葵？

① 天竺葵对土壤的选择性不高，在各种土壤中均能生长，但以富含腐殖质的沙壤土生长为宜。

② 天竺葵喜温怕寒，最适合的生长温度在15～25℃，温度过低，不利于花芽分化，导致花朵稀疏，甚至不开花；温度过高，也会导致生长不良。

③ 天竺葵适合在阳光充足的场所生长，若长期处在荫蔽的环境中，就会茎叶徒长，花蕾发育不良，以致不能正常开花，即使开花了也很容易枯萎。

④ 夏季太阳光强烈，这时候要把花盆移到室内，或者进行遮光处理，避免其受到阳光直射。冬季要把植株放在向阳处，接受充足的日光照射，每天的日照时间最好在4小时以上。

⑤ 天竺葵稍耐旱、怕积水，所以平时浇水要适量。6～7月植株停止生长，叶片老化，呈半休眠状态，此时要按时浇水，一般5～7天1次。

⑥ 冬季浇水以"不干不浇、浇则浇透"为原则，盆中的土壤长期过湿，会导致叶片发黄脱落，还会影响开花，严重时甚至会烂根而死。

⑦ 天竺葵不喜大肥，施肥过多，天竺葵则生长过旺，不利于开花。一般来说每7～15天浇一次稀薄肥水即可。花期前也可以通过浇磷酸二氢钾800倍液来促进正常开花。

⑧ 为了使天竺葵更加强壮丰满，一般从苗期开始进行修剪，在长到12～15厘米时进行摘心，使其多发侧枝，多开花。花谢后及时剪去残花，过密枝条，使其发新枝，增加花朵数目。立秋后剪去多余的枝条，再将主枝和侧枝进行短截。

大花美人蕉

科属：美人蕉科美人蕉属
原产地：美洲热带

88. 大花美人蕉花叶病

症状表现：该病在我国栽培过程中普遍发生，严重时植株矮小，影响生长。受害后，出现花叶症状，严重时，叶片畸形、卷曲、枯萎。

发病规律：此病原是由黄瓜花叶病毒引起，通过汁液接触和蚜虫传播。由于美人蕉采用分根繁殖，因而病毒易相传相续。

防治方法：①及时清除病株并烧毁。②化学防治。喷洒马拉硫磷、氧化乐果等杀虫剂，防治蚜虫。

89. 大花美人蕉黑斑病

症状表现：该病主要危害叶片，染病后出现黄色小斑点，后逐渐扩大至黑褐色病斑，严重时叶枯而死。

发病规律：此病是由一种叫球根链格孢的真菌侵染引起。借助风雨传播。发病期在 7 ~ 8 月最为严重。

防治方法：①选用无病植株做种。②及时清除病株并彻底烧毁。③播种前用 50% 多菌灵可湿性粉剂 1 000 倍液浸种 5 ~ 10 分钟；发病初，喷洒 60% 代森锰锌 500 倍液或 50% 福美双 1 000 倍液。

90. 蕉苞虫

症状表现：该虫主要为幼虫食叶，严重时，叶片残缺不全，影响植株生长开花。发病期在 5 ~ 10 月。

防治方法：①及时清除病叶病株并销毁。②蕉苞虫处于幼虫时，摘除虫苞销毁。③药剂防治。在幼虫孵化还没有形成叶苞前，用 90% 的敌百虫 1 000 倍液杀死幼虫，或用抑太保 1 000 倍液于晨间或傍晚喷杀。

教你一招

配制营养土常用基质

草甸土、稻壳或稻草烧成的草木灰、河道或泥塘底的河沙、砖渣、木屑、木炭、蛭石、珍珠岩、骨粉等。

91. 大花美人蕉锈病

症状表现：该病为我国南方地区常见的一种病。发病初，叶片有水渍状小斑，后期变成橙褐色。受害严重时，病斑遍布，病叶黄化，呈现褐色干枯状。

发病规律：病原为柄锈菌，该菌易被锈菌所寄生，使原有病斑出现黑褐色斑。这样会使病株更加严重，病叶卷曲和凋谢。发病期尤以10～12月最重。

防治方法：①及时清除病叶病株，加强卫生管理。②药剂防治。发病初，可用0.2～0.3波美度石硫合剂，或20%萎锈灵乳油400倍液，每隔10～15天喷药1次，可减轻危害程度。

92. 大花美人蕉芽腐病

症状表现：该病主要危害花芽和叶芽，感病后，初期病斑为灰白色，后变黑。花芽受害后使其花未开而凋亡。

发病规律：此病为美人蕉黄单胞菌侵染导致。病菌附在根状茎上越冬，借雨水传播，一般情况下，植株幼嫩的先发病。植株过密或潮湿极易诱发此病。

防治方法：①及时清除病叶病株并彻底烧毁。②注意通风透气，室内不要潮湿。③药剂防治。发病初，摘除病叶，喷施链霉素1000倍液。

养花无忧小窍门

(1) 大花美人蕉有哪些养护措施？

① 种植大花美人蕉要选择土壤肥沃、土质深厚、透气及排水性良好的土壤。

② 大花美人蕉喜阳光充足、气候温暖，不耐寒。南方可终年生长，在北方，霜后茎叶枯萎，要将地上部剪掉，挖出根茎，晾晒几天，再用沙土埋藏放在5℃左右的冷室越冬。

③ 由于大花美人蕉植株高大，所以要给以充足的水分，但大花美人蕉怕涝，土壤不能积水，积水易腐烂。

④ 大花美人蕉花朵大，花期长，需要合理施肥。无论是生长期间还是开花期间，都需要及时施肥，如若肥料不足，会影响植株生长。

⑤ 生长旺盛期间，大花美人蕉植株容易出现枝叶过密，要及时修剪，有利于通风，促进植株生长发育，并确保株形美观。

⑥ 当大花美人蕉花谢后，应及时将花茎剪去，免得消耗养分，并能促使新茎抽出，使开花连续不断。

(2) 如何让大花美人蕉在“五一”期间开花？

① 首先，应在12月把贮藏的根茎取出，挑选肥大的根茎在沙土中埋好放置向阳处。

② 其次，温度保证在25℃左右，经常浇水，出芽后选择健壮的苗芽。

③ 最后，选几枝苗芽栽种，盆不要太小，并且保证植株向阳。

萱草

别名：川草花、金针菜、黄花菜
科属：百合科萱草属
分布区域：中国、日本及西伯利亚、东南亚地区

93. 萱草炭疽病

症状表现：该病主要危害叶片，发病初，叶片呈水渍状，褐色。后形成不规则形状，淡褐色。后期变成大斑块，叶片扭曲，枯萎而死。

发病规律：病原为分生孢子盘垫状，生于寄主表皮。借助风雨传播，发病期尤以 7 ～ 8 月严重。

防治方法：①及时清除残枝落叶并烧毁。②喷洒可湿性粉剂。发病初期，喷洒 25% 咪鲜胺乳油（如国光必鲜）500 ～ 600 倍液，或 50% 多锰锌可湿性粉剂（如国光英纳）400 ～ 600 倍液。连用 2 ～ 3 次，间隔 7 ～ 10 天。

94. 岩螨

发生规律：该虫吸食叶片汁液，叶面呈黄白色斑点。高温、干燥的 7 ～ 8 月危害严重，严重时，叶片呈黄白色。

防治方法：化学药剂防治。在生长期叶面喷洒 40% 三氯杀螨醇乳油 1 000 倍液或阿维高氯 1 000 倍液。两种药物交替使用，可降低抗药性。

95. 萱草叶枯病

症状表现：该病主要危害叶片。发病初，叶片出现水渍状斑点，后变为褐色条斑状。严重时，病斑扩大，造成植株叶枯而亡。

发病规律：病菌主要附在病残体上，次年产生分孢子，借助雨水和气流传播侵染。

防治方法：①及时清除残枝落叶并销毁。②药剂防治。发病初期用 50%甲基托布津或 50%多菌灵 800 倍液喷施 1 ～ 2 次，共喷药 3 ～ 4 次。

96. 萱草锈病

症状表现：该病主要危害叶片和茎。初期叶片产生斑点后变粉状。严重时叶片变黄枯萎。萱草生长后期产生病菌冬孢子堆，附在寄主表皮，严重时植株枯死。花受害后，花梗变褐色，花蕾凋谢。

发病规律：病原为柄锈菌。病菌附在病株上过冬，通过气流传播。每年 6 ～ 7 月为发病盛期。高湿、通风不畅、栽植过密都会加重病害。

防治方法：①及时清除残枝落叶并销毁，清除周遭杂草。②注意通风透气，栽植要稀疏。③药剂防治。发病期及时摘除病叶，并用药防治，可喷施70%代森锌如国光银泰600倍液，或12.5%烯唑醇（国光黑杀）2 500倍液，每隔10～15天喷1次，或者喷洒15%粉锈宁800倍液或97%敌锈钠250～300倍液，7～10天喷1次，视病情连喷2～3次。

97.红腹白灯蛾

症状表现：主要是幼虫蚕食叶片。该虫因地域不同而差异很大，我国从北向南，1年2～6代。4～6月为成虫羽化期。该虫成虫有趋光性，幼虫有假死性。幼虫群居，成虫分散。

防治方法：①量少时及时摘除幼虫，落地幼虫集中杀死。②成虫时期，晚上用黑光灯引诱其杀灭。③药剂防治。幼虫活动期，可喷施40%乐斯本乳油1 500倍液，或24%百灵水剂800～1 500倍液。还可使用聚酯类农药，如25%功夫乳油，2.5%敌杀死乳油200～3 000倍液喷雾。

浇花时水质的选择

浇水要用软水。最好为雨水，其次是河水、池塘水、井水，如果用自来水，需先将水静置1～2天或者暴晒，让氯气挥发掉，并让水温和含氧量都达到适宜的程度，才可用于植株浇灌。另外，淘米水、茶水、鱼缸换下的旧水也可用。

养花无忧小窍门

（1）种植萱草要注意哪些问题？

① 先在盆中施入足够的底肥，然后埋入种子。
② 将土壤轻轻压实，浇透水。
③ 将花盆放置在阴凉处，大约经过20天就可长出幼苗了。

（2）养护萱草要注意哪些问题？

① 萱草适宜种在腐殖质丰富、潮湿且排水通畅的土壤里。
② 萱草可以采用播种法或分株法进行繁殖。播种繁殖在春秋季都可进行，分株繁殖可以在秋季植株叶片干枯后或春季萌芽前进行。
③ 种植萱草宜选用透气性较好的泥盆，避免使用瓷盆或塑料盆，选盆时一定要选大盆。
④ 萱草喜欢充足的日照，因此应放置在阳光充足的地方。
⑤ 萱草喜欢温暖，也可以忍受半荫蔽的环境，可以忍受寒冷。
⑥ 春秋两季萱草长势较强，应每天浇1次水。
⑦ 夏天气温高，蒸发量大，应每隔1～2天给萱草浇1次水，但浇水量不宜过多。浇水时间以早晨和傍晚为宜。
⑧ 在萱草的花蕾期，必须经常保持土壤湿润，防止花蕾因干旱而脱落，要多浇水。
⑨ 从种植的第二年时要施1次肥料，以后每年追施3次液肥为好。
⑩ 此外，在进入冬天之前宜再施用1次腐熟的有机肥，以促进萱草第二年的生长发育。
⑪ 由于萱草的根系生长得比较旺盛，有一年接一年朝地表上移的动向，因此每年秋、冬交替之际皆要在根际垒土，厚约10厘米即可，并注意及时除去杂草。

君子兰

别名：大叶石蒜、大花君子兰、达木兰
科属：石蒜科君子兰属
原产地：南非南部

98. 君子兰炭疽病

症状表现：该病主要侵染叶片。发病初，叶片呈淡褐色斑点，后扩大为轮纹状病斑。发病后期，病斑产生小黑点。

发病规律：该病由一种炭疽菌引起。栽培中氮肥过多，磷、钾肥较少时，发病较多。在高温、高湿、多雨条件下，发病严重。浇水过多、通风不畅也易发病。

防治方法：①及时清除残枝落叶并烧毁。②喷洒可湿性粉剂。在发病初期喷洒50%多菌灵可湿性粉剂700～800倍液、50%炭疽福美可湿性粉剂500倍液、75%百菌清500倍液，必要时喷1次70%炭疽福美500倍液。

99. 君子兰白绢病

症状表现：君子兰受侵害后，在茎基部出现水渍状病斑，后形成小菌核。当茎部全部腐烂时，整株枯死。

发病规律：病原为齐整小核菌，该菌在菌核病残体上或土壤中过冬，产生菌丝，不断扩大危害。高温、潮湿，容易导致病发。

防治方法：①施用生物制剂使土壤保持湿度，利用以毒攻毒法来抑制病害。②药剂防治。发病初，用15%粉锈宁或50%甲基立枯磷可湿性粉剂，对细土100～200份，撒在病部根茎处，防效明显。此后再用70%托布津1000倍液，或50%多菌灵1000倍液施于根际土壤，以抑制病害蔓延。重病株拔除后，可用50%代森铵500倍液，或石灰粉灌、撒病穴，对土壤消毒。

100. 君子兰软腐病

症状表现：该病主要危害茎和叶。发病从茎基部向上下蔓延，使根部变软腐烂，导致整株死亡。受病后，叶片变色变形。

发病规律：病原为欧氏杆菌属细菌，病菌多从伤口处侵染危害。病害多发于温室养护期和雨季，高湿、高温、有介壳虫危害时易发。

防治方法：①发病区栽植前要对土壤进行消毒。②盆栽浇水时要适量，不能从植株上方浇水，夏季要保持通风。③药剂防治。病斑出现后立即用400ppm（浓度）的链霉素喷洒、涂抹，或用注射器注入有病的假鳞茎内，均有较好的治疗效果。

101. 君子兰细菌性软腐病

症状表现：该病主要危害叶和茎。发病后会使叶片逐渐变色变形，茎部染病后会使其向上向下蔓延，导致植株死亡。

发病规律：病原为欧氏软腐细菌。多从伤口侵入，高温、高湿、闭塞条件下容易发病。

防治方法：①改进浇水方式。室内保持通风透气。②药剂防治。发病初喷洒0.5%波尔多液、15%链霉素可湿性粉剂500倍液。

102. 君子兰日灼病

症状表现：该病多发于夏季，幼苗期叶片柔嫩更易发生日灼病。盛夏期间君子兰若在强光下暴晒，叶片会发黄，变枯焦。

防治方法：①温室中，通常情况下，6～9月应保持通风或喷水降温。②避免强光直射，适当调整位置。③一旦发生日灼病应将被害叶片剪去。

养花无忧小窍门

(1) 如何鉴别君子兰品种的优劣？

君子兰品种的优劣主要从叶、花来判断：

① 从叶片上来看：看脉纹。脉纹明显且呈"田"字形或"日"字形，脉距大、视觉清的为上品；看亮度。光泽油亮的为上品；看宽度。叶片长宽比例在4：1以下的为上品；看厚度。叶片厚度在2毫米的为上品。

② 从花上来看：花箭粗壮圆实为上品，花大朵多色艳为上品，花色以橘红、杏红色、朱红为上品。

(2) 君子兰四季管理需要注意什么？

① 君子兰每隔1～2年春季出室前换1次盆（已开花的在秋季换盆）。

② 君子兰忌强光直射，夏季要及时将花盆移到阴凉处，浇水要见干见湿。

③ 秋季光照减弱，应适当增多光照时间，以利花芽分化；冬季室内湿度保持在60%～70%，让盆土保持湿润。

(3) 君子兰不开花怎么办？

① 君子兰通常情况下需要4年时间培养，长出14片叶子以上才会开花。不到开花年龄的，不管怎样培养都不会开花。

② 如果达到要求但仍旧不开花的，那或许就是管理的问题。比如，施氮肥过多而缺少磷肥；冬季室温过高，君子兰得不到休眠；夏季受到强光直射；浇水过多或过少。

③ 君子兰有时开过1次，次年就不再开了，如果说君子兰既不长叶也不开花，那最主要的原因就是缺乏营养。

非洲菊

别名：太阳花、秋英、扶郎花
科属：菊科大丁草属
分布区域：南非及我国华南、华东华中地区

103. 非洲菊疫病

症状表现：该病又称根腐病。整个生长过程都能发病，发病初，地上部失水卷曲，后变褐色，皮层脱落。植株变紫红色。

发病规律：由隐地疫霉和恶疫霉引起，属卵菌。病菌在病残体上借助雨水飞溅到寄主上，由茎基部向下侵染。亦可由无性繁殖材料传播。

防治方法：①从无病区引进种苗或组织培养种苗。②选取抗病的品种。③及时清除残枝落叶并销毁，精心养护。④使用起垄栽培，保持干燥度。⑤及时进行土壤消毒。⑥药剂防治。发病初，用25%敌磺钠可湿性粉剂1 000倍液、25%敌菌丹可湿性粉剂1 000倍液浇灌根部土壤；用50%烯酰吗啉可湿性粉剂2 000倍液、25%甲霜灵可湿性粉剂800倍液喷雾。

104. 非洲菊斑点病

症状表现：患病植株叶上产生紫褐色的斑点，慢慢扩大。后期花心腐烂，上有灰褐色尘埃状真菌丝。

发病规律：病原为菊叶点霉和非洲菊生叶点霉。病菌在分生孢子器上越冬，感病母株分根繁殖使新株发病，借助雨水传播。一般排水不畅、多雨的地方易发。

防治方法：①使用化学药剂将土壤进行消毒。②如在室内种植调节种植区温湿度，低温低湿下不易犯病。③施用药剂喷洒。50%琥胶肥酸铜（DT）可湿性粉剂500倍液，一般不能与其他药剂混用。60%琥乙膦铝（DTM）可湿性粉剂500倍液，或77%可杀得可湿性微粒剂400倍液。

105. 非洲菊白粉病

症状表现：该病主要发生在叶片上，初为白色小霉点，逐渐变形变色。后期变成灰白色，并产生黑色小粒点。严重时叶片褪绿枯死。

发病规律：病原为菊粉孢菌。通常潮湿温暖和低洼隐蔽的地方最易诱发病害。有时在高温干燥时也容易萌发病害。

防治方法：①及时清除病残体并销毁，保持通风换气。②药剂防治。用20%国光三唑酮乳油1 500～2 000倍或12.5%烯唑醇可湿粉剂（国光黑杀）2 000～2 500倍，25%国光丙环唑乳油1500倍液喷雾防治。连用2次，间隔12～15天。

106. 非洲菊褐斑病

症状表现：主要危害叶片，发病初，为紫褐色小点，后扩大为不规则褐色斑。在病斑正背面有时会出现绿色霉点。

发病规律：病原为菊尾孢。病菌在病叶上过冬，借风雨传播，一般南方发病早。排水不畅、阳光不足、氮肥过多、通风不畅发病严重。

防治方法：①及时清除病株并销毁。②选择排水顺畅的土壤进行种植。③保持通风透气。④栽植不要太密，保证阳光充足；适当施用有机肥，增强抵抗力。⑤喷洒可湿性粉剂。发病初期开始喷洒40%多硫悬浮剂500倍液或50%苯菌灵可湿性粉剂1 000倍液、70%甲基硫菌灵可湿性粉剂600倍液、65%硫菌霉威可湿性粉剂1 000倍液，隔7～10天1次，连续防治2～3次。

107. 叶螨

症状表现：叶螨个体小，很难发觉，常只看到它们织的精细的网，一旦发现时，受害已经很严重了。叶螨具有刺吸式口器，主要集中在幼芽、嫩叶、花蕾上吸取汁液，尤其在叶背。植株受害后，叶片呈灰褐色，后卷曲。受害花、蕾不能开放，严重者会脱落。

防治方法：①及时清除残枝落叶，减少虫源。②培植健壮无虫苗。③在植株生长过程中定期喷洒杀螨剂，一般3～4周一次。发病初，10天左右喷洒1次，严重时每周1次。常用杀螨剂有40%三氯杀螨醇1 000～1500倍液、20%螨克乳油1 000～2 000倍液等。

养花无忧小窍门

养护非洲菊要注意哪些问题？

① 非洲菊对土壤没有严格的要求，最适宜生长在土质松散、有肥力、排水通畅且腐殖质丰富的沙质土壤或腐叶土中，不能在黏重土壤中生长，微酸性土壤较为适宜。盆栽时适宜用腐叶土或泥炭土。

② 非洲菊喜欢温暖，怕酷热，属半耐寒性植物。它的生长适宜温度白天是20～25℃，晚上是14～16℃。

③ 非洲菊能忍耐短时间的0℃低温，如果在0℃以下，就会遭受冻害；如果温度超过30℃，植株的生长便会受到阻碍，令开花变少。

④ 非洲菊属喜光性植物，每日阳光照射的小时数不可低于12小时。盆栽时一定要将盆花置于阳光充足处，能令叶片健康壮实、花梗直立高耸、花朵颜色鲜艳。

⑤ 非洲菊在生长过程中需要大量水分，必须常浇水才能满足植株所需，然而不可积聚太多的水。

⑥ 夏天水分蒸发得迅速，需适度多浇一些水，可以每3～4天浇1次水，并结合追施肥料进行。

⑦ 冬天需适当少浇水，令土壤保持略干状态为宜，半个月左右浇水1次就可以。

⑧ 非洲菊全年都可开花，自身需要耗费大量肥料，因此在1个完整的生长周期内需接连追施肥料，然而需把握“薄肥勤施”的原则。

⑨ 在植株分化花芽前需加施氮肥及有机肥，以促进植株叶片生长；在花芽形成到开花之前需加施磷、钾肥1～2次；在开花阶段若叶片既小又少，可以适量加施氮肥。

⑩ 非洲菊叶片过多，会不利于植株接受阳光照射及通风流畅，容易引起病虫害，所以在生长季节应时常适当摘除叶片。

菊花

别名：隐逸花、陶菊、金英
科属：菊科菊属
原产地：中国

108. 菊花炭疽病

发病规律：病斑多发生在叶尖或叶缘。病原为菊炭疽菌。以分生孢子盘在病残体上存活，借助风雨传播侵染。高温高湿，偏施氮肥，日灼及根系发育不良时发病严重。

防治方法：①及时清除残枝落叶并烧毁。②喷洒可湿性粉剂。发病前或发病初用国光英纳 400 ～ 600 倍液、国光必鲜（咪鲜胺）600 ～ 800 倍液，或 80%多菌灵 800 倍液喷施防治。

109. 菊花斑点病

症状表现：该病主要危害叶片。发病初，出现浅褐色斑点，后变成不规则病斑。后期，病斑边缘呈紫褐色，中间为灰白色或浅黄色，并有轮纹，病部生褐色小点。

发病规律：该病由菊花叶点霉菌引起。借助风雨传播，引起侵害。通常老叶受害较为严重。

防治方法：①及时清除残枝落叶，注意周遭卫生。②注意通风透气。③药剂防治。8 ～ 10 月，每隔 10 天左右喷 1 次 65% 代森锌 600 倍液保护叶片。病害发生后，选用 50% 多菌灵或 50% 甲基托布津可湿性粉剂 500 ～ 1 000 倍液，也可喷 75% 百菌清可湿性粉剂 800 ～ 1 000 倍，每隔 7 ～ 10 天喷 1 次、连续 3 ～ 4 次，效果较好。

110. 菊花病毒病

发病规律：菊花病毒病有几种病状，分别为菊花不孕病毒病、菊花花叶病、菊花畸形病等。菊花不孕病毒病的病原为番茄不孕病毒。菊花花叶病病原为菊花 B 病毒。菊花畸形病病原为菊花畸形病毒。菊花矮化病是由类病毒引起的。

防治方法：①及时清除病株，保持周遭卫生。②防治传毒介体，喷洒药剂如氧化乐果、马拉硫磷等。③选育无病繁殖材料，培养繁殖无毒苗。

111. 菊花白绢病

症状表现：该病主要发生在茎基部。发病初，表皮出现褐色斑，逐渐扩大，使茎基至根部表层腐烂，植株养分和水分受阻，叶片变黄、凋萎。严重时全株枯死。

发病规律：该病病菌为齐整小核菌。病菌以菌核的形式在土壤、病残体上越冬。通过雨水和土壤传播。高温高湿条件下更适于病害发生。

防治方法：①及时清除病株，注意周遭卫生。②在菊花白绢病病重的棚室内，如允许可实行4年以上轮作。③播种前，对土壤进行消毒。④加强棚室管理，增施腐熟的有机肥。⑤生物防治，将生物药剂撒施在病株基部。⑥药剂防治。用25%国光丙环唑乳油2 500倍，或70%国光根灵800倍液淋灌，用药前若土壤潮湿，建议晾晒后再灌透。

112. 菊花锈病

症状表现：此病发生在叶片上，初期叶片产生变色斑，后散出大量褐色粉状物。染病植株生长衰弱，不能正常开花，叶片卷曲。

防治方法：①及时清除残枝落叶并销毁。②保持通风透气。③施用可湿性粉剂。用20%国光三唑酮乳油1 500～2 000倍或12.5%烯唑醇可湿粉剂（国光黑杀）2 000～2 500倍，25%国光丙环唑乳油1 500倍液喷雾防治。连用2次，间隔12～15天。

教你一招

植物对土壤酸碱度的要求

配土是一门很深的学问，作为刚刚入门的新手最好在市面上购买已经配置好的优质土，这些土壤已经配置好了腐叶土、肥料等养料，可以直接使用。但是要注意土壤包装上的适用作物说明，并且不同的植物对酸碱性的要求也是不同的。种植蔬菜的土壤一般为弱酸的环境，香草则喜好偏碱性或中性的土壤。而花卉对土壤的要求则比较复杂。

① 一些花卉植物不喜欢碱性土，如杜鹃属植物、多数秋海棠属植物等，常用的盆栽土不利于这些植物的生长。即使以泥炭藓为基质的盆栽土，也普遍呈碱性，因为为了适应多数室内盆栽植物的需求，盆栽土中会添加少量石灰，而石灰会增加土壤的碱性。不喜欢碱性土壤的植物，可以使用“欧石南属”植物专用盆栽土，这种盆栽土在多数花店都能买到。

② 凤梨科植物、仙人掌科植物和兰科植物对盆栽土也有特殊要求，可以从专业苗圃或专业的花店购买经过特殊处理的盆栽土。

养花无忧小窍门

养护菊花要注意哪些问题？

① 菊花喜光照，但也喜欢清凉，较能忍受寒冷，怕高温，生长适宜温度是18～25℃，温度过高会对其造成伤害。

② 菊花较能忍受干旱，怕水涝，浇水时一定不能浇太多，严守“见干则浇，不干不浇，浇则浇透”的浇水准则。

③ 菊花苗株定植后，需要对其进行摘心，保证侧枝生长，使植株强壮。

非洲紫罗兰

别名：非洲紫苣苔、圣包罗花、非洲堇
科属：苦苣苔科非洲堇属
分布区域：非洲东部

113. 非洲紫罗兰霜霉病

发病规律：病原为霜霉菌。该病主要危害叶片、嫩梢及花。初期叶面产生淡绿色斑点，后变成黄斑。借助孢子囊进行侵染。在低温、高湿、通风不畅、植株过密的条件下，发病严重。

防治方法：①注意通风透气，增施磷、钾肥。②选用无病菌土壤。③控制好棚室内的温度和湿度。④施用可湿性粉剂。发病前用国光银泰（代森锌）、百菌清提前预防，发病初，用国光绿青（50%腐霉利可湿性粉剂）1 000 ~ 1 500 倍、58% 甲霜灵锰锌可湿性粉剂 400 ~ 600 倍液针对性防治，建议连用 2 ~ 3 次，间隔 7 ~ 10 天。

114. 蓟马

病状表现：虫害发生时，非洲紫罗兰会出现花朵提早凋萎的情况，影响植株的生长和观赏。

防治方法：①及时清除残枝落叶，消灭越冬虫源。②熏蒸防治。在温室中，用 80% 敌敌畏 1 500 倍液密闭熏蒸法灭虫。③喷药防治。露地栽培时，喷洒 50% 辛硫磷或 50% 杀螟松乳剂 1 200 倍液。

养花无忧小窍门

如何养护好非洲紫罗兰？

① 花盆大小合适。非洲紫罗兰植株不高，应根据大小来选择合适的花盆，不适合用过大过深花盆。

② 浇水要适量。水过多则烂根，夏季可常浇水，其他季节待干燥时再浇。

③ 施肥淡薄。每10天左右施肥 1次，不可过多，夏季停止施肥，天气变凉后再重新施肥。

④ 栽植土壤适宜。非洲紫罗兰喜肥沃疏松、含腐殖质的微酸性土壤。盆土也多为泥炭土或腐叶土，切忌黏重土。

⑤ 光照恰当。冬季放在光照条件较好的地方，夏季放在通风较好，凉爽而具有散射光处。

⑥ 温度适当。该花适宜在18～24℃环境下生长，当温度超过28℃时，生长迟缓，冬季室温不低于12℃，夏季要适当降温遮阴。

115. 鹤望兰灰霉病

症状表现：该病主要发生在叶柄、叶片及花瓣上。发病初为暗绿色，水渍状，在高温高湿下发展迅速，后导致大片腐烂，并长出灰色霉层。

发病规律：病原为灰葡萄孢霉，在温湿度适宜下，产生大量分生孢子，借风雨和昆虫传播，从伤口侵入为害。

防治方法：①多雨季用波尔多液喷雾2～3次，保护新叶和花蕾，防止发病。②在早春和秋季换土，提高抗病能力。③药剂防治。发病初期每隔10天使用75%的百菌清可湿性粉剂500倍液喷施一次，共用药2～3次。

116. 考氏白盾蚧

症状表现：考氏白盾蚧遍布我国南方各省。主要以若虫、成虫的形态固定在叶片及小枝上，吸食汁液，使叶片褪绿出现斑点，严重时叶落而死。

防治方法：①及时清除落叶并销毁。②适当保护和利用它的天敌瓢虫、寄生蜂等。③化学防治。若虫孵化期可喷1次50%杀螟松乳油1 000倍液。用40%能速扑杀乳油1 500倍防治鹤望兰考氏白盾蚧，能取得了令人满意的防治效果。

117. 鹤望兰根腐病

症状表现：该病主要发生在幼苗期，发病初，地上部生长缓慢，根与茎变褐黑色腐烂，后枯萎，叶子变成稻草色。

发病规律：该病由藤仓赤霉菌所致。病菌厚垣孢子可在土壤中存活10年，也是主要的侵染源。病菌从根部伤口侵入，在病部产生分生孢子，借雨水或灌溉水传播，进行二次传染。低温高湿容易导致发病。

防治方法：①精心养护，保证冬季地温高于5℃，养护温度在20～30℃。②苗期发病及时松土以增加土壤通透性。③药剂防治。发病初期在穴内撒上石灰消毒，喷洒或喷灌50%立枯净可湿性粉剂800倍液、50%苯菌灵可湿性粉剂1 000倍液，也可把上述药剂配成药土，撒在茎基部。

鹤望兰

别名：极乐鸟花、天堂鸟
科属：旅人蕉科鹤望兰属
分布区域：非洲南部、中国、美国、德国、意大利等

康乃馨

别名：香石竹、大花石竹、荷兰石竹
科属：石竹科石竹属
原产地：南欧、地中海北岸、法国到希腊等地区

118. 康乃馨枯萎病

症状表现：该病主要危害植株根茎部，是一种维管束系统的病害，初期症状为地上部梢端生长缓慢，下部叶片褪绿变黄，茎节收缩。植株受害，发病面叶片无光泽、下垂枯萎，病株扭曲，最后枯萎。
发病规律：病原为康乃馨尖孢镰刀菌，病菌随寄主植株残体在土壤中存活，通过伤口进行侵染。
防治方法：①使用无病母体，及时清除病株并烧毁。②药剂防治。发病初期浇灌70%甲基硫菌灵可湿性粉剂800倍液加50%福美双可湿性粉剂800倍液或50%溶菌灵可湿性粉剂800倍液、50%杀菌王水溶性粉剂1 000倍液。

119. 康乃馨病毒病

症状表现：康乃馨可以感染5种病毒，这5种病毒的共同点就是都可通过汁液摩擦传播。此种病毒病与其他真菌病和细菌病不同，感染后，茎、叶、花、根部都有病毒存在，防治起来比较麻烦。
发病规律：由黄瓜花叶病毒引起，一般由茶褐螨和棉蚜通过汁液传播，也通过风雨从植株伤口入侵，有时植株种子本身也带毒。
防治方法：①培育和选用抗病品种。②对蚜虫的病毒传播可进行防虫治病。③经汁液传播的，先用3%的磷酸三钠溶液冲洗双手，再操作。④药剂防治。喷洒3.86%病毒必克可湿性粉剂700倍液、7.5%克毒灵水剂1 000倍液。

120. 康乃馨灰霉病

症状表现：该病主要危害花瓣和花蕾，也侵染嫩茎、幼叶。发病初，花瓣边缘出现淡褐色水渍状斑，后形成不规则斑块，最后干枯。
发病规律：病原为灰葡萄孢菌侵染引起，病菌的分生孢子聚生成葡萄穗状、椭圆形，以此侵染为害。
防治方法：①及时清除病叶病株并销毁。②注意室内通风透气，避免直接向花朵喷洒淋水。③药剂防治。可用50%腐霉利可湿性粉剂（国光绿青）1 000～1 500倍，或50%国光松尔（甲基托布津）可湿性粉剂500倍液喷雾7～10天一次，连续2～3次，要注意交替使用药剂，以防产生抗药性。

121. 康乃馨疫病

症状表现：该病主要危害茎和根。发病初，茎部呈水渍状，幼根腐烂、萎蔫。栽植后，危害茎、叶和枝。染病后，茎部呈水渍状病斑，后扩大为斑块，后期变褐腐烂。根部染病出现褐色病斑。

发病规律：病原为烟草疫霉菌，病菌附在病残体上或土壤中越冬，借助气流和流水进行传播。

防治方法：①及时清除病株病叶并销毁。②选取无病土壤或对土壤进行消毒。选取40%乙磷铝或75%百菌清粉剂消毒。③保持通风透气，不要积水。④药剂防治。发病期，喷洒65%代森锌粉剂600倍液；发病初，喷洒25%瑞毒霉粉剂600倍液或64%杀毒矾粉剂500倍液。

122. 康乃馨黑斑病

症状表现：黑斑病病菌危害茎、叶、花和蕾，以叶片最为常见。发病初期为水渍状小圆斑，后期病斑中央为灰白色，边缘为褐色，以后进行扩散，直至病斑以上部分枯死。在潮湿条件下，茎、叶、花和蕾都会发病。

发病规律：该病由康乃馨链格孢菌侵染引起。病菌在病株、插条和土壤病残体内越冬，借风雨水溅传播，从伤口、气孔侵入为害。

防治方法：①及时清除病株病叶并销毁。②从健壮的植株上取无病插条。③提供温室或遮雨的地方栽植。④药剂防治。生长期发病和摘除赘芽后，及时喷施波尔多液（1∶1∶200）、75%百菌清600倍液或58%甲霜灵锰锌500倍液、50%扑海因1 500倍液。

123. 康乃馨芽腐病

症状表现：染病后，植株中央未展开的嫩叶先行枯萎下垂，并呈淡灰褐色，慢慢扩展到芽，使嫩叶基部组织呈糊状枯死腐烂。严重时，植株不长。

防治方法：①及时清除病株病叶并销毁，同时用1 000倍高锰酸钾进行消毒。②选取抗病品种进行栽植。③保持通风透气。④注意防治螨类。用齐螨素控制螨害。⑤药剂防治：喷洒70%甲基托布津粉剂1 000倍液或高锰酸钾1 200倍液。

买回来的花多久修剪一次

修剪花草除了保持株型美观外，也有助于花草储存多余的养分，避免浪费。观叶植物一般枝叶生长迅速，可随时进行修剪。观花植物则要注意修剪时间，如花草幼苗摘心有利于侧枝的生长，增加花蕾数量。如果花蕾多，要适当进行疏蕾，摘掉一些弱枝，使花大而肥硕。凋零的花，要及早剪除，避免浪费养分，还可延长花期。木本落叶盆栽，一般于落叶后或萌芽前进行修剪，不要过度修剪整枝，如果剪口比较大，则用切口胶涂抹，以免引起花木萎缩。

芍药

别名：余容、没骨花、离草
科属：毛茛科芍药属
原产地：中国

124. 芍药叶霉病

症状表现：该病主要危害叶片，受侵害叶片会变色，严重时会造成叶片变焦，影响其生长和发育。

发病规律：发病原因为环境所致。在高湿高温下，植株极易发生叶霉病，通风不畅会加重病情和病发率。

防治方法：①保持通风透气，不积水。②及时清除病株病叶并销毁。③药剂防治。可选用1∶1∶100波尔多液，65%代森锌500～800倍液，70%代森锰锌500倍液，70%甲基托布津1 000倍液，75%百菌清600倍液等。

125. 芍药菌核病

症状表现：该病病菌从茎基部侵入，发病初，出现淡褐色水渍状斑点，后变黑色菌核。病叶枯萎而死。

发病规律：该病由核盘菌侵染所致。菌核在土壤中附在病残体上越冬，借风雨传播，高湿高温更利于发病。

防治方法：①栽植不要过密，保证其通风透气。②药剂防治。发病初选用50%托布津500～800倍液喷雾，或用50%达克灵可湿性粉剂1 000倍液喷雾，每10～15天喷1次，连续喷2～3次，便能控制病害蔓延。喷雾重点部位是植株中下部及地面。

养花无忧小窍门

养护芍药要注意哪些问题？

① 可以选择肥沃、排水通畅、透气性好的沙质土壤、中性土壤或微碱性土壤。

② 芍药喜欢温和凉爽的环境，比较耐寒，温度应该控制在15～20℃，冬季温度不宜低于–20℃。冬季上冻之前可以为芍药根部垒土，以保护新芽。

③ 芍药对光照要求不严，但在阳光充足的地方生长得更加茂盛。春秋季节可多照阳光，夏天忌烈日暴晒，可放置于半阴处。

④ 芍药比较耐干旱，怕水涝，浇水不可太多，不然容易导致肉质根烂掉。

⑤ 在芍药开花之前的1个月和开花之后的半个月应分别浇1次水。

⑥ 每次给芍药浇完水后，都要立即翻松土壤，以防止有水积存。

⑦ 在花蕾形成后应施1次速效性磷肥，可以令芍药花硕大色艳。秋冬季可以施1次追肥，能够促使其翌年开花。

⑧ 花朵凋谢后应马上把花梗剪掉，勿让其产生种子，以避免耗费太多营养成分。

126. 朱顶红红斑病

症状表现：该病主要危害叶片和花梗，感病初为赤色小斑点，后呈红褐色斑点，严重时花梗干枯，不能开花。

发病规律：病原为水仙壳多孢菌，病菌残留于鳞茎上部干枯病上。借助水的飞溅传播蔓延。栽植过密和高湿时，病害更加严重。

防治方法：①植株栽植要保持距离，不要过密。②栽种时选取无病鳞茎。③保持一定的温度，注意通风透气。④及时清除病株病叶并销毁。⑤施用药物，喷洒 75% 百菌清 600 ～ 700 倍液或 80% 救菌丹 800 倍液 1 ～ 2 次。

127. 康氏粉蚧

症状表现：康氏粉蚧对花卉的危害较广，成虫和若虫以吸食汁液为主，严重影响植株生长。该虫喜欢在隐蔽、潮湿的地方。成、幼虫喜叶片背阴部位。

防治方法：①生物防治。如露养，可释放其天敌孟氏隐唇瓢虫。②施用药剂。如敌杀死、功夫乳油、灭扫利乳油、速灭杀丁乳油等。

果皮可中和碱性盆土

对于一些喜酸性土壤的南方花卉，在北方盆栽不易成活或开花，这是因为盆土碱性过大的缘故。中和碱性土的办法有多种，盆栽有个简易方法，即将削下的苹果皮及苹果核用冷水浸泡，经常用这种水浇花，可逐渐减轻盆土的碱性，利于某些植株的生长。

养花无忧小窍门

养护朱顶红要注意哪些问题？

① 种植朱顶红宜选用疏松肥沃、富含腐殖质、排水良好的沙质壤土。

② 朱顶红喜温暖，不喜酷热，种植地阳光不宜过于强烈，夏季要适当遮阴。

③ 朱顶红生长过程中要经常浇水，保持盆土湿润，开花时水分也要充足，花谢后及时剪去花茎，并控制浇水量。

④ 朱顶红不耐寒，冬天要移入室内，室温要保持 10℃左右，并且此时朱顶红进入休眠期，要停止施肥并严格控制浇水，保持盆内干燥，方能安全过冬。

朱顶红

别名：百子莲、孤挺花、炮打四门
科属：石蒜科朱顶红属
原产地：秘鲁和巴西一带

鸢尾

别名：蓝蝴蝶、蛤蟆七、扁竹花
科属：鸢尾科鸢尾属
分布区域：北非地区及西班牙、葡萄牙

128. 鸢尾细菌性叶斑病

症状表现：该病主要危害叶片。发病初叶片呈水渍状病斑，后形成细长病斑，严重时叶片枯死。

发病规律：病原为细菌，病菌附在残体上借雨水经伤口、水孔和气孔进行传播，在高湿，植株茂盛的环境下更易发病。

防治方法：①及时清除病株病体，保持通风透气采光。②培植种苗和盆栽时用25%敌磺钠可湿性粉剂600倍液进行喷雾或灌根，同时对有机肥也要消毒。③发病初，用200单位农用链霉素粉剂1 000倍液、30%琥胶肥酸酮可湿性粉剂500～600倍液喷雾。

129. 鸢尾锈病

症状表现：染病后，叶片出现褪绿小斑，后成淡黄色圆形小斑，即夏孢子。秋季病部继续变色，后形成冬孢子。严重时植株衰退死亡。

发病规律：病原为鸢尾柄锈菌所产生的真菌。在排水不畅，种植过密或施肥不当时会使发病更加严重。

防治方法：①强化栽培管理，及时清除病株病体。②施用药物防治。发病初可用25%的粉锈宁400倍液防治。

130. 鸢尾褐斑病

症状表现：该病主要发生在叶片上，该病发病初期叶片出现褐色斑点，后变灰，病斑出现霉状物，严重时全叶枯死。

发病规律：病原为细疣蠕孢菌。该病菌在高湿和植株过密条件下，会加重病情。

防治方法：①及时清除病株病体并销毁。②药物防治。发病初喷洒50%多菌灵可湿性粉剂800倍液或25%苯菌灵乳油800倍液、36%甲基硫菌灵悬浮剂600倍液。

131. 根腐线虫病

症状表现：病发于根部。初时，根部出现水渍状斑点，严重时，致使根部腐烂而死。

发病规律：病原为短体线虫，该虫主要在土壤或寄主组织中。在25～30℃环境下生长最快。

防治方法：①在土壤表面撒上神农丹。

②及时清除病株病体并销毁，病土要用甲醛水进行消毒。③选取健壮苗木栽植。

132. 鸢尾细菌性软腐病

症状表现：病害发生在根颈部，发病初，有水渍状斑点，叶片变黄，后植株根茎软腐，有恶臭，直至球根腐烂。

发病规律：病原为真菌目欧文菌属。病菌在土壤中越冬，经伤口借着雨水、昆虫和灌溉水进行传播。在高湿高温条件下，发病严重。尤其在植株过密下更易诱发。

防治方法：①选取无病的球根。②及时清除病株。③发病初用100～150×0.000001的农用链霉素或农用链霉素加土霉素（10：1）的混合液进行喷洒，连喷2～3次，效果较好。发病后，每月喷洒1次农用链霉素1 000倍液，能控制病害蔓延。④生长季喷洒50%马拉硫磷乳油1 000～2 000倍液或2.5%溴氰菊酯乳油2 000～3 000倍液杀虫剂防治鸢尾钻心虫的危害，减少病害的发生。

养花无忧小窍门

鸢尾养护中要注意哪些问题？

① 种植鸢尾的土壤应选择排水性良好，富含腐殖质，并略带碱性的土壤。

② 鸢尾喜阳光，亦耐半阴环境，并喜凉爽气候，耐寒力较强。如果生长环境的平均温度长期高于25℃，将不利于鸢尾植株的生长。

③ 鸢尾是光敏植物，无须长时间接受日照，适宜在半荫蔽的环境下生存。

教你一招

浇水注意事项

① 浇水应掌握“见干才浇，浇则浇透，浇透不浇漏”的原则：干指盆土表面已干，不过揭开表土仍有湿气，喜湿的花卉植物表面见干就该进行浇水了，一般植物则应等到内部土壤的水分也消逝后再进行二次浇水；浇透指浇到盆土底部湿透，直到有水从盆底孔渗出，而不是流出；不浇漏指不能浇到水顺排水孔成水流漏出的程度，因为水大容易把土壤养分冲走。

② 浇水还应遵守“见干见湿”原则：见湿指浇水要浇透，浇到盆底有水渗出为止，不能浇半腰水（指上湿下干）。见干则指要等到土的表面发白，表层和内部土壤的水分都消逝后，再进行浇水。

③ 浇水时间：夏季浇水要选择上午8点前或者下午日落后进行，冬季浇水的时间则要在全天温度最高的午后2点左右。

④ 浇水次数：春秋季节每隔1～3天要浇水1次，夏季每天都要进行浇水，冬季每5～6天浇水1次就可以了。浇水也要根据天气的情况来定，天气燥热干旱就多浇水，在阴雨连绵的时候就少浇水，还要掌握植物的习性，了解清楚动植物是喜湿的还是耐旱的。

⑤ 植物处在不同的生长周期需水量也是不同的，长叶和孕育花蕾的时候要勤浇水，开花时节要缓浇、少浇，休眠时期则要尽量控制浇水量。

满天星

别名：霞草、丝石竹、锥花霞草
科属：石竹科石头花属
分布区域：中国、俄罗斯及北美地区

133. 南美斑潜蝇

症状表现：该虫会侵害植株的整个生长过程，成虫主要吸食嫩叶汁液，使其萎缩，影响光合作用。幼虫主要取食叶肉，使叶片变黄。

防治方法：①利用黄板诱杀。②在发病盛期及时摘除有虫叶片并销毁。③药剂防治。用75%灭蝇胺可湿性粉剂（5 000倍液）、1.8%爱福丁乳油（3 000倍液）、90%巴丹可湿性粉剂（1 000倍液）进行喷洒。交替使用，7天1次，连喷3次后，视虫情再进行重点防治。注意喷药时间在上午10时以前、下午4时以后，最佳。

134. 满天星茎腐病

症状表现：该病主要危害茎基部和茎枝蔓。染病初为褐色小斑，后聚生或散生小黑粒。茎基部感染严重时会使生长衰退，影响开花观赏。

防治方法：①及时清除病株病叶并销毁。②加强管理，深翻土壤。③覆盖地膜，抑制菌核发生。④种植区域要保持通风透气，夜间闭棚时不要太快，减少叶面结露。⑤改变浇水方式，或早上或上午。⑥施用药剂防治。用75%的敌克松可湿性粉剂500倍液浇灌拔除后的定植孔处土壤和邻近植株根际土壤。

135. 满天星根茎癌肿病

症状表现：该病为一种细菌性病害。染病后，病害从基部向上扩展，导致植株萎蔫，叶片枯死。

发病规律：病原为根癌土壤杆菌。病菌附在病残体上或土壤中越冬，借助雨水、灌溉水从伤口处进行侵入传播。

防治方法：①受污染的土壤栽种前要用甲醛进行消毒。②药剂防治，喷洒2 500倍液的农用链霉素液。

136. 红蜘蛛

症状表现：该虫以口器吸吮汁液为主，被害叶片出现灰黄色斑块，叶黄脱落，严重时落光枯死。高温干旱更易发病。

防治方法：①虫害少量时，人工摘除病叶并销毁；较多时，用药剂喷洒，喷药时保证均衡、全面。②药剂防治：喷洒敌百虫800倍液防治。

137. 满天星疫病

症状表现：该病主要危害茎部和根部。受害后根茎部发生软腐，严重时，导致枯萎而死。

发病规律：病原为寄生疫霉，病菌在土壤或株体存活，借病土进行传播。高温高湿更易发病。

防治方法：①雨天要避雨。②病土在栽种前用甲醛进行消毒。③及时清除病株并用药剂防治。对根际土壤用敌克松500倍液进行喷淋处理。或在发病初期喷洒50%克菌丹可湿性粉剂2 500倍液可控制病情发展。

浇水技巧

① 植物的不同时期，以及不同的植物之间浇水的方法是不同的。当植物处在幼苗期时，浇水要用细孔喷壶，免得折断幼苗。耐旱的植物可以在盆土表面完全干透后再进行浇水，而喜湿的植物则要在盆土表面干透之前便进行浇水。浇水要缓缓地进行，直到水从花盆底孔渗出为止，然后将托盘中积攒的水倒掉，以免将植物的根部浸烂。

② 如果多日忘记浇水，植物的土壤过干，水分很难在短时间内全部浸入，我们可以在土壤上面扎开一个个小孔（注意不要伤到植物的根部），然后再进行浇水，这样就可以对植物的缺水起到一定的缓解作用。但要注意，缺水对植物是很不利的，所以一定要尽量避免这种情况发生。

养花无忧小窍门

满天星栽培养护过程中需要注意哪些问题？

满天星花期为6～8月，性喜空气干燥、气候凉爽、阳光充足，忌炎热多雨，怕水渍。在栽培过程中需要注意以下几点：

① 选好栽种地点。适宜选择地势较高、土壤干燥、土层深厚、土质疏松、排水通畅且富含腐殖质的地块。栽种前先杀菌、灭虫，再施肥料，平整土地，植株间保持间距。

② 科学施肥，合理浇水。植株成活后，每半月施1次氮、磷、钾肥料。一般苗期主要施用氮、钾肥，生长期主要用磷、钾肥。生长期适量浇水，现蕾后减少浇水。

③ 适时摘心和整枝。在幼苗生出5～7对叶时进行摘心，以使其发侧芽，待侧枝过多，及时摘除，保证养分的充分利用。

风信子

别名：洋水仙、五色水仙、时样锦
科属：风信子科风信子属
原产地：南欧地中海东部沿海

138. 风信子菌核病

症状表现：该病主要危害叶片和鳞茎。染病后，叶色变黄，后枯萎。鳞茎变色，出现不同程度的腐烂，严重时，植株停止生长，叶片凋萎。

发病规律：病原为球茎菌核侵染引起的真菌性病害。病菌在土壤中越冬，侵染健康植株。

防治方法：①对土壤进行热处理或用五氯硝基苯消毒，减少病菌。②及时清除病株病体并销毁。

139. 风信子灰霉病

症状表现：该病比较常见，病菌侵染后，叶片变色，病部出现灰色霉层。在高湿低温下，花部腐烂。

发病规律：病原为灰霉菌引起的真菌性病害。菌核在病残体上越冬，借风雨传播，高湿天气，发病更加严重。

防治方法：①将病菌土壤深翻消毒。②药剂防治。喷施波尔多液，按照1：1000的比例混合，喷施2～3次，间隔1～2天。

教你一招

正确认识肥料

① 不施肥，植物就会显得死气沉沉的，只要正确施肥，植物就能茂盛生长，生机盎然。现代肥料让施肥变得很简单，肥效也更长，因而不需要经常添加。

② 肥料的分类：按照肥料的成分来划分，可以分为磷肥、氮肥、钾肥这三种肥料。磷肥主要是用来促进植物花朵和果实的生长，氮肥主要是用来促进植物叶子的生长，钾肥可以有效地滋养植物的根部。

③ 施肥要适量：肥料是植物生长的粮食，“吃不饱”的植物自然是很难长好的，但是暴饮暴食对于植物的生长也并不是全然有益，所以和人类讲究合理膳食一样，给植物施肥也要根据植物各自的特点，讲究适度的原则。

④ 追肥的必要性：植物在刚刚栽种到土壤中的时候，土壤中是含有一定量的肥力的，但是这些肥力会随着植物的生长而慢慢消耗殆尽，因此盆栽植物在生长过程之中要进行适当追肥。

140. 风信子软腐病

症状表现：受感染的病株，花芽易脱落，严重时花梗基部腐烂。尤其是在高湿、通风不畅的环境下更易发病。

防治方法：①及时摘除病芽并销毁。②强化栽培管理，保持通风透气。③药剂防治。发病初，及时剪除被害部分，喷洒农用链霉素 2 000 倍液 1 ~ 2 次。

141. 风信子黄腐病

症状表现：该病发生于植株整个生长过程。初期叶脉变浅黄有水渍，后变黄或褐色。病菌侵染，花柄变褐枯萎，鳞茎变褐腐烂。

发病规律：病原为黄单胞菌侵染所致，该病菌不能在土壤中生存。借雨水和风传播，在高温高湿下更易发病。

防治方法：①及时清除病株并销毁。②选取健壮植株栽种。③对土壤进行消毒。④生长期喷洒代森锌保护。⑤发病时可喷洒多菌灵溶液，2 ~ 3 天喷洒 1 次，3 ~ 5 次症状缓解。

142. 球根粉螨

症状表现：该虫害比较活跃，既能危害球根植株，也能在腐烂物质中生活，耐饥耐水。植株生长期，侵染花卉地上部枯黄，地下球根不长。此虫害不仅自身可为害而且传播各种病害。

防治方法：①栽种前对土壤进行消毒。②用 1.8% 阿维菌素 3 000 倍液，浇灌根际。③用温度适宜的热水处理球根。

养花无忧小窍门

(1) 怎样水养风信子？

① 可在 10 ~ 11 月选择大而充实的鳞茎，选择适当的器皿，将其放入器皿中，容器底部放置一些沙粒石子，注入少量清水。

② 器皿先放在阴暗处，等里面的鳞茎生根发芽后，再移到半阴处。在室温 18℃左右，风信子两个月便可开花。

③ 开花后的鳞茎栽种在土壤中，等待叶片枯死后把鳞茎清洗干净再放到阴凉处贮藏。注意经常保持浅水层，并注意每 3 天换 1 次清水，换水时从容器边缘注水，以免水流太急折断鳞茎。

(2) 怎样养护盆栽风信子？

① 风信子又名洋水仙。性喜凉爽湿润、阳光充足的环境。土壤要求肥沃且排水好。该花秋季生根。北方多在 10 月栽种，栽种后放入冷室内，发芽后再移入温暖向阳处。

② 风信子出芽后要放在向阳处，并注意要经常保持盆内湿润，风信子适宜生长的温度在 18℃左右，只要种植管理得当，两个月即可开花。

仙客来

别名：兔子花、兔耳花、一品冠
科属：报春花科仙客来属
原产地：希腊、叙利亚、黎巴嫩

143. 仙客来叶斑病

症状表现：该病由两种类型：一种呈不规则淡褐色斑点。另一种近圆形或不规则病斑，斑点为褐色、红褐色至黑褐色，有一定的轮纹。

发病规律：病原为半知菌亚门真菌，病菌在病残体上存活，分生孢子借风吹水溅来传播。高湿、温暖条件更易于发病。

防治方法：①保持室内通风透气。②及时清除病株病叶并销毁。③浇水时注意不要接触到叶片。④施用药剂。发病初可喷施50%炭疽福美与代森锰锌可湿性粉剂1 000倍液的等量混合液，75%百菌清与70%甲基托布津可湿性粉剂1 000倍液的等量混合液。每10天喷1次，连续3～4次。

144. 仙客来灰霉病

症状表现：该病主要危害叶片和叶柄，也会侵染花梗和花瓣。发病初，呈暗绿水渍状斑点，后蔓延全叶，导致叶片干枯。高湿条件下更易犯病。

发病规律：病原为灰葡萄孢属真菌。病菌附在病残体上越冬，借浇水和气流传播。高温高湿更易发病。

防治方法：①及时清除病害部。②药剂防治。发病初可用1：1：200倍的波尔多液防治，或喷50%多菌灵可湿性粉剂1 000倍液或70%甲基托布津可湿性粉剂1 000倍液。③发病期，每两周喷1次50%可湿性代森锌800倍液或50%可湿性托布津500倍液。

145. 仙客来病毒病

症状表现：该病主要发生在我国大中城市，受病害侵染，植株叶缘卷曲，叶面皱缩并有斑驳；花瓣上出现条纹，花呈现畸形，植株矮小短化。

发病规律：病原为黄瓜花叶病毒，该病可以通过汁液摩擦传毒。茶褐螨和棉蚜是传毒的介质。而且其植株种子本身也带毒。

防治方法：①培养无毒健壮的种苗。②药物防治，喷洒杀虫剂，减少和防治茶褐螨和棉蚜。③栽植前要对土壤进行消毒，使用消毒过的蛭石、珍珠岩等。④对种子进行处理。有两种方式，一是抑制种子带毒：用 75% 酒精处理 1 分钟，10% 磷酸三钠处理 15 分钟，用蒸馏水冲洗干净种子表面的药液，再置于 35℃ 温水中自然冷却 24 小时，播种在灭菌土中。二是种子脱毒：将种子置于40%聚乙二醇溶液内，38.5℃恒温条件下处理48小时，种子脱毒率达77.7%。

146. 仙客来细菌性软腐病

症状表现：植株染病后，引起叶片、叶柄和块茎腐烂。发病初，叶柄和花梗出现水渍状，后变褐色斑点。高湿条件下病部更易腐烂，进而发臭。

发病规律：病原为细菌，病菌长期存活，借助昆虫、病叶和水流等各种工具进行传播。也可从植株伤口处传播。高温高湿，植株受伤更易诱发病害。

防治方法：①对土壤进行消毒。②适当浇水，不可过多。③用硫酸铜液对花盆进行消毒。④药剂防治。发病初期用15%链霉素可湿性粉剂500倍液喷洒或涂抹病株，然后浇洒病株盆土。

147. 根结线虫病

症状表现：该病主要危害根部，在我国发生较为普遍。发病初，在根部会有小瘤状物，线虫在瘤内吸食汁液。严重时，根瘤腐烂，停止生长，直至枯死。

发病规律：在我国，病原线虫主要以南方和花生根线虫为主。该虫寄主在体内或土壤中。借灌溉水、肥料和工具进行传播。高温高湿下发病更为严重。

防治方法：①选取健壮的植株进行栽种。②对土壤进行热力消毒。

养花无忧小窍门

养护仙客来需要注意哪些问题？

① 仙客来喜排水良好、疏松而又富含腐殖质的沙壤土。切忌种植仙客来的土壤呈碱性或黏重。

② 仙客来是喜光植物，冬春季节是花期，此时最好将它放于向阳处。

③ 仙客来喜光但怕热，炎热夏季需要为植株创造凉爽的环境，最好将其放置在朝北的阳台、窗台或者遮阴的屋檐下。

④ 仙客来比较耐低温。北方进入10月份后将其放入室内阳台阳光充足的地方，温度保持在10℃以上。

⑤ 仙客来喜湿润，同时也怕涝。生长发育期间要适当浇水，遵守“见干见湿”原则。

⑥ 在仙客来的生长旺盛期，最好每旬为其施肥1次。切忌使用浓肥和生肥，否则易烧根。以薄肥勤施为好。

⑦ 在植株花朵含苞待放时，可为其施一次骨粉或过磷酸钙肥，开花期间停止施肥。

⑧ 在为仙客来整形时，主要是将中心叶片向外拉，以突出花叶层次；修剪时主要是剪去枯黄叶片和徒长的细小叶片；开花后要及时剪除它的花梗和病残叶。

马蹄莲

别名：野芋、花芋、慈姑花
科属：天南星科马蹄莲属
分布区域：原产埃及、南部非洲，世界各地广泛栽培

148. 马蹄莲叶霉病

症状表现：该病主要危害叶片，病斑多发生在叶尖和叶缘处。发病初，叶尖叶叶缘变黄，后形成不规则大斑。病害后期，病叶背部产生墨绿色霉层。

发病规律：病原为球孢子菌侵染所致。此病菌多发生在衰老叶子上。病菌附在病残体上越冬，次年成为传染源，蔓延，引起危害。

防治方法：①强化管理，及时清除病株并销毁。②提高植株的抗病能力，注意排水，促进植株健康生长。③在栽种前用0.2%多菌灵浸种半小时后再播种。

149. 朱砂叶螨

症状表现：朱砂叶螨又叫棉花红蜘蛛，分布比较广泛。为害时，叶片出现小白点，使其失绿而死。该病主发于高温干燥和夏秋季节。

防治方法：①生物防治，释放深点食螨瓢虫等天敌。②有条件的可及时清除病株，杂草落叶，合理灌溉和施肥。③药剂防治，取40%菊杀乳油2000～3000倍液，或20%螨卵脂800倍液。也可用0.1～0.3度Be石硫合剂、25%灭螨猛可湿性粉剂1000～1500倍液浇灌。

150. 马蹄莲叶斑病

症状表现：染病叶片产生淡褐色至黄褐色的病斑，多呈圆形或不规则形。少数有轮纹。后产生诸多黑色点状霉状物。

发病规律：病原由交链孢菌侵染引起，病菌在病残体上过冬，借气流传播，早高温高湿下传播较快，病多发于7～10月。

防治方法：①及时清除病株病叶并销毁。②将其置于阴凉处。③施用药剂。发病初，喷洒25%咪鲜胺乳油（如国光必鲜）500～600倍液，或50%多锰锌可湿性粉剂（如国光英纳）400～600倍液。连用2～3次，间隔7～10天。

151. 马蹄莲根腐病

症状表现：该病多发生在临近开花时期。通常下，受病部位逐渐变色，且向上发展。病害从吸收根逐渐向根状茎蔓延，最后根状茎呈海绵状干腐。

发病规律：病原为隐地疫霉菌侵染引起。该病菌具有寄生性和腐生性，适宜在

25℃生长，病菌在土壤中存活，也由土壤传播危害。

防治方法：①在种植前，对土壤进行消毒，用70%土菌消可湿性粉剂配成0.4%浓度喷洒土壤。②对根茎状消毒，彻底切除根状茎上的病斑，待干燥后，再用50摄氏度温水浸泡1小时，或用1%过乙酸溶液浸泡10分钟后再栽植。经过消毒处理的根状茎比未经处理的栽种初期生长较慢，因此，最好提前半个月种植。

152. 马蹄莲细菌性软腐病

症状表现：发病时，被感染的叶片和茎变为深绿色，有腐斑和坏死斑，分泌黏液，使植株倒伏。块茎叶开始腐烂，并有恶臭。

防治方法：①选取良好的土壤进行栽种。②露地栽种前，施用除草剂消灭杂草。保持土壤的温湿度。③药剂防治。选用72%农用链霉素174 000倍液或77%可杀得500倍液在播种浇头水后的2～4天内浇灌根部，第二次灌根在次灌根后的14～21天，第三次在第二次灌根后12～24天。在此期间每周严密监视欧文氏菌感染情况，一旦发现感染，应立即将病株拔掉清除，以免病菌传播。

养花无忧小窍门

(1) 种植马蹄莲要注意哪些问题?

① 马蹄莲喜欢在土质松散、有肥力、腐殖质丰富、排水通畅的沙质土壤及黏重土壤中生长。

② 种植时间最好是在8月下旬到9月上旬，种植前用蒸汽法对土壤消毒，并使用杀菌剂对土壤进行处理。

③ 每一盆可以栽种2～3个大球及1～2个小球，需留意不可种植得过浅，移植的时候尽可能地不伤害植株及块茎。

④ 种好后浇足水并放在半荫蔽的地方料理，等到发芽后再搬到阳光下面进行正常料理。

(2) 养护马蹄莲要注意哪些问题?

① 马蹄莲的生长适宜温度是20℃上下，最低能忍受4℃的低温，当温度降低到0℃时，根茎会受到冻害死去。

② 马蹄莲在冬天要接受充足的阳光照射，如果阳光充足就会花多色艳。在夏天阳光过于强烈的时候，要适度遮蔽阳光，防止阳光直射久晒，灼伤植株。

③ 在植株抽芽之前要令盆上维持潮湿状态，浇水量要随着叶片逐渐变多而渐渐加大。

④ 在植株的生长季节，浇水一定要充足，要令盆土维持潮湿状态，并要时常朝叶片表面和植株四周地面喷洒清水。

⑤ 5月下旬天气变热后，要少浇一些水。

⑥ 马蹄莲比较嗜肥，在生长季节，可以每隔10～15天施用腐熟的液肥一次。在开花之前，主要施用磷肥。

⑦ 在植株的生长季节，要尽早把外部衰老的叶片摘掉，促使其尽快抽生出花梗。

百合

别名：山丹、倒仙、番韭
科属：百合科百合属
分布区域：全国各地广泛栽培

153. 百合白绢病

症状表现：植株全部枯萎，茎基缠绕白色菌索或菜籽状小菌核，患处腐烂。土壤表面有大量白色菌索和茶褐色菌核。

防治方法：①及时清除病株病叶并销毁。注意排水通畅。②秋末冬初对土壤进行消毒，用15%粉锈宁可湿性粉剂或用40%五氯硝基苯加细沙配成1：200倍药土混入病土，每穴100～150克，隔10～15天1次。或在病土上撒些的石灰。③药剂防治。使用国光丙环唑（25%乳油）2 500倍，或国光根灵（70%敌磺钠）800倍液浇灌，用药前若土壤潮湿，建议晾晒后再灌透。

154. 百合灰霉病

症状表现：该病主要危害叶片，也可侵染茎、花与芽等，发病初，叶片由浅黄色变为浅褐色，病斑干时易碎裂，一般呈灰白色。严重时，整叶枯死。茎受感染时，芽变褐色腐烂。温室过湿或植株种植过密更易发病。

发病规律：病原为灰葡萄孢菌侵染引起，除此之外还有椭圆葡萄孢菌。该病最适宜在20℃，相对较湿处生长。

防治方法：①加强避雨栽培，保持通风透气，降低灰霉病的发病率。②栽种前对种球进行消毒。③栽培耐病品种，增强抗病能力。④药剂防治。发病初每7～10天交替叶面喷施百菌清、嘧菌环胺等药剂，进行防治。

155. 百合疫病

症状表现：整个植株都可发病。发病初，叶片呈水渍状，后枯萎；茎部和茎基部初为水渍状，后坏死，枯萎。鳞茎坏死。根部腐败。

发病规律：病原为寄生疫霉。病菌以卵孢子随病残体在土壤中越冬，借雨水或灌溉水溅到植株上，萌发芽管侵入寄主为害。

防治方法：①选取健壮鳞茎，注意避雨和排水。②施用药剂防治。雨季来临前用药剂保护，发病初用40%乙磷铝200倍液；64%杀毒矾可湿粉剂500倍液；77%可杀得可湿性微粒粉剂500倍液。每7～10天喷1次，连喷2～3次。

养花无忧小窍门

种植和养护百合要注意哪些问题？

① 在每年的 9 ～ 11 月，将球根外围的小鳞茎取下，将其栽入培养土中，深度约为鳞茎直径的 2 ～ 3 倍，然后浇透水。

② 等到第二年春季，植株就会出苗，然后进行上盆、浇水，常规养护即可。

③ 生长期需要施 1 次稀薄的液肥，以氮、钾为主，在花长出花蕾时，要增施 1 ～ 2 次磷肥。

④ 花在半开或全开的状态下，根据需要可以进行剪枝采收，剪枝要在早上 10 点之前进行。

⑤ 花期后，要及时剪去黄叶、病叶和过密的叶片，以免养分的不必要消耗。

⑥ 虽然百合花很喜欢潮湿的生长环境，但浇水量也不要过多，能够保持土壤在潮润的状态下就可以了，生长旺季和干旱季节要勤浇水。并常向叶面喷水，这不仅有利于植株生长，还可以保证叶面的清洁。

睡莲

别名：矮睡莲、野生睡莲、子午莲
科属：睡莲科谁莲属
分布区域：中国、朝鲜、印度、美国

156. 睡莲褐斑病

症状表现：该病危害较重。发病初，叶片出现褐色圆形病斑，边缘呈深褐色，后期，病部出现一层暗绿色绒毛状物。
发病规律：病原为睡莲尾孢菌，病菌附在病体上借助风雨和气流传播。从 5 月开始发病，7 ～ 8 月最为流行。高温高湿下，更易发病。
防治方法：①及时清除病株病叶并销毁。②药剂防治。喷洒 50% 百菌清 500 倍液或甲基托布津。

157. 棉水螟

症状表现：该虫以幼虫侵害叶片，严重时，叶肉被吃光，最后呈现枯黄景象。
发病规律：该虫一年发生两代。以幼虫形态在杂草中越冬。咬食叶片，吐丝结网生活。多在夜间活动，严重时，叶片被吃光。
防治方法：①用网捕捞浮在水面的幼虫。②利用灯光诱捕成蛾。③喷洒 50% 杀螟松乳油 1 000 倍液。

按开花季节不同对植物进行分类

在不同的季节，可以看到不同种类的花卉，在四季分明的地区，到了什么季节就会有应季的花卉开放。此时，花卉不仅仅装饰生活，也是季节的"通报员"。如果按开花的时间来划分，花卉可分为以下几种类型。

① 春花类花卉：春花类花卉是指在 2 ～ 4 月期间开花的花卉，如郁金香、虞美人、玉兰、金盏菊、海棠、山茶花、杜鹃花、丁香花、牡丹花、碧桃、迎春、梅花等都属于此类

② 夏花类花卉：夏花类花卉是指在 5 ～ 7 月期间盛开的花卉，如凤仙花、荷花、杜鹃、石榴花、月季花、栀子花、茉莉花等。

③ 秋花类花卉：秋花类花卉是指在 8 ～ 10 月间开放的花卉，如大丽花、菊花、万寿菊、桂花等。

④ 冬花类花卉：冬花类花卉是指在 11 月到第二年 1 月期间盛开的花卉，如水仙花、蜡梅花、一品红、仙客来、蟹爪莲等都属于此类。

158. 水塔花叶斑病

症状表现：该病主要危害叶片、叶柄和茎部。发病初叶面出现不规则斑点，后扩大为大块病斑。

发病规律：病菌附在土壤中越冬，高湿、通风不畅、栽植过密都会加重病害发生。

防治方法：①及时清除病株病叶并销毁。②药剂防治。喷洒 50% 托布津 1 000 倍液、70% 代森锰 500 倍液或 25% 多菌灵粉剂 500 倍液。

159. 水塔花病毒病

症状表现：该病主要分为 3 种病症：①花叶病：该病主要在叶片上产生叶状斑纹和褪绿条斑，花瓣上产生深色斑点。②坏死病：叶、茎和花蚕食坏死斑，严重时整株枯死。③碎色病：主要表现在花上，同一朵花花瓣颜色深浅不一。叶片也可受害。

防治方法：①及时清除病株病叶并销毁。②药剂防治。喷洒 60% 多福粉剂 50 倍液、20% 甲基立枯磷乳油 1 200 倍液或 75% 百菌清粉剂 600 倍液。

160. 红蜘蛛

症状表现：红蜘蛛在植株上结网，用口器吸取汁液，受害叶片叶绿素受损，变成淡黄色，叶面呈现灰黄斑点，叶片败落或掉落枯死。

防治方法：药剂防治。喷洒乐果。

养花无忧小窍门

养护水塔花要注意哪些问题？

① 水塔花对土壤要求不高，但在排水性良好，富含腐殖质的微酸性沙质壤土中长势尤佳。

② 水塔花喜温暖湿润，要求较大的空气湿度，适宜生长温度为 20 ~ 28℃。冬天要将其搬至室内，室内温度不得低于 10℃，方能安全越冬。

③ 水塔花喜半阴，忌阳光直晒，夏天要将其放在荫蔽处进行养护。

④ 水塔花生长期需要充足的水分，但盆土不可过湿，严格遵守“见干见湿”原则，夏天可将植株中心筒装满水，并向植株周围喷水，以保持较高的空气湿度。

⑤ 水塔花对肥要求高，生长期每半月要施 1 次肥，主要施含氮、磷、钾的复合肥。

水塔花

别名：火焰凤梨、红笔凤、比尔见亚

科属：凤梨科水塔花属

分布区域：中国、巴西、圭亚那

郁金香

别名：草麝香、荷兰花、洋荷花
科属：百合科郁金香属
原产地：原产地中海沿岸、中亚细亚、土耳其及我国新疆等地。现世界范围广泛栽培观赏。

161. 郁金香碎色病

症状表现：该病发生较为普遍，散布世界各国。发病时叶片形成花叶，后叶片出现浅黄或白色条纹，并伴有斑点。严重时，叶片呈波纹状或扭曲。

发病规律：病原由本身病毒引起。通过汁液、桃蚜或其他蚜虫传播。重瓣郁金香要比单瓣更易感病。

防治方法：①及时清除病株病体并销毁。②不要将其与百合属植物同种或邻近栽种。③喷洒杀虫剂，防治传毒蚜虫。

162. 郁金香疫病

症状表现：该病主要危害茎、叶和花。染病后，植株生长弯曲，后枯萎，在高湿环境下，病部呈灰色霉层。病菌侵染球茎，导致鳞片腐烂，产生深褐色菌核。

发病规律：病原为葡萄孢属真菌。病菌附在病残体上越冬，借气流和雨水传播。高湿、多雨和雾重天气，病害易于发生和传播。植株栽植过密或通风不畅，病害会更加严重。

防治方法：①及时清除病株病体并销毁。②对土壤进行消毒。浇灌福尔马林（1 ：50）加辛硫磷（1 ：1 000）混合液，用薄膜覆盖。③生长期药剂防治。展叶期，植株生长势较弱，易受菌核病、疫病等侵害，定期喷洒杀菌剂大生600倍液，保护效果很好。若发现病株，可用甲基托布津和多菌灵600～800倍液交替喷施。发生螨类害虫，用克螨特1 500倍液防治。④贮藏期防治。在叶枯前采收种球，尽量用无伤口的种球留种。收藏前先对贮藏室进行熏蒸消毒，然后将消毒种球阴干后收藏。

163. 郁金香花叶病

症状表现：该病分布广泛，时常与其碎色病病毒一起产生，使花叶更为严重。染病初，叶子上出现小斑点或黄色条纹，严重时叶子腐烂，生长受阻，危害大。

发病规律：病原为黄瓜花叶病毒。病菌主要发生在杂草及作物上，可通过汁液进行传毒，或由蚜虫传毒。

防治方法：①采用健康种球进行繁殖。②及时清除病株病体并销毁。③用吡虫啉等农药防止传毒蚜虫。

164. 郁金香白绢病

症状表现：染病后，全株枯萎，茎基部有褐色或白色菌核，患部变褐腐败。地表可见大量菌类或菌索。

发病规律：病原为齐整小核菌，菌丝为白丝状，呈散射形，后集结成菌核。后菌核变褐色，圆形，表面光滑。

防治方法：①及时清除病株病叶并销毁。②药剂防治。及时淋灌 90% 敌克松可湿性粉剂 500 倍液，每株洒满淋灌 0.4 ～ 0.5 升。

165. 郁金香基腐病

症状表现：该病主要危害球茎和根。染病后，叶片变黄，后腐烂。收获期，新挖的病球，外层鳞片产生无色疱样突起，后种球由外向内腐烂。在高温或干燥下，都会造成病害严重。

发病规律：病原为尖孢镰刀菌，病菌在染病种球土壤中越冬。6 月为病发高峰期。在高湿、地下虫害严重或未腐熟有机肥下更易发病。

防治方法：①避开高温期栽种。②及时清除病株病体并销毁。③药剂防治。适当推迟栽种，提前挖掘鳞茎，尽量避开高温期。鳞茎挖出 2 天内，置于 50% 苯来特可湿性粉剂 2 000 倍液中浸泡 15 ～ 30 分钟，晾干后储藏于通风良好处。栽植不易过密。实行轮作。

教你一招

制作肥料的方法

① 其实，一般性的肥料我们并不需要特意在市场上购买，用生活中腐败的食物制成的有机肥就是植物最好的营养品。发霉的花生、豆类、瓜子、杂粮等食物中含有大量的氮元素，将它们发酵后可以用作植物的底肥，也可以将其泡在水中制成溶液追肥时使用。

② 鱼刺、碎骨、鸡毛、蛋壳、指甲、头发中含有大量的磷元素，我们可以加水发酵，在追肥中使用。

③ 海藻、海带中的钾成分比较多，是制作钾肥最好的原材料。另外，淘米水、生豆芽的水、草木灰水、鱼缸中的陈水等含氮、磷、钾都很丰富，可以在追肥中使用。

养花无忧小窍门

地栽郁金香需要注意什么？

① 栽种地应选在土层深厚、背风向阳的地方。

② 栽种期最好在仲秋季节。此时气温已降，鳞茎在土中长成新的根系而不发出叶丛，以防北方严寒将叶丛冻坏，导致其来年春天不开花。

③ 幼芽萌发后 10 ～ 15 天浇水 1 次，使土壤保持湿润状态。展叶前和现蕾初各施一次含钙的复合肥。

④ 花谢后，除了母株，其余花茎剪除，使养分集中供应给新鳞茎发育。

⑤ 入夏前，茎叶变黄后及时将鳞茎挖出，防止子球脱落，放于阴凉处晾干，贮存起来，存放温度为 17 ～ 20℃。

大丽花

别名：东洋菊、大理花、地瓜花
科属：菊科大丽花属
原产地：墨西哥

166. 大丽花青枯病

症状表现：染病后，其根与块根变褐色腐烂，植株萎蔫枯萎而死，根、茎、木质部呈黄褐色，有脓液溢出。
发病规律：病原为青枯假单孢菌。其附在病株体上或土壤中，在高湿高温下，病菌遇寄主从伤口侵入。高温多雨季，或土壤带有病菌，更易发病。
防治方法：①及时清除病株病体并销毁。②改良土壤，施用农家肥，使土壤松散、肥沃或呈微碱性，增加植株抗病性。③施用药物防治。发病初期用农用链霉素 4 000 倍液或用 30%DT 可湿性粉剂 500 倍液、70%DTM 可湿性粉剂 500 ～ 600 倍液喷雾。每隔 7 ～ 10 天喷 1 次，连续 3 ～ 4 次。

167. 大丽花褐斑病

症状表现：该病主要危害叶片。染病初，叶片出现淡黄色小点，后形成圆形病斑，边缘暗褐色，中央灰白色，稍具轮纹。
发病规律：病原为大尾孢真菌所致。病菌在病残体上越冬，发展为病源。植株过密、通风不畅，高湿环境病害更重。病害发生在 6 ～ 9 月。
防治方法：①及时清除病株，保持通风透气。②施用药剂。发病严重时可用 1% 波尔多液，或 75% 百菌清可湿性粉剂 600 ～ 800 倍液或其他杀菌剂喷洒。

168. 大丽花白粉病

症状表现：该病主要危害嫩芽、叶片、花柄及花芽。染病初，植株矮小，凹凸不平。严重时，叶片干枯，植株死亡。
发病规律：病原为蓼白粉菌。菌丝越冬后产生大量分生孢子，在适宜环境下，长出菌丝，吸取营养。高温高湿更易发病。
防治方法：①及时清除病株病叶并销毁，保持通风透气。②科学施用肥料，增施磷钾肥，适当灌溉，提高植株抗病力。③施用药剂防治：喷洒 70% 甲基托布津可湿性粉剂 700 倍液；或 50% 多菌灵可湿性粉剂 500 倍液喷雾防治。每隔 7 天 1 次，连续 2 次。

169. 大丽花灰霉病

症状表现：该病主要危害花、叶、芽。染病初，叶片有褐色斑点，后发生腐软。

高湿下，病部长满灰色霉粉层，即为分生孢子梗和分生孢子。

发病规律：病原为灰葡萄孢菌。病菌附在病残体上越冬。病斑产生分生孢子，引起侵染。借助风雨传播，引起侵染。多雨季节危害严重，寄主范围广泛。

防治方法：①及时将病花、病叶剪去。②或在无病土壤栽培。③强化管理，保持通风透气，避免直接淋浇，不要积水。

正确给花草喷水

① 要掌握正确的喷水时间，喷水宜在早上或傍晚阳光不强烈的时候进行，禁止中午喷水，并尽量避免喷水后太阳直晒。由于水滴附在叶子上，如果光线太强，就犹如放大镜汇聚光线，会烧伤叶片。

② 水温应与叶面温度差不多，不能高也不能低，否则会出现叶片萎靡的现象。

③ 喷水的量也要适宜，以不凝不滴为准，喷水后不久水分便可蒸发掉，这样的喷水量为最佳。

养花无忧小窍门

养护大丽花需要注意哪些问题?

① 大丽花生长适宜温度是10～25℃，当冬季气温低于零度时，植株便会枯萎。这时，将植株上部枝叶全部剪除，挑出根部，存放于室内干燥通风的角落。注意室温不能高也不能低，为5℃最好。过高会使根部提前萌芽，消耗营养，影响来年开花；过低则会使根冻伤。

② 次年四月，大地开始回暖时，取出保存好的大丽花根部，开始种植。大丽花喜光照，所以要选择一个通风阳光充足的场所进行种植。

③ 大丽花枝弱，植株容易歪倒，因此需要进行摘心、整枝、修剪等，并应搭设立柱或插竹竿来对植株进行支撑。

④ 当苗长到10～12厘米时，就要开始摘心，以后再进行2～3次摘心，每盆枝条达6～8枝为理想状态。

⑤ 当进行最后一次摘心并定枝后，就要开始插竹竿来对植株进行支撑，并注意将过多的侧枝摘掉，以便保持良好的通风性。

⑥ 大丽花幼苗阶段需要的水分比较少，令土壤保持略潮湿的状态便可。植株生长旺季也不宜大量浇水，否则会引起茎和叶徒长。夏天温度高，可向植株表面喷水，使茎和叶茁壮成长，但盆土不能过度潮湿。

⑦ 在幼苗阶段，大丽花植株每隔半月施用一次浓度较低的液肥，等植株开花后，7～10天就要施肥1次，且适当提高液肥浓度。

唐菖蒲

别名：十三太保、剑兰、十样锦
科属：鸢尾科唐菖蒲属
分布区域：原产于非洲好望角及地中海沿岸地区。我国各地常见栽培。

170. 唐菖蒲枯萎病

症状表现：感病植株从外围叶尖开始变黄，后枯萎，球根腐败。发病初为水渍状小斑点，后成环状萎缩。在潮湿条件下，产生白色菌丝和分生孢子。严重时，不能抽芽，直至植株枯死。

发病规律：病原为镰刀菌属。病菌由土壤传播，在氮肥施用过多或雨天挖掘时易感病。

防治方法：①选取无病植株种植，种植前球茎药剂处理，在50%多菌灵500倍液中浸泡0.5小时，或用50%福美双66倍液浸泡，然后种植。种植前用苯菌灵加百菌清药液加热到49℃，浸泡休眠或半休眠大球茎30分钟，能有效地防治病害。②及时清除病株病叶并销毁。③晴天挖掘球茎，后保持其干燥，在阴凉处贮藏。

171. 唐菖蒲叶斑病

症状表现：该病主要危害球茎和叶片。发病严重时，叶片干枯。从染病球茎生长的植株表现矮化，不开花且提早死亡。

发病规律：病原为唐菖蒲壳针孢菌。病菌在土壤和植株上越冬。多发于球茎，借土壤传播，侵害叶片。如若种植土壤贫瘠只会更加加重病害。

防治方法：①保持室内通风透气，浇水时禁止触碰叶片。②及时清除病株病叶并销毁。③喷洒药剂防治。发病初期，喷施70%代森锰锌可湿粉剂500倍液或40%百菌清悬浮剂500倍液、15%亚胺唑可湿性粉剂500倍液、40%氟硅唑乳油7 000～8 000倍液。10天1次，喷洒2～3次。

172. 唐菖蒲青霉病

症状表现：该病主要发生在贮藏期，比较常见。发病球茎，初期为红褐凹陷斑，后不规则黑色。在高湿、低温下，发生腐烂。后期，球茎表面和组织内，产生棕黄色小菌核。

发病规律：该病属真菌病害，通过球茎表面的机械伤，侵入球茎，由外向内蔓延。在潮湿和通风不畅条件下易发此病。

防治方法：①选取无病球茎作为繁殖材料。②采收球茎时避免出现伤口。刚收的球茎先在冷水中浸泡，再放入酒精中，取出后使其干燥再贮藏。③保持贮藏场所的干燥通风透气。

173. 唐菖蒲干腐病

症状表现：该病发生在贮藏期。发病初，叶基出现黄褐色腐烂，后又许多黑色小菌核。球茎病斑初为浅红后为黑褐色。

发病规律：病原为唐菖蒲干腐座盘菌。在高湿下极易发生。贮藏潮湿时，发病尤为严重。

防治方法：①及时清除病球茎，选取健康球茎留种。收获及贮藏期间保持球茎干燥，避免高温和潮湿。②施用药剂防治。发病初，喷洒70%甲基托布津可湿性粉剂2 000倍液＋新高脂膜或50%多菌灵可湿性粉剂1 000倍液＋新高脂膜800倍液防治。

174. 唐菖蒲锈病

症状表现：该病主要发生在叶片上。发病初，为橘红色疱斑。3～6周后，产生黑色针点状疱斑。

发病规律：病原为单胞锈菌。在环境相对较湿和气温在25℃左右的条件下发病严重。主要通过夏孢子借气流传播而扩大危害。

防治方法：①及时清除病株病体并销毁。②不要使带病繁殖种苗接触其他植株。③施用药剂防治。发病初期喷洒15%三唑酮可湿性粉剂1 000倍液或20%三唑酮乳油1 500倍液、25%敌力脱乳油3 000倍液、40%杜邦新星乳油7 000倍液，隔10天左右1次，防治2次。

养花无忧小窍门

(1) 种植唐菖蒲需要注意哪些问题？

① 唐菖蒲对土壤没有严格的要求，喜欢有肥力、土质松散、排水通畅的沙质土。

② 唐菖蒲可以采用分球法、切球法、组织培养法和播种法进行繁殖，主要采用分球法。

③ 挑选好球茎，以没有斑点或斑纹、萌芽部位及发根部位皆无破损的扁球状的小球茎为最佳。

④ 在盆中置入土壤，将球茎栽植入盆，球茎较大、土质疏松时宜栽植8～10厘米深；球茎较小、土质黏重时宜栽植6～8厘米深。

⑤ 入盆后应浇1次透水，同时让土壤保持潮湿，之后放在通风良好且朝阳的地方管理就可以。

(2) 养护唐菖蒲要注意哪些问题？

① 唐菖蒲属于喜光性长日照植物，每日接受16小时光照最有利于其生长。

② 唐菖蒲喜温暖，怕严寒冰冻，夏天喜欢清凉的环境，不能忍受高温和酷热。冬天栽植时若温度在0℃以下则植株会受冻死亡。

③ 幼苗长出后应每隔2～3天浇水1次。

④ 夏季则每隔1～2天浇水1次。

⑤ 长出花蕾后要为植株供应足够的水分，需每天或隔一天浇1次水，同时稍加遮蔽阳光。

⑥ 从10月开始，应对植株停止灌水。

⑦ 对唐菖蒲不要施用过多肥料，否则会导致叶片疯长。在幼苗长出2枚叶片后，应大约隔15天追施1次腐熟的有机肥；在孕蕾期内改为施用磷肥1次；在浇水的同时施用1次过磷酸钙和骨粉；开花之后再施用1次钾肥。

扶桑

别名：大红花、状元花、佛桑
科属：锦葵科木槿属
原产地：中国

175. 扶桑叶斑病

症状表现：病菌多从叶缘、叶尖侵入，向四周扩散，形成不规则病斑。病斑呈白色或暗灰色，边缘略隆起，暗红色。

发病规律：病原为半知菌类，病菌附在病残体上，多从受伤部侵入危害。该病多发生在雨季，高温多雨条件下，发病更为严重。

防治方法：①精心管理，浇水不要直接触碰叶片。②注意保持通风透气，保持干燥。③及时清除病株病叶并销毁。④喷洒药剂防治：发病期，喷施70%甲基托布津可湿性粉剂800倍液或50%多菌灵可湿性粉剂700倍液、40%百菌清悬浮剂500倍液。

176. 扶桑炭疽病

症状表现：该病发生在叶部。发病初，叶面褪绿呈水渍状，后成不规则病斑。后期，病斑中央呈灰褐色，边缘为紫红色，散生黑褐色小点，致使叶落而死。

发病规律：病原为真菌。病菌在病残体上越冬，借助风雨和昆虫传播，从伤口或气孔侵入寄主，高温多雨更易发病。

防治方法：①及时清除病株病体并销毁。②施用药剂防治：发病前，喷施3～5次波美度石硫合剂防止病菌滋生。发病期间喷施75%百菌清可湿性粉剂，5%炭疽福美可湿性粉剂500倍液，每半月1次，连续2～3次。

177. 扶桑花腐病

症状表现：该病主要危害花叶和叶片。染病后，花瓣呈水渍状，后变褐色腐烂，潮湿环境下，表面出现霉层，叶片侵染后发生腐烂。

发病规律：病原为灰葡萄孢菌。病菌在土壤中越冬。借助灌溉水、气流及园艺操作进行传播。在高湿度、低温度的状态下发病更为严重。此外，栽植过密，氮肥施用过多，浇水不当，致使叶面有水滴，以及光照不足，都会加重病害。

防治方法：①及时清除病株病叶并销毁。②保持通风透气，降低湿度。③喷洒药剂防治：发病初期，喷65%代森锌可湿性粉剂600倍液，或75%百菌清可湿性粉剂600～800倍液，每2周喷1次。

178. 扶桑疫病

症状表现：该病危害叶片，发病初，叶部出现水渍状灰色病斑，后迅速增大，成暗褐色并腐烂。严重时病斑环割茎部，使植株枯死。

发病规律：病原为疫霉菌。借助雨水和灌溉水进行传播。潮湿，根部积水发病更重。

防治方法：①合理浇水，不要积水。②及时清除病株并销毁。③施用药剂防治。发病初，及早喷洒65%代森锌可湿性粉剂500倍液，或25%甲霜灵可湿性粉剂500～800倍液，或1∶1∶150～200倍波尔多液。

植物繁殖种类

① 有性繁殖：又称为种子繁殖，就是用植物种子进行繁殖的方法。

② 无性繁殖：又称营养繁殖，是用植物的一部分，如茎、叶、芽、根等来进行繁殖的方式，包括扦插、分生、嫁接、压条等。

③ 孢子繁殖：这是很多孢子植物和真菌等利用孢子来进行繁殖的方式。其中孢子植物指能产生孢子的植物的总称，主要包括菌类植物、地衣植物、藻类植物、苔藓植物和蕨类植物等。

④ 组织培养：是在无菌环境中，将植物体的细胞、器官或组织的一部分，接种到培养基上，在培养容器里进行培养的植物繁殖方式。

养花无忧小窍门

(1) 扶桑繁殖方法是什么？

① 扶桑可用插枝方式进行繁殖，选择健壮的枝条，剪为13厘米左右的小段，除了顶端留2片树叶，其他叶子都摘掉。

② 剪好的枝条要及时插进土里，插的深度为树枝总长的1/3，并浇透水。

③ 最好用塑料袋将扶桑枝罩起来，以保持湿度，且每隔1天浇水1次。

④ 当扶桑花小苗长到20厘米高的时候，应该进行首次摘心。在基部发芽成枝后，除了留下3～4根健壮、分布均匀的新枝，剩下的腋芽都去掉。

(2) 养护扶桑要注意哪些问题？

① 扶桑虽喜欢潮湿，但也不能忍受水涝，所以浇水要适量，严格遵守“见干见湿”准则。

② 扶桑花属强阳性植物，喜光照，应种植在阳光充足的场所，这样对其生长和开花都很有利。但在夏天阳光过于强烈时，也要为植株适当遮阴，防止其被灼伤。

③ 扶桑花喜温暖，耐寒性差，当温度高于30℃时，扶桑花仍可以生长，但当温度低于5℃时，它的叶片就会发黄脱落，而当温度低于0℃时，扶桑花植株会受到伤害。

④ 在扶桑植株生长旺季，应追施液肥，但不能施用浓度过高的肥，施肥也不能太勤，一般半个月左右施肥1次就行了。

栀子

别名：黄果子、越桃、木丹
科属：茜草科栀子属
分布区域：长江以南各省区。

179. 栀子黄化病

症状表现：染病后，嫩叶变黄但叶脉仍为绿色。后全叶变黄，叶缘枯焦，并枯萎掉落。在高温、强光、积水下，最易发病。

发病规律：该病的发生是在碱性的土壤中出现的缺铁生理病害。碱黄主要表现在新抽嫩枝的叶片上，叶片偏小，呈黄白色，叶脉不变色，中下部老叶一般不发生黄化。

防治方法：①施用有机铁肥，置于高温下腐熟，2～3个月即可施用。严禁使用生肥。②将黄化的植株移到通风阴凉处。③叶面喷施复混铁肥液。

180. 栀子叶斑病

症状表现：该病主要发生在叶片上，感病初，出现圆形病斑，淡褐色，后呈不规则形状，褐色，病斑愈合形成不规则大斑，使叶片枯萎。

发病规律：病原为栀子生叶点霉。该病主要危害栀子花，借助风雨传播。栽植过密，通风不畅和光照不足，浇水不当及生长不良都会诱发病害。

防治方法：①栽植不要过密，保持通风透气。②浇水时不要触碰叶片，最好选在晴天的上午时间。③秋、冬季节及时清除病株病叶并销毁。④施用药剂防治。喷70%甲基托布津可湿性粉剂1 000倍液，或25%多菌灵可湿性粉剂250～300倍液，或75%百菌清可湿性粉剂700～800倍液防治。每隔10天喷1次。病害严重时，可喷施杀65%代森锌600～800倍液，或50%多菌灵1 000倍液。

181. 栀子煤污病

症状表现：煤污病又称煤烟病，症状是在叶面、枝梢形成黑色小霉斑，扩大后，整个叶面、嫩梢上都布满黑霉层。

防治方法：①植株种植不要过于浓密，要适当修剪，且种植地点通风性要好，以降低湿度，环境绝不能湿闷。②在植株休眠期喷波美3～5℃的石硫合剂，以消灭越冬病源。③煤污病发生与分泌蜜露的昆虫密切相关，所以防治蚜虫和介壳虫能减少煤污病的发生。可喷用40%氧化乐果1 000倍液或吡虫啉1 500倍液。④对于寄生菌引起的煤污病，可喷用代森铵500～800倍液、灭菌丹400倍液。

养花无忧小窍门

种植和养护栀子要注意哪些问题？

① 栀子花常常采用扦插的方法进行繁殖，选取2～3年的健壮枝条，截成长10厘米左右的插穗，留两片顶叶，将插穗斜插入土中，然后进行浇水遮阴。

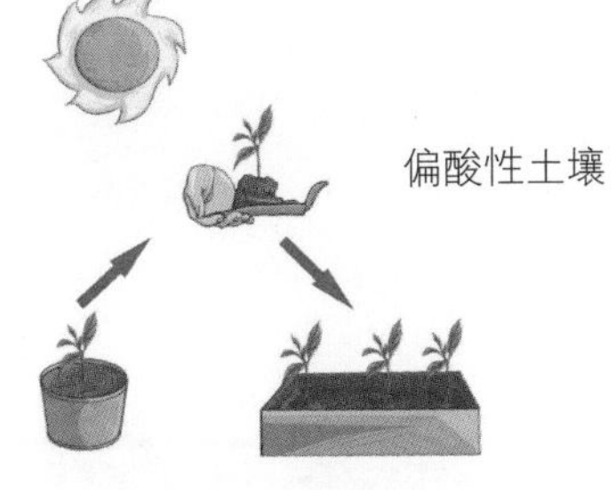

② 栀子是喜酸性植物，1个月后，要将已经生根的栀子植株移栽到偏酸性土壤中，置于阳光下养护。

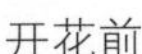

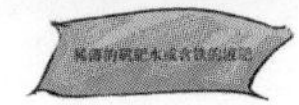

③ 栀子花是一种喜肥的植物，生长旺季15天左右需追1次稀薄的矾肥水或含铁的液肥，开花前增施钾肥和磷肥，花谢后要减少施肥。

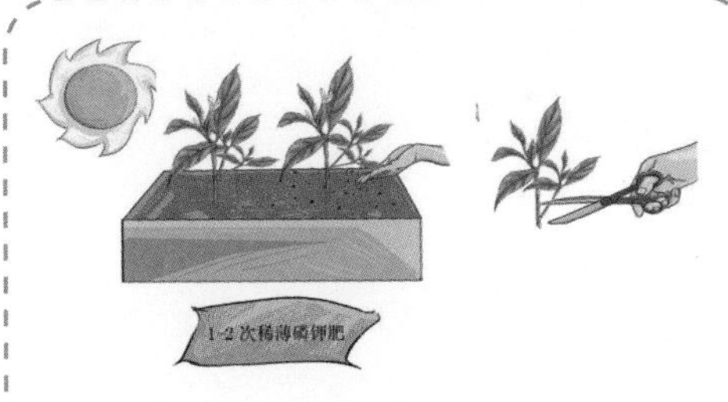

④ 栀子花在现蕾期需追1～2次的稀薄磷钾肥，并保证充足光照，花谢后要及时剪断枝叶，以促使新枝萌发。处在生长期的栀子花要进行适量修剪，剪去顶梢，以促进新枝的萌发。

⑤ 春季时要对植株进行一次修剪，剪去老枝、弱枝和乱枝，以保证株形的美观。

⑥ 栀子花很喜欢充足的阳光，但不耐烈日的直射，要将它放置于避免阳光暴晒的地方。

茉莉

别名：香魂、末利
科属：木樨科素馨属
分布区域：原产印度，我国各地常见盆栽观赏

182. 茉莉白绢病

症状表现：该病多发于我国长江以南地区。病害主要在茎基部。发病初，茎基部出现暗褐色斑点，后逐渐蔓延扩大。菌丝初期为褐色菌核。因病基部组织腐烂，使得植株生长停滞，最终枯萎而死。

发病规律：病原为齐整小核菌，菌核可越冬传播病害。在高温高湿、生长不良、排水不畅以及管理不当时易被诱发。

防治方法：①喷洒药剂防治。在发病初期可用1%硫酸铜液浇灌病株根部或用25%萎锈灵可湿性粉剂1 000倍液，浇灌病株根部；也可用20%甲基立枯磷乳油1 000倍液，每隔10天左右喷1次。②拔除病株及土壤消毒。早期发现被害植株，应及时拔除并加以烧毁或深埋，病穴灌洒86.2%铜大师800～1 200倍液或50%代森铵500倍液或撒施石灰粉。

183. 茉莉炭疽病

症状表现：该病主要危害叶片，也会侵害新梢。病斑呈圆形或不规则状，中央灰褐色或灰白色，边缘暗褐色。

发病规律：病原为茉莉生炭疽菌，病菌附在病残体上越冬，借助风雨传播，从伤口侵入。在高湿、多雾、多雨条件下病害发生严重。夏季发病较为频繁。

防治方法：①选取无病植株栽插。②及时清除病株病体并销毁。③避免高温、高湿环境。④施用药剂防治。发病前喷洒27%高脂膜150倍液预防，发病初期可喷洒50%多菌灵可湿性粉剂800倍液，或80%炭疽福美600倍液，或者75%百菌清800～1 000倍液，或70%甲基托布津可湿性粉剂1 000倍液，或65%代森锌可湿性粉剂600倍液。

184. 朱砂叶螨

症状表现：该虫专食叶片及花瓣汁液。发病初，叶面表层形成网状白绒层。严重时也危害花蕾。该虫在吸食时对表皮组织的破坏会使叶片黄化。诱发真菌性和细菌性病害及传播病毒，引发病毒病。

防治方法：①增加湿度，降低温度来调节环境控制螨虫病害。②施用药剂粉剂。虫害发生盛期可用药剂40%三氯杀螨醇乳剂1 000～1 500倍液，或73%克螨特乳油1 000～1 500倍液喷雾。

养花无忧小窍门

种植和养护茉莉要注意哪些问题？

① 茉莉往往采用扦插的方式进行繁殖。剪取当年生或前一年生的枝条，剪成约 10 厘米长的一段，每段有 3 ~ 4 片叶子，将下部叶子剪除，埋入土中，保留 1 ~ 2 片叶子在土壤上面。

② 扦插后要保持土壤的湿润，以促进枝条成活，夏季高温的情况下每天早晚需要各浇水 1 次。植株如果出现叶片打卷下垂的现象，可以在叶片上喷水以补充水分。

③ 夏季是茉莉的生长旺季，需要每隔 3 ~ 5 天就追施 1 次稀薄液肥。入秋后要适当减少浇水，并逐渐停止施肥。

④ 将生长过于茂密的枝条、茎叶剪除，以增加植株的通风性和透光性，从而减少病虫害的发生。

⑤ 茉莉花喜欢在阳光充足的环境中生长，充足的光照可以使植株生长得更加健壮。花期给植物多浇水可以使茉莉花的花香更加浓郁，浇水的时候注意不要将水洒到花朵上，否则会导致花朵凋落或者香味消逝。

山茶

别名：洋茶、晚山茶、山椿
科属：山茶科山茶属
分布区域：中国长江流域以南各省区

185. 山茶灰斑病

症状表现：该病主要发生在成叶或老叶的边缘，发病初，为褐色不规则形，后期，病斑现出黑点，潮湿下，涌出黑色胶状物。病害发生严重时，叶落而枯。

发病规律：病原为茶褐斑多毛孢菌。病菌从伤口或弱势处侵入。在高湿高温，积水状态下更易发病。

防治方法：①及时清除病株病叶并销毁。②保持通风透气，保持适宜温度，增施磷钾肥。③药剂防治。喷洒25%应得悬浮剂1 000倍液、20%龙克菌悬浮剂500倍液或12%绿乳铜乳剂等。7～10天1次。

186. 山茶灰霉病

症状表现：该病主要发生在花瓣上。感病后，病部变色，出现水渍状，后变褐色腐烂。

发病规律：病原为灰葡萄孢菌。病菌附在病残体上越冬，借风雨传播，从伤口侵入或表皮侵入。高湿度是诱发该病的主要原因。在低温、光照不足、播种过密、植株衰败下更易发病。

防治方法：①保持室内的通风透气，保持干燥。②及时清除病株病叶。③药剂防治。喷洒70%甲基托布津600倍液、75%百菌清500～600倍液或50%多菌灵500倍液等，秋天喷2次，早冬喷1次，初春再喷1次。

187. 山茶炭疽病

症状表现：该病主要危害叶片。发病初，病斑为圆形，后为褐色线纹。后期，病斑中央为灰白色，边缘为褐色黑点。

发病规律：炭疽是由炭疽杆菌所致。病菌附在病残体上越冬，借风雨传播，从伤口侵入，在潮湿环境下更易发病。种植环境不通风，植株过密和土壤黏重都会加重病害。

防治方法：①及时清除病株病叶并销毁。②保持通风透气，保持适宜温度，增施磷钾肥。③药剂防治。发病初期，喷洒25%咪鲜胺乳油（如国光必鲜）500～600倍液，或50%多锰锌可湿性粉剂（如国光英纳）400～600倍液。连用2～3次，间隔7～10天。

养花无忧小窍门

种植和养护山茶要注意哪些问题？

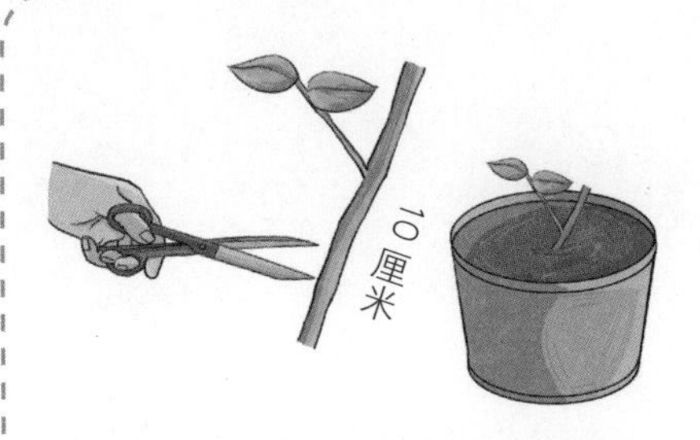

① 山茶花可采用扦插的繁殖方式，剪取当年生10 厘米左右的健壮枝条，顶端留2 片叶子，基部带老枝的比较合适。

② 将插穗插入土中，遮阴，每天向叶面喷雾，温度保持在20 ~ 25℃，40 天左右就可以生根了。

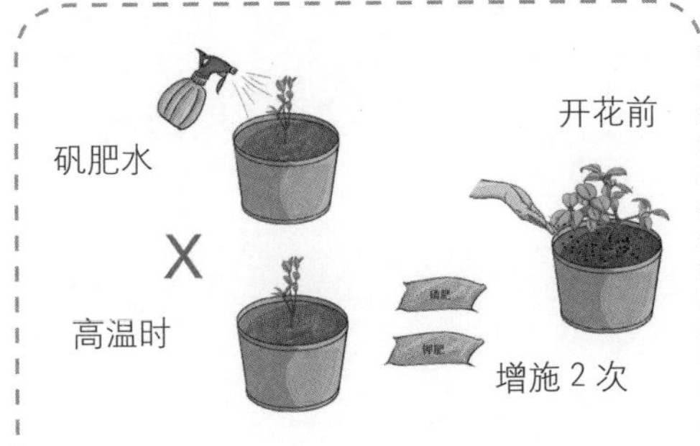

③ 生长旺季施1 次稀薄的矾肥水，当高温天气来临就要停止施肥，开花前要增施2 次磷肥和钾肥。

④ 花芽形成后，要及时除去弱小、多余的花芽，每枝留有1 ~ 2 个花蕾，同时摘除干枯的废蕾。

积水会造成根部腐烂

⑤ 山茶花生长期需要土壤保持充足的水分，夏季每天都要向叶片喷洒1 次水，但不宜大量浇灌，积水容易造成植物根部的腐烂。

⑥ 山茶花是一种不耐高温烈日的花卉，炎热的夏季需要进行降温、遮阳，否则可能灼伤叶片，因此要尽量避免阳光直射。

月季

别名：月月红、长春花、四季花
科属：蔷薇科蔷薇属
原产地：中国

188. 月季白粉病

症状表现：该病主要危害叶片、花蕾和嫩梢。发病初，叶片出现白色粉状，后变成淡黄色斑，嫩叶卷曲，有时变紫红色。严重时，叶片脱落而死。

发病规律：病原为蔷薇单丝壳白粉菌和洋蔷薇日尘粉孢。病菌附在病残体上，借助风雨传播，侵染新梢和叶片。在阳光不足、栽植过密、通风不畅、高温、干燥下更易发病。

防治方法：①及时清除病株病叶并销毁。②栽植要稀疏，保持充足的光线。③增施磷、钾肥，提高抗病能力。④施用药物防治。喷洒15%粉锈宁粉剂1 000倍液或70%甲基托布津1 000倍液。

189. 月季枝枯病

症状表现：该花在栽植中，不受外界创伤下，枝条出现枯死现象，检查病株可以发现。茎秆上出现不规则病斑，病害发生于枝条，大多引起枯萎，严重时枯死。

发病规律：病原为蔷薇盾壳霉。病菌在病株上越冬，在春季从伤口侵入，尤其是嫁接和虫蛀留下的伤口。

防治方法：①及时清除病叶病株并销毁。修剪时选在晴天，后用波尔多液涂在伤口。②保持通风透气及光透，降湿降温。③药剂防治。喷洒50%多菌灵1 000倍液、70%百菌清粉剂700倍液或50%退菌特粉剂600倍液。

190. 月季霜霉病

症状表现：该病主要危害叶片、梢及花。发病初，叶片为淡绿色斑纹，后呈灰褐色。最终，叶片扭曲，出现畸形。潮湿天气下，叶背出现灰白色霜霉层。新梢和花染病后，病斑与叶相似，严重时，叶片脱落，新梢枯死。

发病规律：病原为蔷薇霜霉菌。病菌在患病组织或卵孢子内越冬。在通风不畅、栽植过密、低温、高湿条件下病害更易发生。

防治方法：①及时清除病株病叶并销毁。②保持通风透气，栽植不要过密，不要积水，增施磷钾肥，提高抗病性。③选取抗病品种。④药剂防治。喷洒绘绿、瑞凡、75%百菌清粉剂。7天1次，连喷3次。

191. 月季黑斑病

症状表现：该病是一种世界性的花病害。主要危害叶片。发病初，出现褐色斑点，后呈暗色斑点。后期散生黑色小粒点。严重时，植株叶脱枯死。

发病规律：病原为蔷薇放线孢菌。病菌附在病残体上越冬，借助风雨及水滴传播。氮肥施用过多、栽植过密、潮湿时更易发病。

防治方法：①及时清除病株病叶并销毁。②选取抗病品种进行栽培。③强化栽培管理，保持栽种的疏密，通风透气，不要淋水浇灌。④药剂防治。喷洒50%多菌灵500倍液、75%百菌清粉剂500倍液或70%甲基托布津1 000倍液。

192. 月季灰霉病

症状表现：该病发生在叶、花及茎上。发病初，叶片出现水渍状斑点，后扩大并腐烂。花蕾染病后变褐枯死。花瓣染病后变褶腐烂。茎染病后变褐腐烂。

发病规律：病原为灰葡萄孢菌。病菌以菌丝体和菌核越冬。借助风雨，从伤口处进行传播。在栽植过密、光照不足、湿度较大时更易发病。

防治方法：①及时清除病株病叶并销毁。②施用药剂防治。喷洒50%多菌灵500倍液、50%扑海因粉剂1 200倍液或70%代森锰锌500倍液。

养花无忧小窍门

（1）月季繁殖方法？

① 月季可采用扦插的繁殖方式，选取健壮的枝条，剪去上部，剩下的每10厘米截成一段作为插穗，插穗上端剪成平口，下端剪成斜口。上面保留3～4个腋芽，此外，除顶端1～2片叶片，其余叶片除去。

② 可使用生根粉帮助插穗快速生根，可将插穗下端浸入500毫克/升的吲哚丁酸溶液里3～5秒，药液干后，插入土中。

③ 插穗入土后要浇足水，适当遮阴，次日再浇一次水，一周后再浇一次水，之后浇水的量和次数根据天气来确定。约一个月后，便可生根。

（2）月季养护要注意哪些问题？

① 月季对土壤没有严格的要求，但适宜生长在有机质丰富、土质松散、排水通畅的微酸性土壤中。排水不良和土壤板结会不利其生长，甚至会导致其死亡。

② 月季是喜光性植物，每日要接受超过6小时的光照才能正常开花生长，所以要选择一个阳光充足的场所进行种植。

③ 月季适宜生长温度在15～26℃，假如温度低于5℃时，月季会进入休眠状态，当夏季温度高于30℃时，月季开花量也减少，花朵的品质也会下降。

④ 月季种植一个半月后开始施肥，一般半月施肥1次，但月季会数次出现萌芽、开花，比较耗养分，所以可10天施肥1次，注意讲究“薄肥勤施”原则。

杜鹃

别名：映山红、唐杜鹃、山石榴
科属：杜鹃花科杜鹃属
分布区域：全国各地广泛栽培

193. 杜鹃黄化病

症状表现：该病发于新叶及嫩梢上。发病初，叶肉褪色无光，后变黄白色，叶脉不变色，叶片呈网纹状。后期，全叶变黄。严重时，叶片焦枯。

发病规律：杜鹃发生黄化病的病因比较多，其中较为常见的是缺铁性黄化，杜鹃是喜酸性土壤植物，要求土壤 pH 保持在 5.5 ~ 6.0，要是在北方栽培，由于土壤酸度达不到，可能会造成植株缺铁。另外，缺硫、缺氮、光照过强、浇水过多、低温、干旱等也会造成叶片黄化。

防治方法：①因其习性，最好不要栽植在碱性或钙质土壤中。②栽植时施用有机肥，提高植株对铁素的吸收。③如果是缺铁性黄化，就施用硫酸铁喷施叶面。④缺多种元素黄化，可用叶六素叶面肥 1 ∶ 1 500 兑水喷施叶面。

194. 杜鹃叶肿病

症状表现：该病主要危害梢、花和叶。叶片染病后，产生馒头状疱状斑，后期干枯而成饼状，致使叶片扭曲变形。新梢染病后，出现肥厚叶丛，继而干枯。花染病后变厚，变畸形，表面生有灰白色粉状物。

发病规律：病原为杜鹃外担菌，菌丝附在病组织上生长，借助风雨传播。低温高湿下更易发病。

防治方法：①及时清除病株病叶并销毁，防止其蔓延。②选择土质疏松且呈酸性土壤栽植，勿积水。③栽植不要过密，保持良好的通风透气。④施用药剂防治。喷洒 0.5% ~ 1% 波尔多液或 80% 代森锌 500 倍液。

195. 杜鹃黑斑病

症状表现：该病主要危害叶片，发病初，叶片出现黑斑，后干枯而死。病菌开始有褐色小点，后扩大相连，严重时，影响植株生长。

发病规律：该病由杜鹃尾孢真菌引起，病菌在病株及叶片上越冬，借助风进行传播。在高温多湿、通风不畅的条件下极易发病。

防治方法：①及时清除病株病叶并销毁。②强化栽培管理，经常浇施腐熟有机肥，提高植株的抗病力。③施用药剂防治。喷洒 70% 托布津可湿性粉剂 800 倍或 50% 的多菌灵 300 倍液。

扦插

扦插是一种培育植物常用繁殖方法，属于无性生殖。可以剪取植物的茎、叶、根、芽等（在园艺上称插穗），或插入土中、沙中，或浸泡在水中，等到生根后就可栽种，使之成为独立的新植株。扦插时，要注意以下问题：

① 适合叶插的植物大多具有肥厚的叶片，所以，能进行叶插的仅限几个科的种类，一般是多肉植物；茎插适用种类最多，要求将茎切成5～10厘米不等的小段，上端剪成平口，下端剪成斜口，等切口干燥后进入土地中，插时要注意上下不可颠倒；根插是将植株粗壮的根用刀片切下，埋入土中，之后成功长出新株，成活率较高。

② 扦插后插穗能否生根成活，受内在和外在影响，内在来说，植物不同的品种，或同一植物的不同种，扦插成活率是不同的。一般双子叶植物，像侧柏、杉木、菊花、秋海棠等，扦插容易存活。而单子叶植物扦插则比较难存活，但有些单子叶植物也可进行扦插繁殖，像百合科的天门冬属植物、鸭跖草种植物等。外在来说，大多数种类的插穗扦插时要求温度要在20～25℃，空气湿度要达到90%以上，才最易生根。只要环境温度和基质温度能满足生根条件，扦插随时都可以进行。

养花无忧小窍门

养护杜鹃要注意哪些问题？

① 杜鹃是南方花卉，对生长环境要求比较严格，假如北方种植，宜盆栽或种在温室里。

② 杜鹃喜酸性土壤，种植时应选择肥沃疏松、含腐殖质的微酸性土壤。

③ 杜鹃喜阴，畏阳光久晒，生长环境一定要是一个半荫蔽环境，并注意夏季一定要为杜鹃植株遮蔽阳光，防止植株灼伤。

④ 春季和秋季每隔2～3天浇水1次，并注意浇水要浇透。夏季每天浇水1次，还需向叶面和地面喷水，增加空气湿度。但注意盆中一定不能积水。立秋后要减少浇水量。

⑤ 杜鹃适宜生长温度是15～25℃，当气温高于30℃或低于5℃时，则会停止生长。冬天杜鹃会有短期休眠，一定要将其移到室内，注意保持温暖，防御寒冷，控制浇水，令盆土保持潮湿状态就可以，房间里温度保持在10℃上下，就能顺利过冬。

⑥ 杜鹃开花之前每10天要施用磷肥1次，连续施肥2～3次，可让花朵硕大，花色鲜艳，花期变长。但开花后不能施用肥料，花谢后为促进植株抽生新枝、萌生新叶，可补施氮肥。

⑦ 杜鹃花谢后，要尽快将未落尽的花剪掉，以促使植株生长形成新的花芽。

⑧ 在早春新芽萌动前，要对植株进行修剪，将上部剪掉，保留约30厘米长就可以了。

牡丹

别名：富贵花、洛阳花、木芍药
科属：芍药科芍药属
头衔：花中之王
分布区域：全国各地广泛栽培

196. 牡丹红斑病

症状表现：该病主要危害叶片，还有茎、花瓣等。发病初，为褪绿小点，后呈淡褐色轮纹。严重时，叶片变焦。潮湿环境下，茎部发病有病斑下陷。花瓣上病斑初为褐色小点，严重时边缘焦枯。

发病规律：病原为牡丹枝孢菌。病菌在病组织存活，分生孢子进行传播，无二次侵染。室内潮湿、土壤贫瘠时更易发病。

防治方法：①及时清除病株病叶并销毁。②栽植不要过密，施用磷钾肥提高抗病能力。③对地面进行薄膜覆盖，将存活的菌源进行隔离。④药剂防治。可选用百菌清、代森锌或波尔多液。

197. 牡丹灰霉病

症状表现：该病较为常见。茎、叶和花都可受害。叶片发病变褐有轮纹。茎基发病变褐腐烂。花部发病变褐腐烂。潮湿条件下，病部有灰色霉层。

发病规律：病原为牡丹葡萄孢霉和灰葡萄孢霉。病菌在病残体和土壤中越冬。借助风雨传播。低温、高湿，最易发病。

防治方法：①选取无病植株种植。②及时清除病株病叶并销毁。③保持室内温湿度，保持通风透气。④栽种时要保证充足的肥料，增施磷钾肥，控制氮肥的用量。晴天浇水，不要积水，不要直接淋浇叶面。⑤对土壤进行消毒；⑥施用药剂防治。喷洒50%甲基硫菌灵粉剂900倍液、50%速克灵粉剂1 000～1 500倍液或50%扑海因粉剂1 000倍液。

198. 牡丹疫病

症状表现：该病主要危害花、叶和茎。发病后，茎叶感染变黑枯死。叶片变黑下垂。

发病规律：病原为恶疫霉。病菌在土壤中越冬，借助水和土壤传播。灌溉水、雨水和淋灌方式是发病的重要条件。

防治方法：①及时清除病株病体并销毁，再用生石灰进行消毒。②选取良好的土壤栽培，合理浇水。③保持通风降湿，不要低温和高温。④药剂防治：喷洒64%杀毒矾可湿性粉剂500倍液、25%甲霜灵可湿性粉剂200倍液或58%甲霜灵锰锌可湿性粉剂400倍液。

养花无忧小窍门

养护牡丹要注意哪些问题?

沙土　饼肥的混合土

粗沙　园土　腐熟的厩肥

① 培养土要选择含有沙土和肥料的混合性土壤，用园土、肥料和沙土混合的自制土壤也是可以的。

② 将生长5 年以上的牡丹连土取出，抖去旧土，放置于阴凉处晾 2 ~ 3 天，连枝一起切成 2 ~ 3 枝一组的小株。

③ 将植株扶正，然后将根部放入土坑中，覆土深度达到埋住根部的程度即可，浇透水。

④ 开花时，要在植株上加设遮阳网或暂时移至室内，以避免阳光直射，延长开花时间。

春、秋季 3 ~ 5 天浇水 1 次

夏季每天早晚浇水 1 次，冬季控制浇水

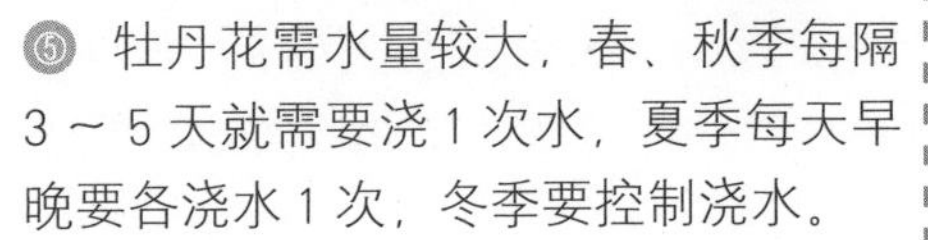

⑤ 牡丹花需水量较大，春、秋季每隔 3 ~ 5 天就需要浇 1 次水，夏季每天早晚要各浇水 1 次，冬季要控制浇水。

修剪整形

⑥ 秋、冬季落叶后要进行整体的修剪，剪去密枝、交叉枝、内向枝以及病弱枝，保持整株的优美形态。

梅花

别名：绿梅花、白梅花、酸梅
科属：蔷薇科杏属
分布区域：中国长江以南、韩国、日本

199. 梅花疮痂病

症状表现：该病主要危害枝梢和果实，也会侵害叶片。新梢发病初为褐色小点，后边带紫褐色。果实发病初为暗绿色小斑点，后逐渐扩大。

发病规律：病原为真菌，病菌附体越冬。借助风雨传播，春夏高湿多雨季有利发病，发病也最为严重。

防治方法：①及时清除病枝病叶并销毁。②喷洒药剂防治。喷洒65%福镁锌粉剂300～500倍液或65%代森锌粉剂600倍液。

200. 梅花缩叶病

症状表现：该病发生在春季，感病后，嫩芽和嫩叶收缩褶皱，叶背卷曲。病叶变色伴有粉状物出现。严重时，梢枯势弱。

发病规律：病原为子囊孢子和芽孢子，附在病体上越冬。每年4月受害，5月较重，6月停止。低温、高湿更易发病。

防治方法：①冬季及时清除病株病叶并销毁，施加磷钾肥料增强抗病能力。②药剂防治。喷洒波美5度的石硫合剂或1∶1∶100的波尔多液。

201. 梅花细菌性穿孔病

症状表现：该病主要危害叶片。发病初，产生淡褐色小斑点，后出现黄色晕环。后期，病斑形成不齐边孔。

发病规律：病原为黄单孢属细菌。细菌在被害枝条存活，从气孔、芽痕处借助风、水及昆虫传播。高湿或叶片有水雾条件，更易发病。

防治方法：①及时清除病株病叶并销毁。②保持通风透气，不要喷洒淋浇，不要积水。③施用药剂防治。喷洒72%农用链霉素粉剂3 000倍液或硫酸链霉素4 000倍液或机油乳剂。

202. 梅花膏药病

症状表现：此病多发于我国南方。主要危害枝干和小枝，在枝干上产生一层不规则厚膜。小枝感病后，初为灰白后为褐色，枝干感病后为栗褐色，表面呈绒状。

发病规律：病原为茂物隔担耳菌，病菌附体越冬，借助介壳虫和气流传播。介壳虫较多或高湿、通风不畅时极易诱发此病或加重病情。

防治方法：①及时清除病株枝叶并销毁，

或及时刮除病斑。②保持通风通气，不要积水，降低湿度。③防治介壳虫，喷洒药剂；④施用药剂防治。涂抹3～5度波美石硫合剂；少量盆栽，有叶期可刮去病斑后涂抹达克宁霜软膏。

教你一招

哪些植物不适合喷水

给植物喷水，不仅能清洁植物叶面，还能增加空气湿度，避免叶片焦边等。但这并不是对每种植物都适用，有些植物就绝不能对其喷水，或对其喷水次数和喷水量一定要少。

① 叶面上有较厚绒毛的植物，不宜往叶面喷水。因为这类植物对水很敏感，水落到叶面上，不易蒸发，会引起叶片腐烂。这类植物有大岩桐、蒲包花、秋海棠等。

② 正处在花期的植物，不宜往叶面上喷水，否则会造成花瓣腐烂，还会影响植物花朵受精，降低结果率。

③ 另外，仙客来块茎顶端的叶芽、非洲菊叶丛中的花芽、君子兰叶丛中央的假鳞茎都怕水湿，对这些植物的这些部分喷水后，易让其受伤害。

④ 有些植物，常对其喷水，易引起细菌感染，比如说月季。

养花无忧小窍门

梅花养护要注意哪些问题？

① 栽植梅花时以排水通畅、有机质丰富的沙质土壤为宜。

② 梅花经常采用嫁接法进行繁殖，也可采用扦插法，通常于早春或深秋进行。另外，还能用压条法进行繁殖，这样比较容易成活。

③ 梅花喜光，要选择一个光照充足，通风性好的环境进行种植，不适宜长时间遮阴。

④ 梅花耐寒，在温度为5～10℃可开花，在零下15℃也能短暂生长，但要是长期处于严寒环境中，也会受到冻害。

⑤ 梅花不耐水湿，浇水严格遵守“不干不浇，浇则浇透”准则。

⑥ 夏天时梅花植株应该浇足水，否则会影响花芽形成。6月梅花花芽分化，要减少浇水量，并一定要保证植株有足够光照，使植株繁茂。

⑦ 入冬前梅花要施用1次磷、钾肥。在春天开花之后和初秋则分别追施1次稀薄的液肥。

⑧ 在栽植的第一年，当幼株有25～30厘米高的时候要将顶端截掉。

⑨ 花芽萌发后，只保留顶端的3～5个枝条作主枝。

⑩ 次年花朵凋谢后要尽快把稠密枝、重叠枝剪去，等到保留下来的枝条有25厘米长的时候再进行摘心。

⑪ 第三年之后，为使梅花株形美观，每年花朵凋谢后或叶片凋落后，皆要进行一次整枝修剪。

一品红

别名：猩猩木、圣诞花、象牙红
科属：大戟科大戟属
原产地：中美洲

203.一品红灰霉病

症状表现：该病主要危害花梗、嫩梢和花序。花序染病初为灰褐色斑，后凋萎腐烂。病菌沿花柄危害花枝，使嫩枝枯死，后呈褐色霉状物。

发病规律：病原为丝孢纲病菌，阴冷和潮湿天气更易发病，病菌最适发育温度为23℃左右。

防治方法：①及时清除病株病叶并销毁。②施用药剂防治。喷洒50%多菌灵500倍液、50%扑海因粉剂1 200倍液或70%代森锰锌500倍液。

204.一品红菌核病

症状表现：发病初，病部变色，向上下扩展为大型病斑，水渍状白色菌丝。染病叶片出现枯萎，下垂立枯。茎部变为粪状菌核。

发病规律：病原为属盘菌纲、柔膜菌目。菌核附在土壤和病残体上过冬。借助风雨和自身的弹射侵染伤口进行传播。发病初，病部菌核萌发二次侵染。在较为湿润的条件下发病最为严重。

防治方法：①及时清除病株病叶并销毁。②增施磷钾肥，提高抗病能力。控制灌溉水，保持经常的通风透气。③药剂防治。喷洒40%菌核利可湿性粉剂1 000倍液和25%粉锈宁可湿性粉剂3 000倍液。

205.白粉虱

症状表现：该虫喜居叶背，吸食汁液，使得叶片发黄卷曲、干枯。在取食时将粪便排在叶与果实上，严重时植株满是黑霉。

防治方法：①培育无虫苗种。②栽种前，对种植环境消毒。③用银色或白色塑料条进行诱杀。④有条件的情况下释放白粉虱的天敌丽蚜小蜂。

206.一品红根茎腐病

症状表现：感病初，植株凋萎，茎基部变褐色收缩，后逐渐蔓延。后期植株缺水而枯，根部患病造成根腐现象，病初影响植株生长，严重时致死。

防治方法：①及时清除病株病叶并销毁。②用亿力、瑞毒霉等杀菌剂灌施防治。

207. 白粉虱

症状表现：该虫以幼虫和成虫群居叶背进行危害，吸食汁液。发病初，叶片变色并向背面卷曲。同时，该虫排泄蜜露，易诱发煤污病。严重时，影响植株生长。

防治方法：①有条件的情况下释放和利用白粉虱天敌中华草蛉和丽蚜小蜂。②用黄色塑料板涂上油或胶，诱杀成虫。③喷洒药剂防治。喷洒40%氧化乐果乳油1 000倍液、2.5%溴氰菊酯乳油2 000倍液或80%敌敌畏乳油1 000倍液。

208. 倒挂金钟烂根病

症状表现：植株叶片发白、泛黄，继而出现脱叶、萎缩，拔出时，看到根须呈红色，严重时呈黑色，便是烂根现象了。

发病规律：浇水过多；施肥过大，或施未腐熟的肥料；种植的土壤未消毒，或者种植了带病的植株等，都会引发烂根。

防治方法：①种植场地要选择阴凉、湿润、通风良好之处。②及时清除病株病叶并销毁。③用良土栽种或将病土进行消毒。④合理浇水，即小水勤灌，切不要大水漫灌。

教你一招

怎样判断花草营养不良

① 缺钾：主要体现在老叶上，会呈现出色彩相杂的缺绿区，之后沿叶片边缘及叶尖形成坏死区，叶片卷皱，最终变黑、焦枯。

② 缺钙：表现为顶芽受到损伤，致使根尖坏死、鲜嫩的叶片褪绿、叶片边缘卷皱焦枯。

③ 缺铁：症状是新生叶首先发黄，之后扩展至全株，且植株根茎的生长也遭到抑制。

④ 缺硫：表现为植株叶片的颜色变浅，叶脉首先褪绿，叶片变得又细又长，植株低矮、弱小，开花延后，根部变长。

⑤ 缺镁：症状和缺铁类似，但先由老叶的叶脉间发黄，逐渐扩展至新叶，新叶叶肉发黄，但叶脉依然为绿色，花朵变白。

⑥ 缺硼：表现为鲜嫩的叶片褪绿，叶片肥大宽厚且皱缩，根系生长不良，顶芽及幼根生长点死亡，而且花朵和果实均过早凋落。

⑦ 缺锰：症状是叶片褪绿，出现坏死斑。但应先排除细菌性斑点病、褐斑病等情况。

倒挂金钟

别名：吊钟花、灯笼花、吊钟海棠

科属：柳叶菜科倒挂金钟属

分布区域：原产墨西哥，现中国西北、西南地区有种植

桂花

别名：木樨、九里香、岩桂
科属：木樨科木樨属
原产地：我国长江流域各省区

209. 桂花炭疽病

症状表现：该病主要危害叶片。发病初，叶片出现褪绿斑点，后逐渐扩大呈形病斑。后期，病斑变灰白色，边缘呈红褐色。
发病规律：该病原菌以分生孢子盘在病残体上越冬，借助风雨传播。高湿环境下更易发病，病期为 4 ~ 6 月。
防治方法：①及时清除病株病叶并销毁。②保持通风透气，增施磷钾肥，提高抗病能力。③施用药剂防治。发病初期喷洒 1 ∶ 2 ∶ 200 倍的波尔多液，后可喷 50%多菌灵可湿性粉剂 1 000 倍液或 50%苯来特可湿性粉剂 1 000 至 1 500 倍液。

210. 桂花叶枯病

症状表现：该病主要危害叶片部位。受害初，出现淡褐色小斑点，后扩大呈不规则状，后期，产生黑色小斑点。
发病规律：病菌借助风雨进行传播，全年都可发生，受害叶片出现干枯。高温、高湿、通风不畅时，发病较重。发病期在 7 ~ 11 月。
防治方法：①及时清除病株病叶并销毁。②在种苗移栽前喷洒药液，进行消毒。可喷洒 50% 的多菌灵可湿性粉剂 500 倍液或 0.1% 的高锰酸钾溶液。③强化栽培管理，及时浇水，增施磷钾肥，增强抗病能力。④药剂防治。喷洒 75% 的百菌清可湿性粉剂 800 倍液，或 1 ∶ 2 ∶ 100 的石灰倍量式波尔多液，或 70% 的代森锰锌可湿性粉剂 500 倍液、连续 3 ~ 4 次。

211. 桂花褐斑病

症状表现：该病主要危害叶片，发病初，为黄色小斑，后为褐色呈形病斑。后期，散生黑色小点。
发病规律：病原由真菌引起，病菌以分生孢子借助风雨及水滴进行传播，高温高湿环境下更易传播。
防治方法：①及时清除病株病叶并销毁。②增施磷钾肥，提高植株的抗病能力。③秋末前喷洒 70%代森锰锌可湿性粉剂 500 倍液进行防治，如有发生，可用 90%百菌清 500 倍液或 50%多菌灵 500 倍液进行防治。发病期间可喷洒 1 ∶ 2 ∶ 100 ~ 200 石灰倍量式波尔多液，或 50% 苯莱特可湿性粉剂 1 000 ~ 1 500 倍液或 50% 代森铵 600 倍液。

212. 桂花叶斑病

症状表现：该病主要危害叶部，发病初，为褐色小斑，后中央呈灰白色，边缘红褐色。

发病规律：病菌借助风雨传播，在高温、高湿环境下更易发病。

防治方法：①及时清除病株病叶并销毁。②室内种植时保持通风透气，控制室内温湿度。③精心管理，浇水时不要触碰叶片。④施用药剂防治：发病初喷洒65%代森锌500倍液或甲基托布津800倍液进行防治。

教你一招

如何成功换盆或移栽

① 花草停止生长，或感觉很拥挤，生长状况不佳时，就要考虑换盆了，因为此时植物根部受阻，无法伸展，浇水不易渗入，土壤空气流通也很不佳。

② 换盆时，先在新盆底部铺好瓦片和纱网，再放入粗粒土和少许培养土，然后将植物根部最外围的旧土剥落，但根部要保留1/3的土，根部带土坨移栽，能增加成活率。然后，将植物放入新盆中，边加土边摇盆，最后轻压表土，避免有细缝产生。

③ 将移栽好的盆栽放到阴凉处，浇水至从盆底渗出，等新芽长出，就表明换盆成功了。

养花无忧小窍门

(1) 种植桂花要注意哪些问题？

① 桂花对土壤没有严格的要求，但适宜生长在土层较厚、有肥力、排水通畅、腐殖质丰富的中性或微酸性沙质土壤中，在碱性土壤中会生长不良。

② 盆栽桂花时，先在花盆底铺上一层河沙或蛭石，以便植株通气排水。然后再铺上一层泥炭土或细泥，高度约为盆深的1/3。

③ 将桂花幼苗放花盆中，注意桂花幼苗根部要带土坨，能增加成活率。然后填入土壤，压实。

④ 栽种好后要浇透水，然后放置荫蔽处10天左右进行缓苗，以后可逐渐恢复生长，进行正常养护。

(2) 养护桂花要注意哪些问题？

① 在盆栽桂花植株幼苗阶段，可将其放于室内有散射光且光线充足的地方，成龄植株则需放于光照充足的地方。

② 在桂花新枝萌芽前，浇水宜少，雨季和冬季浇水也宜少，令土壤含水量维持在50%就可以了。

③ 在夏秋气候天燥时，浇水则应多一些，且要常向桂花植株喷水，以降低气温、增加空气湿度。

④ 桂花植株生长适宜温度是15～28℃，冬季要将其搬入室内，并注意室温要控制在0℃以上。

⑤ 桂花喜肥，每年会发2次芽，开两次花，所以需要大量肥料。给桂花植株施肥时要严格遵守“薄肥勤施”原则，主要施速效氮肥。

含笑

别名：香蕉花、白兰花、含笑梅
科属：木兰科含笑属
原产地：广东、福建

213. 含笑叶枯病

症状表现：该病主要危害叶片。发病初，叶片呈黄褐色圆斑，后蔓延形成不规则大斑块，严重时，叶面大部受害。

发病规律：病原为叶点霉真菌，借助风雨进行传播，全年都可发生。在高温、高湿、通风不畅条件下，发病较重。

防治方法：①及时清除病株病叶并销毁。②药剂防治。喷洒1 000倍液的70%甲基托布津可湿性粉剂或70%代森锌可湿性粉剂400倍液。

214. 含笑炭疽病

症状表现：该病主要危害叶片。叶片受害后，初从叶尖和叶缘发生，后逐渐扩展。病斑呈褐色，中部下陷，边缘隆起，病斑生出诸多的小黑点。

发病规律：病原为真菌侵染所致。在高温高湿环境下极易发病。氮肥过量或浇水淋叶都会使病情加重。

防治方法：①及时清除病株病叶并销毁。②施用药剂防治。喷0.5%波尔多液或75%百菌清600倍液。

养花无忧小窍门

养护含笑要注意哪些问题？

① 含笑不能在贫瘠的土壤中生长，喜欢有肥力、土层较厚、透气性好且排水通畅的微酸性土壤。

② 含笑喜欢半荫蔽的环境，不能忍受强烈的阳光久晒，在夏天阳光强烈时应适度进行遮蔽，秋天气候凉爽后可多接受一些光照，在冬天则要摆放在房间内朝阳且通风良好的地方。

③ 含笑喜欢温暖的环境，不能抵御寒冷，其生长适宜温度白天是18～22℃，晚上是10～13℃，如果温度在－2℃以下则容易遭受冻害。

④ 含笑不能忍受干旱，然而也畏水涝，故浇水要把握“见干见湿”的原则。

⑤ 含笑嗜肥，可以每隔7～10天施用浓度较低的饼肥水1次，肥料要完全腐熟。施用肥料的总原则为：春天和夏天植株生长势强，可以多施用肥料；秋天植株长得很慢，宜少施用肥料；冬天植株步入休眠或半休眠状态，则不要再施用肥料。

⑥ 为了令含笑多开花，开花期结束后要适度进行修剪，主要是将稠密枝、细弱枝、干枯枝和徒长枝剪掉。

215. 白兰花根腐病

症状表现：发病的植株根系发黑腐烂，叶片脱落，严重时，植株死亡。

发病规律：病原为镰孢霉属真菌，病菌在土壤中存活，温度过低、湿度过大、通风不畅时易诱发此病。

防治方法：①盆内不要积水，做到及时排除。②通常情况下，在盆土表面发白时再浇水，保持土壤疏松。③在雨天将其搬到室内或檐下避雨。

216. 白兰花黄化病

症状表现：该病主要危害叶片。发病初，叶肉变淡黄，后逐渐向下蔓延，后期叶片变黑褐色，直至枯死。

发病规律：病原为木樨叶点霉真菌，一般在越冬后的老叶上发病。高湿、高温、通风不畅下发病更为严重。

防治方法：①及时清除病株病叶并销毁。②增施磷钾肥，提高抗病能力。③药剂防治：发病期，用0.2%硫酸亚铁进行叶面喷施，每周1次，持续3～4次即可。

养花无忧小窍门

白兰花养护中要注意哪些问题?

① 白兰花不耐寒，除华南地区，其他地区最好盆栽或种在温室里。10月就要将白兰花移到室内光照充足处，室温要保持5～15℃。

② 白兰花喜光，宜选择一个阳光充足的场地进行种植，要是光照不足，开花比较困难，即使开花也会花少香味淡，但要注意不能将植株置于烈日下暴晒，否则会灼伤叶片，夏季要适当遮阴。

③ 白兰花的根系是肉质的，怕涝又怕旱，所以浇水要适量，遵守“见干见湿”准则。浇水用雨水、河水和存放超过两个小时的自来水。不能用存放太久的死水，或者杂质多、偏碱性的水。浇水的水温，夏季要略低于土温，冬季则要略高于土温。

④ 白兰花叶片阔大，消耗营养，且花期花开不断，所以要及时补充肥水。一般情况下，初春以氮肥为主，夏秋以磷钾肥为主。

⑤ 白兰花萌芽力较差，枝条不多，不需要修剪。

白兰花

别名：缅桂花、白玉兰、白缅花

科属：木兰科含笑属

分布区域：东南亚以及中国南方地区

碧桃

别名：千叶桃花
科属：蔷薇科李属
分布区域：中国西北、华北、华东、西南等地区

217. 碧桃缩叶病

症状表现：该病主要危害叶片。发病初，病叶卷曲，叶片由绿变紫，叶片变厚且变脆，严重时，病叶脱落。枝梢变色，出现肿胀，叶片多呈丛生状、严重时枯死。
发病规律：病原为真菌引起，病菌在植株上越冬，借助气流进行传播，从气孔或皮孔侵染嫩叶。
防治方法：①及时清除病株病叶并销毁。②发芽前，喷洒3～5度波美石硫合剂。③叶落后，喷洒3%硫酸铜液，杀死越冬病菌。

218. 红蜘蛛

症状表现：该虫主要危害花、茎、叶，吸食其汁液，发病初，叶子上有黄褐色小点，后卷缩脱落，严重时，出现大量落叶。高温干旱更易发病。
防治方法：①保持通风透气。②药剂防治。喷洒波美0.5～1度石硫合剂防治初孵幼。大发生时，可喷三氯杀满醇1 800倍液或70%甲基托布津可湿性粉剂1 000倍液。10天 1次，效果较好。

219. 小绿叶蝉

症状表现：小绿叶蝉主要以成虫和若虫形态吸食汁液，发病初，病叶出现黄白色斑点，后逐渐扩大，直至叶片失绿。
防治方法：①及时清除病株病叶并销毁。②药剂喷洒。若虫孵化盛期及时喷洒20%叶蝉散或10%吡虫啉可湿性粉剂2 500倍液均能收到较好效果。大量发生时喷4.5%高效氯氰菊酯1 500倍液。

220. 碧桃疮痂病

症状表现：该病多发于叶片和枝梢。发病初，产生褐色斑点，边缘呈紫褐色。后期扩大为黑褐色或紫色，病部隆起有胶状物。叶片受害后，初叶背出现多角形灰斑。后为紫红色褐色。后期，病部干枯穿孔，严重时，引起落叶。
发病规律：病原为真菌，病菌附在枝梢上越冬。借助风雨进行传播。
防治方法：①合理栽种，适当修剪，保持通风透气。②避免土壤低洼潮湿，注意及时排水。③施用药剂防治。如波尔多液、百菌清可湿性粉剂、托布津可湿性粉剂等。

植物繁殖方法

① 播种：从时间上来说，植物的播种可以分为春播和秋播两种。

一般步骤是首先将种子放入培养土中，大粒的种子覆土厚度为种子直径的3 倍，小粒的种子覆盖一层薄薄的培养土。然后将土壤压实后，浇透水，盖上一层塑料薄膜。每天及时浇水，以保持土壤的湿度。

当植株出芽的时候揭去塑料薄膜，将植物放在光线明亮的地方，等到幼苗长出四五片叶子的时候就可以进行上盆移植了。

② 分株：分株也是植物繁殖的一种方式，春季开花的植物要在秋季植物休眠的时候分株，秋季开花的植物最好选择在春季分株。

分株的方法主要有分割法和分离法两种。分割法就是将丛生的植物分割为数丛，或者将母株根部发出的嫩芽连根一起分割，另行栽种；分离法是指将母株的新球根、鳞茎切下或者掰开，另行栽种。

③ 扦插：扦插主要分为枝插和叶插两种。

硬枝扦插多选择在春秋时节进行，选择带3 ～ 4 个芽的粗壮枝条，做成插穗，插入土中按常规养护生根即可。软枝扦插则多在夏季进行，截取8 ～ 10厘米长、还未硬化的枝条，插入土壤中按常规养护生根即可。

叶插多是在梅雨季节进行的，剪取一片带叶柄的叶子，浅浅地斜插入培养土中，浇水养护即可。

④ 压条：指的是将母株枝条压入土中，生根后切离母株、另行栽种的繁殖方法。落叶植物进行压条选择在春、秋两季进行。

⑤ 嫁接：嫁接是将一种花木的枝条或者新芽插入亲缘比较接近的另一株植株上，形成新的植株或新的品种的繁育方法，常用方法有枝接、芽接和靠接三种。

以仙人掌为例，展现嫁接的一般步骤。先用锋利的小刀削去砧木的顶部，形成一个平面。

切下需嫁接的仙人掌，修整切口，形成同样平面。

进行嫁接。并用橡皮筋箍住嫁接好的仙人掌和花盆的底部进行固定。

木芙蓉

别名：地芙蓉、华木、芙蓉花
科属：锦葵科木槿属
原产地：中国

221. 木芙蓉白粉病

症状表现：该病主要发生在叶片上，发病初，叶片出现粉状小斑，后形成大形病斑。后期产生黑褐色小颗粒。严重时，叶黄脱落，植株衰弱。
发病规律：病原为草单丝壳，病菌附在病叶上越冬。借助风雨传播到新叶。通风不畅、高湿下更易发病。发病期为5～10月，尤其在8～9月，发病最重。
防治方法：①及时清除病株病叶并销毁。②增施磷钾肥，提高植株的抗病性。保持通风换气。③喷洒药剂防治：喷洒80%代森锌可湿性粉剂500倍液或70%甲基托布津1000倍液。

222. 角斑毒蛾

症状表现：该虫分布广泛，诸如蔷薇、梅花、樱花、碧桃都受其危害。其幼虫害吸食叶片，严重时会吃光全株叶片。
防治方法：①冬季刮树皮，消灭越冬幼虫。②人工摘除病叶上的幼虫。

223. 蚜虫

症状表现：蚜虫以卵的形态在枝条裂缝间越冬，次年春天群居嫩芽上，吸食汁液，5月发病最为严重。发病初，叶背皱缩畸形，蚜虫粪便污染枝叶，影响植株生长。
防治方法：①合理施肥，少施氮肥，保证植株健康生长。②如露养，保护天敌瓢虫、草蛉等，利用天敌进行杀害。③施用药剂防治：可喷洒抗蚜威和灭蚜菌等。

224. 四纹丽金龟子

症状表现：该虫危害广泛，是葡萄、月季、蜀葵等的常见虫害。成虫危害花及叶片，使其残缺不全。
发病规律：成虫发生初期分散取食叶片，盛期群居取食叶肉，成虫有趋光性，也有假死传统。10月后进入入冬期。
防治方法：①该虫有假死现象，在早晨或傍晚摇动花枝，使害虫落地后消灭。②害虫发生较多时，喷洒40%氧化乐果乳油1000倍液。

225. 霜天蛾

症状表现：霜天蛾作为一种大型食叶害虫，散布于我国南北各地。成虫体翅为暗灰色，并杂有霜状白粉。胸部有棕黑色圆形条纹。幼虫头、胸、腹、尾部均为绿色。

发病规律：该虫以蛹的形式越冬进行生长。由于其体大，食量大，发生虫害时，会使植株只剩叶柄。

防治方法：①人工捕杀或使用黑光灯诱杀。②在幼虫期喷洒90%敌百虫1 000倍液或2.5溴氰菊酯乳油3 000倍液进行防治。每周1次，持续喷3～4次。

226. 凌霄白粉病

症状表现：该病主要危害茎、叶、花蕾。感染后植株表面会有一层白色粉层，严重情况下，会使植株叶片萎缩，花朵变小、掉落。

防治方法：①注意通风，加强光照，增施磷、钾肥，提高植株抗病性。②发病后及时喷施800倍液的70%托布津液或2 500倍液的粉锈宁等，每隔10天喷1次，连续喷2～3次。

227. 根结线虫病

症状表现：会该病主要危害根部，发病后，根组织会形成圆形小瘤，严重时串成念珠状。受害植株根须减少，叶黄枝枯，严重时，植株死亡。

发病规律：病原为花生根结线虫，以卵的形态越冬后，借浇水、施用肥料、育苗调运和人为操作进行传播。

防治方法：①选取健康的苗木进行栽培。②及时清除病株病叶并销毁。

228. 凌霄根腐病

症状表现：该病发生主要原因是炎热夏季浇水过多，致使植株根部腐烂、枝叶发黄，严重时会引起植株死亡。

发病规律：病原为镰孢霉属真菌，高湿、高温、碱性的土壤中病害极易蔓延。

防治方法：发病后，要及时用300倍液的50%代森铵浇灌根际土壤。并注意夏季通风降温，盆土浇水不宜过多。

凌霄

别名：凌霄花、女藏花、紫葳
科属：紫葳科凌霄属
分布区域：中国华东、华南、华中地区及日本

兰花

别名：春兰、中国兰、兰华
科属：兰科兰属
分布区域：原产中国长江流域以南省区，现中国各地均有栽培

229. 兰花病毒病

症状表现：该病主要危害叶片，尤其是幼叶，症状更为明显。由于兰花品种较多，所以其症状也有所不同。有的为黄绿相间的花叶，或沿叶脉产生黄绿条斑，褪绿变黑；有的为黑色坏死斑；有的呈褐色圆斑，后枯黄死亡。

发病规律：该病由多种病毒引起，病毒一般由蚜虫、汁液传播。病株根部有伤口时，水中也有病毒，可侵染健康植株。

防治方法：①及时清除病株病叶并销毁。②该病主要靠预防为主，进行消毒。③药剂防治。喷洒50%多菌灵可湿性粉剂500倍或50%托布津可湿性粉剂500倍液。

230. 兰花白绢病

症状表现：该病主要危害兰叶基部。发病初，出现水渍状斑，后产生绢状菌丝体，后期，兰叶倒伏，叶枯而死。

发病规律：病原为小核菌，病菌在土壤中生活，在土壤中蔓延。高温高湿条件下更易发病。

防治方法：①及时清除病株病叶并销毁。②保持通风透气，把握好浇水期，经常更换土壤。③深翻土壤：将病菌深埋并撒石灰粉增加土壤碱性。④选取无病土壤育苗，取种。⑤药剂防治。喷洒50%多菌灵可湿性粉剂500倍、50%托布津可湿性粉剂500倍液或70%百菌清可湿性粉剂800倍液。

231. 兰花炭疽病

症状表现：该病主要危害叶片，也会侵害果实和茎。染病初，叶片病斑呈圆形，中央变灰白或浅褐色，边缘褐色；后期产生黑色小斑。

发病规律：病原为真菌引起。借助水珠或风吹从伤口处进行传播。低温、光照不足或阴雨天气发病较重。叶片伤口较多和浇水过多也会导致植株发病严重。

防治方法：①及时清除病株病叶并销毁。②保持室内通风透气，防治要保持距离。③不要从枝叶上浇水，从侧边浇灌。④施用药剂防治。喷洒50%复方硫菌灵可湿粉剂800倍液、50%混杀硫悬浮剂700倍液或50%炭疽福美可湿粉剂500倍液。

232. 兰花灰霉病

症状表现：该病主要危害花器，有时也会危害茎和叶。发病初，花瓣呈水渍状，后变褐色，形成大型病斑。茎部也会出现水渍状，后形成褐色病斑。

发病规律：病原为灰葡萄孢霉。病原产生分生孢子梗和分生孢子。高湿、低温更易发病。

防治方法：①适当调整温湿度，保持室内通风透气，加强空气流动。②及时清除病株病叶并销毁。③进行浇水时要从侧边浇，不要淋浇。④药剂防治。喷洒针对性药剂加新高脂膜进行防治，约 10 天 1 次，连续防治 2 ~ 3 次。

233. 兰花圆斑病

症状表现：该病通常发生在叶片基部。发病初，叶片病斑接近圆形，叶缘黑褐色，后期，病斑中央为浅褐色，边缘为黑褐色。

发病规律：病原为柱盘孢属真菌。病菌借助风雨及浇水进行传播。栽种过密、通气不好、叶片受伤时，容易发病。

防治方法：①及时清除病株病叶并销毁。②施用药剂防治。喷洒 65% 代森锌可湿性粉剂 800 倍液或 75% 百菌清可湿性粉剂 600 倍液。

养花无忧小窍门

养护兰花要注意哪些问题？

① 兰花喜欢在肥沃、富含大量腐殖质、排水良好、微酸性的沙质壤土中生长。

② 兰花常用分株、播种及组织培养法进行繁殖。

③ 栽种兰花适宜选用透气性能比较好的泥瓦盆，不宜选用瓷盆或上釉的盆。

④ 兰花喜雨水，假如是种在室内的兰花盆栽，下雨天可搬去室外让其淋雨，不过兰花畏湿怕涝，浇水和淋雨都要适量，否则会造成叶片生长不良，还会阻塞根部呼吸，严重情况下会导致烂根。

⑤ 兰花虽然喜阴，但若长期处于阴暗环境中，不见阳光，就会导致叶片徒长，花朵稀少，还容易发生病虫害。所以兰花宜种植在没有阳光直射，但散光充足处。

⑥ 兰花适宜生长温度为 18 ~ 30℃，要是气温低于 5℃或高于 35℃，兰花植株就不能正常生长。

⑦ 给兰花施肥要掌握“宁缺毋滥、宁稀勿浓”的原则。刚刚栽种的兰花，根系还没有发全，要等 1 ~ 2 年后才能施肥。

⑧ 夏季是兰花叶芽的生长期，宜每 20 天左右施 1 次腐熟的液肥。

⑨ 冬季是兰花休眠期，应停止施肥。

⑩ 要经常剪掉兰花枯黄断叶和病叶，以利于植株通风和生长。

蝴蝶兰

别名：蝶兰、台湾蝴蝶兰
科属：兰科蝴蝶兰属
分布区域：北非地区、中国、美国

234. 蝴蝶兰叶斑病

症状表现：该病主要发生在花期，发病初，病叶出现呈水渍状斑点，后扩大成圆形病斑。病斑为褐色，中央灰白色，有轮纹。后期，病斑中央变为灰白色，上面散生小黑点。

发病规律：该病病菌以菌丝体形态附在植株上，借助气流和谁进行传播。高温、高湿、通风不畅极易发病。

防治方法：①及时清除病株病叶并销毁。②药剂防治。喷洒 75% 的百菌清可湿性粉剂 800 倍液，喷 3 次，每 10 天 1 次。

235. 蝴蝶兰灰霉病

症状表现：该病主要危害叶片、茎和花器，叶片感染后，初期呈水渍状小斑点，后形成一层灰色霉层。花器受害后，花瓣出现褐色水渍状，后变褐腐烂。潮湿环境下，发病部出现灰褐色或灰色霉层。

发病规律：病原为灰葡萄孢菌侵染所致。多雨、高湿、高温更易发病。

防治方法：①及时清除病株病叶并销毁。②施用药剂防治：喷洒 75% 甲基托布津可湿性粉剂 1 000 倍液，连喷 2 次。

236. 蝴蝶兰褐斑病

症状表现：发病初，为红褐色小点，后扩大为圆形黑斑，病斑中心生出褐色小粒点，高湿时，出现黄白胶质物。

发病规律：病菌附在病残体上越冬，借助浇水或雨水进行传播。高湿、多雨、多雾环境下更易发病。

防治方法：①及时清除病株病叶并销毁。②保持通风透气，合理浇水，增施磷钾肥，提高抗病能力。③药剂防治。发病初，交替喷洒卉友 4 000 ～ 6 000 倍，绘绿 3 000 ～ 5 000 倍，百菌清 300 ～ 500 倍，10 天左右防治 1 次。

237. 蝴蝶兰病毒病

症状表现：该病主要危害叶片。发病后，叶片上出现一块块不规则的浅黄色病斑，角质层减少，叶绿素消失，叶肉凹陷，没有光泽。

防治方法：该病主要以预防为主。①将染病植株与健康植株分开。②定期喷洒杀虫灭菌药物。

施肥注意事项

① 给盆花施肥时，要遵守“薄肥勤施”原则。指不能施用浓肥，每次施肥量要少、要稀。假如施的肥料浓度过大，可能会烧伤根系，造成烂根。
② 生长旺盛的花卉，一般每隔 10 ~ 15 天施 1 次稀薄液肥（七分水三分肥）。施肥时要注意不要将肥水溅到茎叶上，否则会烧伤茎叶。
③ 一般来说，立春到立秋，每 10 ~ 15 天追 1 次稀薄肥水，立秋后 1 月追施 1 次，到 11 月立冬后，应停止追肥，防止植株冬季发嫩芽被冻伤。
④ 施肥应在晴天，盆土较天燥时进行，否则湿根施肥易造成烂根，且注意在施肥前最好先松土。
⑤ 夏季施肥时间宜在傍晚进行，因为夏季土温高，中午施肥易烧根。
⑥ 施肥后第二天要浇“回头水”，防止肥害。
⑦ 对于盆栽来说，需要的主要养分是氮、磷、钾。氮肥能促进植株枝叶生长；磷肥能使花色艳丽，果实肥大；钾肥能促进根系发育，使植株坚挺。常见的氮肥有花生麸、豆饼、硫铵等；常见的磷肥有过磷酸钙、碎骨粉等；常见的钾肥有硫酸钾、草木灰等。施用何种肥料要根据植物的品性特征和生长情况而定。
⑧ 要注意，山茶、杜鹃、栀子等喜酸性土的花卉，忌施尿素、钙镁肥等碱性肥料，因为这类肥料施入土中后会使土壤局部碱性提高。喜酸性土花卉宜选用酸性或生理酸性肥料，像过磷酸钙、硫酸亚铁、硫酸铁等。
⑨ 盆栽植物最好用有机肥料，尽量别用化学肥料，施化肥会改变土壤的酸碱性，影响植物生长。有机肥俗称农家肥，像家禽粪肥、骨粉、花生麸、豆饼、各种绿肥、草木灰等，这些农家肥含不同的氮、磷、钾元素，取用方便，且不会改变土壤的酸碱性。但要特别注意，农家肥一定要充分腐熟才能施用，绝不能施用未腐熟的农家肥，否则会烧坏植株根系。
⑩ 施肥应施在盆边，防止肥料与植物根系过近，从而造成烧根。
⑪ 一般来说，观花花卉处在花期时，最好不要施肥，尤其不能施氮肥，因为这样会刺激营养生长，增生新的叶片，使花朵得到的养料减少，生长发育受到抑制，会造成缩短花期、花期推后、花朵早谢、焦花等后果。
⑫ 对于一些夏季休眠的花卉，要尽量减少施肥，防止烂根。
⑬ 刚栽种的植物绝不能施肥，至少过了一周后，植物过了缓苗期，才可施肥。而播下的种子，要等出苗以后，长了真叶，才可施肥。

蜡梅

别名：蜡木、金梅、石凉
科属：蜡梅科蜡梅属
分布区域：中国、朝鲜、日本等国及欧美地区

238. 蜡梅黑斑病

症状表现：该病主要危害叶片。发病初，病斑呈褐色不规则状，后扩大中央为白色，边缘为褐色。后期生出暗褐色霉丛。
发病规律：病原为链格孢真菌。病菌附在病体上越冬，借助风雨和种植子传插，多在 7、8 月高温多雨期发病。
防治方法：①及时清除病株病叶并销毁。②施用药剂防治。喷洒 50% 多菌灵可湿性粉剂 1 000 倍液。

239. 蜡梅叶斑病

症状表现：该病主要危害叶片和嫩枝。发病初，叶片为圆形褐色斑，后扩大为不规则病斑，中央为灰白色。后期中央散生小黑点。
发病规律：病原为大茎点霉属真菌，病菌附在病残体上越冬，借助风雨传播。高湿环境下更易发病。
防治方法：①及时清除病株病叶并销毁。②施用药剂防治。发病初，可喷洒波尔多液、20% 龙克菌 200 倍液或喷洒 50% 多菌灵 1 000 倍液。

240. 蜡梅炭疽病

症状表现：该病主要危害叶缘和叶尖。发病初，病斑呈灰白椭圆形，边缘为褐色，后生出许多黑色小点。
防治方法：①及时清除病株病叶并销毁。②药剂防治。发病时喷洒 50% 多菌灵可湿性粉剂 1 000 倍液。

241. 蜡梅白纹羽病

症状表现：该病为一种根部病害。发病初，出现褐色圆形斑点，后呈水渍状小斑。后期病组织干裂，病根有柔嫩根状菌缠绕，后转为褐色。直至凋萎枯死。
发病规律：病原为褐座坚壳属真菌，借助灌溉水或土壤从皮孔侵入，高温高湿下更易发病。
防治方法：①及时清除病株病叶并销毁。②强化栽培管理，保持通风透气，降湿降温。③药剂防治。发病初，切除病根，严重时，喷洒 70% 敌克松 300 倍液或 10% 双效灵 300 倍液灌根。

无土栽培步骤

无土栽培也称溶液栽培，即指不用土壤栽种植物，无土栽培的植物只需每隔几周浇一次水，每年施两次肥即可，无须花太多心思。刚开始尝试溶液栽培法栽培植物时，最好购买目前适用于溶液栽培的植物，包括：蜻蜓凤梨、亮丝草属、花烛属、天门冬属、蜘蛛抱蛋属、铁十字秋海棠、蟆叶秋海棠、仙人掌属、白粉藤属、君子兰属、变叶木属、花叶万年青属、孔雀木属、龙血树属、一品红、榕属等，并购买配套的花盆、沙砾和特殊的肥料，有一定经验后，再尝试新品种。下面介绍无土栽培一般步骤。

① 选择植物幼苗，洗净根部的盆栽土，注意不要碰伤根部。然后选用网状容器，放入植物。

② 在容器中填入沙砾，尽量不要碰伤根部。

③ 将该容器放入更大且不透水的容器中，事先在外容器的底部铺上一层沙砾，保证内外容器间有1厘米左右的空隙。

④ 在沙砾中插入水位器。如果没有，也可以使用测量植物根部湿度的仪表。

⑤ 在两容器之间填入沙砾固定内容器和水位器。

⑥ 在沙砾上撒上无土栽培专用肥料。

⑦ 浇水至水位器最大刻度处，使肥料溶解并渗入沙砾中。如没有水位器，则可加入相当于容器容量1/4的水。水位器显示干燥再浇水，最好使用散去氯气的自来水。

⑧ 几个月后，盆栽植物就会开枝散叶了。

大花蕙兰

别名：西姆比兰、蝉兰、喜姆比兰
科属：兰科兰属
分布区域：中国的广西、四川、贵州、云南等省

242. 大花蕙兰黑斑病

症状表现：该病主要危害叶片。发病初，叶片呈褐色小斑，后扩大为圆形暗黑色病斑，后期散生黑色小粒点。严重时，植株叶枯而死。

发病规律：病原为链格孢菌。借助风雨传播，高湿、多雨下病害更重。

防治方法：①及时清除病株病叶并销毁。②强化栽培管理，保持通风透气。③选取优良抗病品种。④喷施药剂：喷洒75% 百菌清 500 倍液或 80% 代森锌 500 倍液，每 10 天 1 次，连喷 3 ～ 4 次。

243. 蜗牛

症状表现：蜗牛喜欢在潮湿、温暖的环境中生活。喜欢吃植株的花、茎、叶，并在叶片上排便，污染叶片。

防治方法：①及时清除杂草。②在温室潮湿地方撒石灰粉、砒酸铅等。③撒 8% 灭蜗灵颗粒剂。④药剂防治。喷洒敌百虫 1 000 倍液。

教你一招

按植物对光照强度的需求进行分类

在自然界，光照是花卉生长的基本条件，影响着植物的生长发育。由于花卉的类型与习性不同，对光照的要求也有差异。根据花卉对日照强度的要求标准，可以把花卉分为以下几种。

① 阳性花卉：阳性花卉喜光，必须在阳光充足的环境里才能生长茂盛，开花结果，如石榴、月季等。

② 中性花卉：中性花卉既受不了较长时间阳光的直接照射，又不能完全在荫蔽的条件下生活，而是喜欢在早、晚接收到阳光，中午则须遮荫，如白兰、扶桑等。

③ 阴性花卉：有一类花卉对光照的要求与阳性花卉相反，它们大都不需要太多光照，即使长期得不到阳光的直接照射，只要有散射光或折射光也能生长，比如文竹、杜鹃等。

④ 强阴性花卉：这类植物极惧阳光，阳光过于强烈时，花卉会被灼伤，导致其脱水或干枯，甚至引发死亡，如蕨类、天南星科等。

244. 石斛兰黑斑病

症状表现：该病主要危害叶片。发病初为褐色小斑点，后扩大为圆形病斑，中央坏死，病斑为灰褐色，严重时，病斑连成一体，使植株叶黄而落。

发病规律：病原以分生孢子借助空气从伤口处进行传播，在高湿、肥力不足下更易发病。发病期在 1 ～ 5 月。

防治方法：①剪去受病的枝叶，并喷洒药剂：75% 甲基托布津 1 000 倍液或 50% 多菌灵 800 倍液。②药剂防治：发病期，用 75% 百菌清 800 倍液或 65% 代森锌 8 000 倍液。发病期间，用 70% 甲基托布津 1 000 倍液或 50% 多菌灵 1 000 倍液进行喷洒 2 ～ 3 次。

245. 石斛兰软腐病

症状表现：该病主要危害根茎，发病初成水渍状小斑点，后逐渐扩大为褐色腐烂状，分泌物流出，有臭味。

发病规律：病菌借浇水传播。高温高湿下，更易发病。

防治方法：①及时清除病株病叶并销毁。②施用药物防治。用波尔多液或农用链霉素防治。

246. 石斛兰疫病

症状表现：该病主要危害叶片和近地面。发病初，为水渍状斑点，后扩大为黑褐色腐烂落叶，偶尔叶表有白色薄霉层。

发病规律：病原为恶疫霉菌，菌丝生长温度为 20℃左右，也能在低温下生长。病菌附在病残体上越冬，通过雨水或流水从伤口或气孔处进行传播。

防治方法：①及时清除病株病叶并进行隔离。②发病初，取 40% 疫霉灵可湿性粉剂 250 倍液、25% 甲霜灵粉剂 600 倍液淋灌。

247. 石斛兰叶枯病

症状表现：该病主要危害叶间，发病初，叶尖呈褐色小斑点，后形成大病斑。严重时，叶枯而亡。

发病规律：病原为叶点霉真菌。病菌附在病残体上，借助风雨、灌溉水从伤口处进行传播。全年都可发生，在高温、高湿、通风不畅情况下，发病较重。

防治方法：①及时清除病株病叶并销毁。②药剂防治。喷洒 75% 百菌清 600 倍液、40% 克菌丹 400 倍液、50% 甲基硫菌灵 500 倍液。

石斛兰

别名：金钗花、杜兰、千年润
科属：兰科石斛属
分布区域：亚洲、澳洲的新西兰等地区

荷花

别名：莲花、水芙蓉、芙蕖
科属：睡莲科莲属
分布区域：中国、印度、越南等国

248. 荷花褐斑病

症状表现：该病比较常见，发病初，叶片出现圆形病斑，后变为黄褐色，边缘呈深褐色，有轮纹。后期，有一层暗绿色绒毛状物。

发病规律：病原为睡莲尾孢菌。病菌借助气流和风雨传播。高温高湿下更利于发病。7 ~ 8 月为发病的盛期。

防治方法：①及时清除病株病叶并销毁。②缸栽荷花要保持通风透气，将稻田泥晒干后加入骨粉，提高其抗病力。③施用药剂防治。发病初，喷洒 80% 代森锌可湿性粉剂 600 倍液或 50% 多菌灵 800 倍液，并适当加入洗衣粉提高抗病效果。

249. 荷花斑枯病

症状表现：该病主要危害立叶与浮叶。发病初，叶面产生褪绿斑点，后逐渐扩大，周围组织坏死，叶片变深棕色。后期，病斑散生黑色小粒点。

防治方法：①及时清除病株病叶并销毁。②增施肥料，增强其抗病能力。③药剂防治。喷洒 25% 多菌灵可湿性粉剂 300 倍液，加 0.1% 平平加喷雾，每隔 7 ~ 10 天喷 1 次。

250. 莲缢管蚜

症状表现：该虫分布范围极广，危害花种也多。该虫分为有翅胎生雌蚜和无翅胎生雌蚜。若虫在第一寄主上为害，以 4 ~ 5 月最为严重。后有翅蚜转移到第二寄主上进行危害和繁殖，使植株生长不良，花蕾缩小，甚至不开花。

防治方法：①保护和利用其天敌食蚜蝇、瓢虫和草蛉等。②药剂防治。可喷洒 50% 双硫磷乳油 2 000 倍液或 50% 灭蚜松乳油 1 000 倍液，特别注意该药对鱼类危害较小，选取药剂时可以选择。

251. 棉水螟

症状表现：棉水螟主要以幼虫危害叶片，将其咬成大小相同的两块后吐丝用来生活。借助叶片的保护能在水面自由漂动。该虫多于夜间取食。

防治方法：①用网将水面幼虫进行捕捞。②幼虫发生期，可用 50% 杀螟松 1 000 倍液喷杀。

如何在育种盘中播种

很多人都会选择自己播种繁殖盆栽，从中获得一种成就感。而其中，多年生的植物很难通过播种繁殖，且实验证明，并非所有的多年生植物都适合播种繁殖，一年生的植物播种繁殖则很容易。假如是新手，最好选择易成活的一年生植物，这样比较容易成功。下面，介绍在育种盘中播种的方法。

① 盘中装入松软的播种用土（含防腐剂）——堆肥土和泥炭土适用于多数种子，忌用一般的盆栽土。一般的盆栽土营养含量高，容易滋生细菌。

② 用木板或硬纸板将土壤齐沿刮平，再用木板轻轻将土压实，保证土壤不会高出盘沿，确保土面平整。

③ 将种子均匀地撒到土上。可使用折叠的纸片帮助播种细小的种子。然后用手指轻轻将种子按入土中。

④ 通常播种后种子表面需要撒上一些盆栽土。原则上这层土不宜过厚，和种子的直径差不多就行了。一般用筛子筛土，这样既能保证厚度均匀，还不会有大块的土撒到盘子里。

⑤ 浇水时，可以使用带莲蓬头的洒水壶。也可以将盘子放到盛有水的盆中，让水从盘底渗入给植物补充水分。然后将盘子放到育种箱中，或用玻璃盖住。遵照播种说明上对光照、温度等的指示，保证植物有适宜的生长环境。

金银花

别名：二宝腾、子风、银藤
科属：忍冬科忍冬属
分布区域：中国、日本、朝鲜

252. 金银花煤污病

症状表现：发病初，叶片产生黑色霉层，后逐渐增厚，严重时，融合成片，覆盖全叶。霉层呈薄片状，开裂或成片剥落。
发病规律：病菌在病残体上越冬，寄主出现蚜虫或粉虱的粪便或渗出物，刺激孢子萌发，进行侵染。在温暖、潮湿的环境下发病更为严重。
防治方法：出现介壳虫时用25%的扑虱灵可湿性粉剂2 000倍液；出现蚜虫时用10%吡虫啉可湿性粉剂2 000倍液；每半月用甲基托布津粉剂喷洒1次植株。

253. 金银花褐斑病

症状表现：病斑有两种。一种是病斑在叶片两面都可见。病斑的扩展受叶脉限制，融合成大型斑块。病斑正面呈浅灰色或浅褐色，边缘为暗色圈，叶背呈浅灰色。另一种是病斑呈圆形褐色，边缘不明显，叶斑融合后为棕色。
防治方法：①及时清除病株病叶并销毁。②药剂防治。喷洒50%百菌清500倍液或甲基托布津。

254. 尺蛾

症状表现：尺蛾专食叶片，会将叶片咬食得很零乱，甚至把叶片吃光，严重影响植株生长。幼虫咬食叶肉，留下上表皮，使叶面呈白色透明状。虫体沿叶片边缘向内蚕食。
防治方法：①及时清除病株病叶并销毁。②修剪枝叶，保持通风透气。③喷洒杀虫药剂防治。

255. 金银花炭疽病

症状表现：主要危害叶部，发病初，病叶上长出近圆形褐色病斑，不久会产生黑色小粒点，潮湿时，会有橙红色点状黏状物着生在叶片上。
防治方法：①进行轮作。②强化栽培管理，栽植前先将花盆进行消毒，选取无病土种植。③药物防治。发病前或发病初期可用国光英纳400～600倍液、国光必鲜（咪鲜胺）600～800倍液，或80%多菌灵800倍液喷施防治。

养花无忧小窍门

种植和养护金银花要注意哪些问题？

① 金银花以扦插的方式进行繁殖，选择粗壮健康的枝条，剪取长 20 厘米左右的枝段，摘掉下部叶片，将枝条插入泥土中，浇水。

② 扦插的枝条在生根前要放置在通风阴凉的地方，并保持土壤湿润，插条生根长叶后每半月要施加 1 次稀薄的有机肥。

③ 植株在生长期间，需要对枝条进行修剪，将弱枝、枯枝剪去，以利于主干生长得更加粗壮。当植物长至 30 厘米的时候，要剪去顶梢，以促进侧芽的生长。

④ 春季在植物发芽前，以及入冬之前，都需要给植物施加有机肥，并要培土保根。

⑤ 金银花要及时进行采收，收晚了就会导致品质下降。当花蕾由绿色变为白色，上部开始膨大时采收最好。选择在清晨或者上午采摘最为合适。

水仙

别名：凌波仙子、金盏银台、玉玲珑
科属：石蒜科水仙属
分布区域：原产亚洲东部的海滨温暖地区。现中国各地广泛栽培。

256. 鳞茎线虫病

症状表现：该病主要危害鳞茎，也会危害叶片。叶片染病后，产生黄褐色疱状斑，呈现畸形扭曲，严重时，植株枯萎而死。
发病规律：病原为甘薯茎线虫。病菌可在土壤和植株内存活。依靠流水和园艺工具而传播。
防治方法：①引种时严格控制带病鳞茎。②鳞茎处理。将种球放在43℃温水中浸泡3～4小时，或放在加0.5%福尔马林的43℃温水中浸泡3～4小时。用于栽培的鳞茎，一般不宜用热水处理。③及时清除病株并销毁。

257. 水仙鳞茎基腐病

症状表现：该病主要发生在地下部分，上面茎叶也有发生。生长期，染病初，根系变褐色，呈水渍状，后向上蔓延，出现粉色或白色丝状，并逐渐扩大。严重时，植株枯死。贮藏期发病，根部变褐腐烂，后变干腐。
防治方法：①仔细检查鳞茎，将有病鳞茎销毁。再将已选鳞茎处于通风干燥处放置。②在整个植株操作过程中要避免伤口的出现，以减少发病率。③施用药剂防治。发病初期喷淋30%恶霉灵水剂1 000倍液或70%敌磺钠可溶粉剂800～1 000倍液，用药时尽量采用浇灌法，让药液接触到受损的根茎部位，根据病情，可连用2～3次，间隔7～10天。

258. 水仙大褐斑病

症状表现：该病多发于叶端。染病初，为褐色小斑，后扩大为红褐色大斑。中国水仙发病时呈红褐色，周围不变黄。严重时，全叶干枯或死亡。
发病规律：病原为大褐斑菌，病菌在叶片上存活。借风雨传播，高湿、种植过密或花盆放置过密时都会使病害诱发。
防治方法：①及时清除病株病叶并销毁。②选取无病鳞茎作种球，保持通风透气。不要直接对植株浇水，防止病菌借水滴传播。③施用药剂。发病期可用1%波尔多液或75%百菌清500倍液或70%托布津1 000倍液喷施。

养花无忧小窍门

种植和养护水仙要注意哪些问题？

① 初冬时节选取直径 8 厘米以上的水仙种球，最好是表面有光泽、形状扁圆、下端大而肥厚、顶芽稍宽的。

② 洗净球体上的泥土，剥去褐色的皮膜，在阳光下晒 3 ~ 4 小时，然后在球的顶部划“十”字形刀口，再放入清水中浸泡 24 小时，然后将切口上流出的黏液洗净。

③ 将水仙球放在浅盆中，用石子固定，水加到球根下部 1/3 的位置，5 ~ 7 天后，球根就会长出白色的须根，之后新的叶片就会长出。

④ 上盆后，水仙每隔 2 ~ 3 天换水 1 次，长出花苞后，5 天左右换 1 次水即可，鳞茎发黄的部分用牙刷蘸水轻轻刷去。

⑤ 水仙开花期间，要控制好温度，并保证充足的光照，否则会造成开花不良或花朵萎蔫的现象。

⑥ 水仙花在一般的情况下不需要施加任何的肥料，可以在开花期间需要施一点点磷肥，这样可以使花得开得更加浓艳。

紫薇

别名：百日红、痒痒树、入惊儿树
科属：千屈菜科紫薇属
分布区域：中国及热带区域

259. 紫薇褐斑病

症状表现：该病主要危害叶片，一般从下部发病，逐渐向上蔓延。发病初，呈圆形或不规则状，后颜色加深，呈暗黑色。后期生出黑色小霉点。严重时，叶片变黄脱落。

发病规律：病原为千屈菜科假尾孢菌，病菌在病残体上越冬，借助风雨或气流传播，在高温高湿环境下，更易发病。

防治方法：①及时清除病株病叶并销毁。②及时修剪枝叶，保持通风透气。③施用药物防治。喷洒 50% 多菌灵可湿性粉剂 500 倍液、65% 代森锌可湿性粉剂 1 000 倍液或 75% 百菌清可湿性粉剂 800 倍液。

260. 紫薇煤污病

症状表现：该病主要危害叶片和枝条，病害从正面产生，后逐渐扩散到整个叶片，严重时叶片、枝条生满黑色粉状物。发病后，植株叶面出现大量黑色霉层，导致植株生长衰弱，提前落叶。

发病规律：病原菌以菌丝体或子囊座的形式在病枝、病叶上越冬。在高温、高湿的环境下，更易诱发此病。

防治方法：①及时修剪枝叶，保持通风透气。②对生长期遭受病害的植株，喷洒 50% 多菌灵 1 000 倍液，或喷洒 70% 甲基托布津 1 000 倍液进行防治。③及时防治介壳虫、粉虱、蚜虫，发现时，喷洒 50% 抗蚜威粉剂 2 000 倍液或 50% 辛硫磷乳油 1 500 倍液。

261. 黄刺蛾

症状表现：该虫分布极广，主要以幼虫形态啃食叶片、叶肉，被害叶呈网状，严重时将叶片吃光，影响树势生长。

发病规律：黄刺蛾分布广泛，以老熟幼虫在枝杈上越冬。病发期为 6 ~ 7 月，以 7 月为害最盛。

防治方法：①及时清除有白膜状的叶片并销毁。②灯光诱杀。成虫具有趋光性，可设置黑光灯诱杀成虫。③消灭老熟幼虫，在晚上老熟幼虫下地时将其杀灭。④消灭越冬的虫源。用各种方法消灭越冬茧。⑤施用药剂防治。⑥生物防治。喷洒 80% 敌敌畏乳油 1 000 倍液、50% 辛硫磷乳油 1 000 倍液或 2.5% 溴氰菊酯乳油 4 000 倍液防治。

262. 紫薇白粉病

症状表现：该病主要危害叶片，嫩梢和花蕾也会被侵染。发病初，叶片出现白色小粉斑，后扩大为圆形病斑，后期，白粉层变黄，最后变成黑色小粒点。

发病规律：病原为小钩丝壳菌，病菌附在病残体上，借助气流传播，生长季节造成二度侵染。该病主要发生在春季、秋季，尤以秋季最重。

防治方法：①及时清除病株病叶并销毁，生长季节摘除病叶、病芽和病梢。②喷洒药剂防治。喷洒80%代森锌可湿性粉剂500倍液或70%甲基托布津1 000倍液。

263. 长斑蚜

症状表现：该虫主要危害叶片，通常在叶背隐匿。被危害的植株发生扭曲，花芽发育受到抑制，花序缩短，生长受到影响。

发病规律：该虫以卵的形态在芽缝及枝杈上越冬。6月后虫口不断上升，成为虫害发生的高峰期，并随着气温增高产生翅蚜，会飞的蚜虫能扩散危害。

防治方法：①及时清除病株病叶并销毁。②强化栽培管理，保持通风透气，合理施肥。③生物防治。保护和利用天敌草蛉、瓢虫或食蚜蝇等。④药剂防治：喷洒10%吡虫啉可湿性粉剂2 000倍液。

养花无忧小窍门

（1）种植紫薇要注意哪些问题？

① 种植紫薇的土壤宜选择含有石灰质、有肥力、潮湿、排水通畅的沙质土壤。

② 紫薇可以采用播种法、扦插法和分株法进行繁殖。

③ 用播种法繁殖紫薇的步骤为：首先将紫薇花种埋入盆土中，覆一层细泥土，覆土厚度以看不到种子为准；然后浇透水分，再盖上一层薄膜；大约经过10天，紫薇就能萌芽，这时要马上把薄膜揭开，让其正常生长。

④ 紫薇移栽常在秋季落叶后至春季萌芽前进行，移植紫薇时尽量带土球移植，以保护须根。

（2）养护紫薇要注意哪些问题？

① 紫薇喜阳，在生长期内一定要接受充足的阳光照射。

② 紫薇能忍受干旱，不能忍受水涝，畏根部积聚太多的水。

③ 在春天发芽前对植株浇1～2次充足的水，在生长季节令土壤处于潮湿状态，如此就能大体上保障紫薇对水分的需求。

④ 紫薇嗜肥，早春需结合浇水施用1次春肥，最好是施用腐熟的有机肥，并配施磷肥；3月上旬需施用抽梢肥，将氮、磷、钾肥结合起来施用；5月下旬到6月上旬需施用磷、钾肥1次，能令枝条粗壮、叶片嫩绿，促使植株开花；7月下旬及9月上旬分别施用花期肥1次，适宜施用饼肥水，能令花朵颜色娇艳；进入秋天后需减少施肥量和施肥次数；冬天植株步入休眠状态后，不要再对其施用肥料。

玫瑰

别名：徘徊花、刺客、穿心玫瑰
科属：蔷薇科蔷薇属
原产地：中国华北地区

264. 玫瑰黑斑病

症状表现：该病主要危害叶片，发病初，叶片出现褐色斑点，后扩大为圆斑，边缘呈放射状，圆斑生出诸多黑点。

发病规律：病原为分生孢子，病菌在土壤中越冬，借助风雨进行传播。通风不畅、积水或光照不足都会加重病情。

防治方法：①及时清除病株病叶并销毁。②施用药剂防治。喷洒70%甲基托布津可湿性粉剂700～800倍液，或45%代森锰水剂1 500～2 000倍液或50%多菌灵可湿性粉剂500～800倍液。

265. 玫瑰锈病

症状表现：该病主要危害叶片和茎。染病后，枝瘦花少，后边缘焦枯叶片脱落，

发病规律：病原为冬孢子堆，病菌在病体上越冬。通风不良、栽植过密、积水或肥料过剩与不足都会使病情严重。

防治方法：①及时清除病株病叶并销毁。②施用药剂防治。喷洒50%甲基托布津可湿性粉剂800倍液、80%代森锰可湿性粉剂500～600倍稀释液或50%多菌灵可湿性粉剂1 000倍液。

266. 玫瑰白粉病

症状表现：该病主要危害叶片和花。染病后，叶片凸起呈白粉状，叶片有一层灰色的霉，严重时，花和叶枯萎脱落。

发病规律：病原为分生孢子堆，病菌借助空气进行传播，在高温高湿或干燥条件下，发病更为严重。

防治方法：①及时清除病株病叶并销毁。②强化栽培管理，保持通风透气，栽植不要过密。③增施磷钾肥，适当进行阳光照射。④定期喷洒药剂防治。用腈菌唑600倍液、百菌清800倍液等药剂防治。

267. 玫瑰霜霉病

症状表现：主要危害叶、茎、花和新梢，染病后叶片出现不规则小斑，呈紫色或棕黑色，茎、花和新梢染病后，也出现类似的斑点。干燥时看不到病源，湿度大时，发病部位会长出大量灰白色霉层。

防治方法：①选抗病品种，进行精心养护。②注意通风，将相对湿度控制在85%以下。③发病后及时喷洒72%克露等。

养花无忧小窍门

种植和养护玫瑰要注意哪些问题？

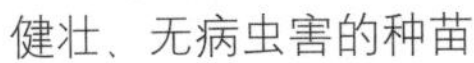

健壮、无病虫害的种苗

花卉市场或园艺店购买

① 玫瑰可使用种苗种植，也可以直接去花卉市场或园艺店购买，选择健壮、无病虫害的种苗栽培。

② 初冬或早春，将玫瑰种苗浅栽到容器中，覆土、浇水、遮阴，当新芽长出后即可移至阳光充足的地方。

③ 当玫瑰的花蕾充分膨大但未开放的时候就可以采摘了，阴干或晒干后可作花茶。

④ 开花后需要疏剪密枝、重叠枝；植株进入冬季休眠期后，需剪除其老枝、病枝和生长纤弱的枝条。

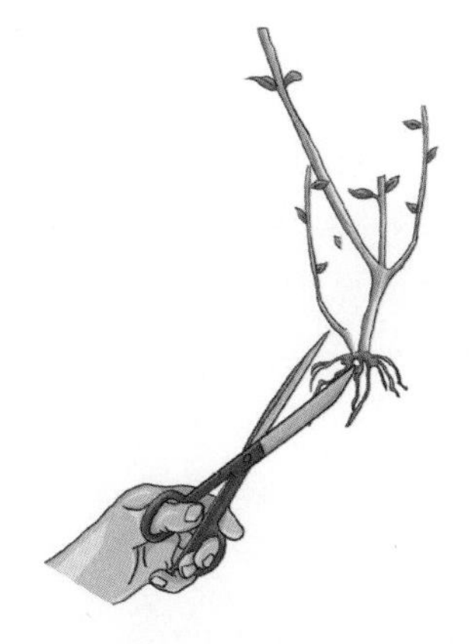

⑤ 盆栽种植的玫瑰通常每隔两年需要进行一次分株，分株最好选择在初冬落叶后或早春萌芽前进行。

丁香

别名：紫丁白、情客、百结
科属：木樨科丁香属
原产地：中国华北地区

268. 丁香花斑病

症状表现：该病主要危害叶片、嫩枝和花序，叶片从发病到结束共表现4种症状：①点斑。发病初，叶片出现褪绿斑点，边缘呈褐色。②花斑。点斑向外扩张，中心为灰白色，病斑呈散射波状线纹。③枯焦。病叶变褐，挂在枝条上。④星斗斑，病斑发展成褐色斑点。
发病规律：病原为丁香假单孢杆菌，病菌在枝条、叶片上越冬，借助风雨进行传播，从气孔和皮孔侵入。在多雨季节发病最重。幼苗期发病重。
防治方法：①及时清除病株病叶并销毁。②强化栽培管理，保持通风透气，注意排水。③避免创伤，避免施用过多的氮肥。④栽植花苗前，用福尔马林液浸泡。⑤药剂防治。发病初期喷施1∶1∶160的波尔多液，或在灌丛下，散布漂白粉或硫黄粉，用药量100克/株。

269. 丁香黑斑病

症状表现：该病主要危害叶片。发病初，病斑呈圆形轮纹状，后生出黑色霉状物。
防治方法：①及时清除病株病叶并销毁。②药剂防治。喷洒50%扑海因1 000倍液或75%百菌清600倍液。

270. 丁香白粉病

症状表现：发病初，产生粉状斑点，后扩大生成白色粉霉层病菌。后期，病菌变成灰尘色，产生黑色颗粒物。
防治方法：①及时清除病株病叶并销毁。②保持通风透气。③药剂防治。发病期喷洒25%粉锈宁800倍液或50%苯来特1 000倍液。

养花无忧小窍门

养护丁香要注意哪些问题？

① 丁香喜欢光照充足的环境，但不宜长期暴晒。
② 怕水涝，不宜浇水过多。
③ 4～6月气温较高、气候较干，也是丁香花长势强及开花繁密茂盛的一个时间段，需每月浇透水2～3次。
④ 丁香需肥量不大，不需对其施用太多肥料，不然会令枝条徒长，不利于开花。通常每年或隔年开花后施用1次磷钾肥和氮肥就可以了。

271. 火鹤花花叶病

症状表现：发病初，叶片出现褪绿症状，叶片扭曲，新叶生长迟缓，植株矮小，影响生长。

发病规律：病原为芋花叶病毒。借助蚜虫或汁液进行传播。

防治方法：①严格控制种苗的栽植，选取无病苗种。②及时清除病株病叶并销毁。③药剂防治。浇灌植病灵 300 倍液或双效微肥 200 ~ 300 倍液，每半月 1 次，连续 3 次。

272. 火鹤花炭疽病

症状表现：该病主要危害根部，通过系统侵染，阻塞疏导组织，引起植株黄化，严重时致使植株死亡。

发病规律：病原为镰刀菌、丝核菌等，在高温高湿环境下更易于发病。发病期为 6 ~ 10 月。

防治方法：①及时清除病株病叶并销毁。②选取无病品种，并避免人为伤害植株。③发病初，及时剪除叶片和嫩梢，喷洒 70%托布津 1 000 倍液或喷洒 75% 百菌清 600 倍液。

养花无忧小窍门

养护火鹤花要注意哪些问题？

① 火鹤花喜欢在有肥力、腐殖质丰富、土质松散、排水通畅的微酸性土壤或沙质土壤中生长，不能忍受盐碱土壤。

② 火鹤花喜欢温暖，不能抵御寒冷，对温度有比较高的要求。它的生长适宜温度白天是 25 ~ 30℃，晚上是 20 ~ 25℃，可以忍受的温度最高是 35℃，最低是 15℃。

③ 火鹤花喜欢潮湿，生长季节，盆土要“见干见湿”，要维持潮湿状态，忌水涝；在夏天气候干燥的时候，每日要朝植株的叶片表面及花盆四周地面喷洒 2 ~ 3 次清水，以增加空气湿度；进入秋天后要注意掌控浇水；冬天也不适宜浇太多水，令盆土维持略干燥状态就可以。

④ 在火鹤花的生长季节，可以每隔 1 ~ 2 周施用液肥 1 次，适宜把缓释肥与水溶性肥料结合到一起使用。进入秋天后不要再对植株施用肥料，以令其生长得健康壮实，便于过冬。

⑤ 火鹤花为耐阴性植物，喜欢半荫蔽的环境，怕强烈的阳光直接照射。春天和秋天可以把它置于房间里朝南的窗户周围护理；夏天在户外护理时要为它遮蔽 50% 的阳光，防止强烈的阳光久晒。

火鹤花

别名：花烛、红鹅掌、安祖花

科属：天南星科花烛属

原产地：南美洲热带地区

文心兰

别名：瘤瓣兰、金蝶兰、吉祥兰、跳舞兰
科属：文心兰属（金蝶兰属）
分布区域：美国、墨西哥等中南美洲的热带和亚热带地区

273. 文心兰白绢病

症状表现：该病发生广泛，病害主要在茎基部，发病初，茎部出现褐色病斑，后生出白色菌丝，不断向根际土壤及基部蔓延，致使植株死亡。

发病规律：病原为齐整小核菌，以菌核在土壤、病残体上越冬。通过雨水和土壤传播。

防治方法：①及时清除病株病叶并销毁。②保持通风透气。③药剂防治。用50%代森锌500～1 000倍液喷洒根际土壤，抑制病菌蔓延。

274. 文心兰花腐病

症状表现：该病主要危害花朵。发病初，花瓣出现细小褐色斑点，后变大增多，当出现室内高温或室外低温时更易发病。

发病规律：病原为灰葡萄孢菌。病菌在土壤中越冬，借助灌溉水、气流及园艺操作进行传播。在潮湿条件下形成大量分生孢子，多从伤口处侵染危害。

防治方法：①在温度较低的天气，保持室内干燥度。②喷洒1%石硫合剂或50%多菌灵500倍液。

教你一招

冬季怎么给植物浇水

冬季给植物浇水是个难点，受土壤偏干，植物好过冬观点的影响，很多人都选择冬天很少给植物浇水。但常会造成冬季过冬植物不是冻死，而是干死。

① 冬季花卉大都处于休眠期，确实应该控制浇水，但要有度。当土壤干燥时，也应浇水。怎么判断土壤是否干燥？当盆土发白，手摸发硬并能碾碎时，就是土壤干燥的信号，这时就需要浇水了。

② 冬季浇水时间一般应在晴天，并且在早上10点到下午1点之间，全天温度最高的时候。浇水的水温要尽量与土壤保持一致，差不多是15℃左右，水温达不到可适当加些热水。

③ 注意，“三九天”不浇水，寒潮来之前不浇水，以防冻土、冻枝叶。

275. 勿忘我炭疽病

症状表现：该病主要危害叶片、嫩茎和花朵。发病初，叶片及嫩茎出现黄褐色斑点，后扩大为圆形病斑，后期病斑生出小黑点。花朵感病，严重时枯竭而死。

发病规律：病原为真菌，病菌在病体上越冬。借助风雨从伤口处或自然孔口处侵入传播。

防治方法：①播种前对种子进行消毒。可将种子放在50%克菌丹500倍液浸泡，晾干后播种。②及时清除病株病叶并销毁。③药剂防治。发病期，喷洒75%百菌清600倍液或50%炭疽福美500倍液。

276. 勿忘我疫病

症状表现：该病主要危害根和根茎。染病后，根及根茎腐烂，地上部迅速枯萎死亡。

发病规律：病原为烟草疫霉。病菌附在病残体上越冬。借助风雨进行传播，地势低处或连作土地发病严重。

防治方法：①选取无病土壤栽培。②及时清除病株病叶并销毁。③药剂防治。发病初，用25%甲霜灵600倍液或80%乙磷铝500倍液进行喷洒。

如何判断植物喜阴还是喜阳

① 看枝叶疏密：枝叶小而密的多为半阴性花卉，如文竹、天门冬等；枝叶大而稀的多为阳性花卉，如一串红、彩叶草等。

② 看叶子形态：叶子呈针状的多为阳性花卉，如五针松、雪松等；叶子呈扁平鳞片状的多为阴性花卉，如侧柏、罗汉松等；常绿的阔叶花木多属阴性或半阴性，如万年青、山茶等；落叶的阔叶花木多属阳性花卉，如荷花、桃花等。

③ 看叶面革质：叶面革质较厚的大多属于耐阴的花卉，如兰花、君子兰等。

耐阴花卉君子兰

勿忘我

别名：勿忘草、星辰花、匙叶草

科属：白花丹科补血草属

分布区域：中国、俄罗斯、印度

香豌豆

别名：花豌豆、腐香豌豆
科属：豆科山黧豆属
分布区域：北温带、非洲热带、南美高山区

277. 香豌豆炭疽病

症状表现：该病主要危害茎、叶、花部位。感病后，叶片呈圆形，中央灰白色，边缘为褐色，严重时叶枯而亡。茎上为褐色长条形，致使嫩茎自上而下枯死。

防治方法：①选育健壮品种，提高抗病能力。②及时清除病株病叶并销毁。③药剂防治。发病初，喷洒1：1：200倍波尔多液或65%代森锌500倍液。

278. 香豌豆白粉病

症状表现：该病主要危害叶片。发病初，叶面出现白粉霉状，后逐渐增厚增多，最后叶黄脱落。受侵染的花也会发生变色或变形。

发病规律：病原为豌豆白粉菌。病菌附在病残体上越冬。借助风雨进行传播，在高湿、通风不畅条件下发病较重。

防治方法：①及时清除病株病叶并销毁。②药剂防治。发病初，喷洒20%粉锈宁4 000倍液或50%多菌灵500倍液。

279. 豆蚜

症状表现：该虫对豆科植物危害广泛。以成虫、若虫形态吸食汁液为主，致使植株生长迟缓、衰微。

防治方法：①数量较少时，用清水进行冲洗或人工刷除。②药剂防治。喷洒50%灭蚜灵1 500倍液或杀灭菊酯3 000倍液。

养花无忧小窍门

养护香豌豆要注意哪些问题？

① 香豌豆喜欢土质松散、有肥力、土层厚、排水通畅的沙质土壤，土壤的pH最好在6.5～7.5。

② 香豌豆采用播种法进行繁殖。春天和秋天都能进行播种。

③ 香豌豆的种子有硬粒，因此要在播种前用温水浸润约20个小时。

④ 然后将种子播入盆中，每盆播入种子2～3粒，然后放在温度约为20℃的房间内。

⑤ 香豌豆喜欢干燥，不能忍受水湿，怕水涝，通常每2～3天浇1次水就可以。

⑥ 香豌豆喜欢阳光照射，因此最好把盆花放在窗户前，并加强通风，以防植株疯长或花蕾凋落。

280. 晚香玉芽腐病

症状表现：由于块茎冬季贮藏管理不当，导致茎上主花芽腐烂，种植时不能开花。

发病规律：病原为孢囊梗和孢子囊。病菌在芽叶或根部，在病残体上越冬，借助浇水或雨水进行传播。在高湿、多雨条件下更易发病。

防治方法：种植前将其晾干，期间保持室内温度，不能使花芽受害。

281. 晚香玉叶枯病

症状表现：该病多从叶尖、叶缘处发病。发病初，叶片为褪绿黄斑，后扩大为不规则褐色病斑，后期叶枯，生出黑色粒点。

发病规律：病原为叶点霉真菌。病菌附在病残体上，借助风雨、灌溉水从伤口处进行传播。在高温、高湿的环境下更易发病。

防治方法：①及时清除病株病叶并销毁。②药剂防治。发病初，剪去病叶，喷洒50%多菌灵1000倍液，每半月1次，连喷3次。

养花无忧小窍门

种植和养护晚香玉要注意哪些问题？

① 种植晚香玉的土壤以有肥力、土质松散、排水通畅的沙壤土为宜。

② 晚香玉喜欢温暖的环境，略能抵御寒冷，不能忍受霜冻，生长适温白天是25～30℃，晚上是20～22℃。

③ 晚香玉喜欢光照充足的环境，因此应多放置于阳光充足处，但在夏季的中午应避免烈日暴晒。

④ 晚香玉喜欢潮湿，畏积水，平日令土壤维持较低的湿度就可以，不可积聚太多水。

⑤ 刚刚栽种后也不用浇太多水，以免造成植株徒长，不利于开花。

⑥ 花朵开放前期，需浇灌充足的水并令土壤维持潮湿状态。

⑦ 一般在种植1个月后要施用稀薄的腐熟饼肥1～2次；在夏天温度较高时，应严格控制追肥的施用量及浓度，以避免造成茎叶徒长；花茎抽生出来时和现蕾期间应分别施用1次磷肥和钾肥，能令植株茁壮、花朵繁多娇艳。

⑧ 立秋以后它的地上部分会干枯萎缩，应尽早把干枯发黄的茎叶剪掉，以避免耗费太多的养分。

晚香玉

别名：夜来香、月下香

科属：石蒜科晚香玉属

分布区域：原产墨西哥和南美洲，现中国多地也常见栽培观赏

樱花

别名：东京樱花、日本樱花
科属：蔷薇科樱属
原产地：日本

282. 樱花褐斑穿孔病

症状表现：该病主要危害叶片，还有新梢。发病初，叶片伤处呈褐色小点，后逐渐扩大为圆形病斑，中央为褐色或灰白色，边缘为紫褐色。后期叶片脱落。

发病规律：病原为核果尾孢菌。病菌在病体上越冬，借助风雨传播。温暖多雨更易发病，通风不畅、排水不畅时发病更为严重。

防治方法：①及时清除病株病叶并销毁。②增施有机肥料，保持通风透气，合理排水，植株栽植不要过密。③药剂防治。喷洒70%托布津1 000倍液。

283. 中国绿刺蛾

症状表现：该虫以幼虫和成虫进行危害。幼虫群居叶背吸食叶肉，初为灰白色网状斑点，后呈孔洞直至把叶片吃光。

防治方法：①摘除卵块和虫叶进行销毁。②消灭越冬虫茧。③药剂防治。喷洒50%辛硫磷1 000倍液或90%敌百虫800倍液防治进行防治。

284. 斑衣蜡蝉

症状表现：该虫以成、幼虫形态吸食汁液为主，使得嫩叶穿孔或破裂。1年发生1代，以卵的形态在枝干上越冬存活。

防治方法：施用药剂防治。喷洒50%辛硫磷1 200倍液。

285. 樱花根癌病

症状表现：该病发生普遍而且严重。受害部位多在根颈部，发病初，病部肿大，后扩展成球形大瘤状物。幼瘤为灰白色，后变硬，变为褐色并开裂。受病上部叶黄，严重时，全株死亡。

发病规律：病原为根癌土壤杆菌，病菌在土壤中存活，借雨水、灌溉水、操作工具从伤口处侵入进行传播。高湿、偏碱性的土壤中发病较为严重。

防治方法：①选取健壮植株进行育苗引种。②用氯化苦进行消毒。③发现病株应及时切除，再用波尔多液涂抹，或用甲冰碘液进行消毒。④嫁接用的刀应在高锰酸钾液中进行消毒。对嫁接的伤口要封好，尽量用芽接法嫁接。

硬枝扦插的方法

① 在花盆中装入扦插用土（含防腐剂）或播种用土，轻轻压实。

② 选择本季新生枝条，在枝条变硬前，剪下10～15厘米做插条（小型植物可适当短些）。应该选择有一定韧性的插条。

③ 以“节点”为切口，将枝条分为几段，用锋利的小刀削去“节点”以下的叶子，便于将枝条插入盆栽土中。

④ 插条刀口处蘸取适量生根剂，若是粉末状的生根剂，要先将插条末端蘸湿。

⑤ 用小铲子或铅笔在土中挖洞，放入插条至最底端叶子处。轻轻压实枝条周围的盆栽土。

⑥ 浇水（水中加入真菌抑制剂可降低插条腐烂的风险），贴上标签，放到暖箱中。若无暖箱，可用透明塑料袋套住花盆，要确保袋子不碰到植物叶子。然后将植物放到光照充足的地方，但要避免阳光直射。一旦插条生根稳定，就可以移栽到更大的花盆中。

茶梅

别名：茶梅花
科属：山茶科山茶属
分布区域：长江流域以南各省区

286. 茶梅轮斑病

症状表现：该病主要危害叶片，受害的叶片，病叶脱落，严重时致使植株衰弱。发病初，病斑呈圆形，褐色；后期病斑中心为灰白色，边缘呈褐色，病斑为黑色小粒点。
发病规律：病原为茶拟盘多毛孢真菌。病菌附在病残体上越冬，借助风雨传播。发病期为 5 ～ 8 月。
防治方法：①及时清除病株病叶并销毁。②药剂防治。喷洒 50%苯菌灵 1 000 倍液或 25%灭菌丹 400 倍液。

287. 茶梅炭疽病

症状表现：该病较为普遍，尤其是南方发病较重。受害严重时，叶片脱落，影响植株生长。该病主要危害叶片和新梢。发病初，呈褐色不规则病斑，后期中心变灰白色，生出黑色小点，列成轮纹状。
发病规律：病原为山茶刺盘孢，病菌在病体上越冬，借助风雨和昆虫从气孔或伤口处进行传播。
防治方法：①及时清除病株病叶并销毁。②保持通风透气，合理施用肥料，提高抗病能力。③从 4 ～ 5 月提前施药预防，喷洒 65%代森锌 600 倍液。④药剂防治。发病初，及时剪除叶片和嫩梢，喷洒 70%托布津 1 000 倍液。

288. 黑刺粉虱

症状表现：该虫主要危害叶片。幼虫群居叶背吸食汁液，染病叶片出现黄斑，严重时，叶片有数百虫。其排泄物会诱发煤污病，使叶片变黑，脱落甚至死亡。
防治方法：①及时清除病株病叶并销毁。②药剂防治。幼虫期，喷洒吡虫啉 1 000 倍液或吡蚜酮 1 000 倍液。

289. 茶蛾蜡蝉

症状表现：茶蛾蜡蝉主要以成虫和若虫的形态吸食汁液。卵在寄主中下部叶柄、枝梢和老叶上越冬，群居于叶背取食，长大后散居嫩梢。
防治方法：①冬季清除有虫枝叶并销毁。②喷洒药剂。在虫害期，喷施 50% 杀螟松乳油 1 000 倍液防治。

叶柄扦插法

扦插叶子是一种植物的繁殖方法，比扦插枝条更有趣，很多植物都可以通过这种方法繁殖，最为常见的通过扦插叶子繁殖的植物有非洲紫罗兰、观叶秋海棠属、扭果苣苔属以及虎尾兰属植物。

扦插叶子时要注意以下几点：有些叶子需要保留合适长度的叶柄便于扦插；有些叶子的叶片特别是叶脉受损处会长出新植株；有些叶片不必整张扦插到盆栽土（含防腐剂）上，将叶片切成方形的小块，单独扦插就可以成活。扭果苣苔属等植物的叶子又细又长，可以将叶片切成几段进行扦插。下面介绍叶柄扦插法步骤。

① 选择健康的成熟叶子，用锋利的小刀或刀片，将叶片连同5厘米左右的叶柄割下。

② 在花盘或花盆中装入促进生根的盆栽土（含防腐剂），用小铲子或铅笔挖洞。

③ 将叶柄插入洞中，将叶片留在土壤之上，轻轻按压叶柄周围的土壤固定叶子。一个花盘或花盆中可扦插多张叶子。

④ 把花盆放入暖箱或用透明塑料袋套住。确保叶子不接触暖箱或塑料袋，定期除去凝结的水珠。保证温暖湿润的生长环境，光照充足，避免阳光直射。一两个月后叶子就会长出新芽株，表示扦插成功。

金花茶

别名：黄色山茶
科属：山茶科山茶属
分布区域：中国的广西东南、西北部

290. 金花茶炭疽病

症状表现：该病主要危害叶片。发病初，受害叶片出现半圆形褐色病斑，后期病斑中心变成灰白色，边缘具轮纹状。最后，病部正反两面散生出小黑点，形成褐色线圈。

发病规律：病原为山花刺盘孢真菌。病菌附在病残体上越冬，借助风雨从气孔或伤口处传播。发病期为 6 ~ 9 月份。

防治方法：①及时清除病株病叶并销毁。②强化栽培管理，保持通风透气，保持适宜温度，增施磷钾肥。③药剂防治。每周 600 倍百菌清水溶液进行喷洒。

291. 金花茶赤枯病

症状表现：该病主要危害叶片。发病初，叶片呈褐色小斑，后蔓延形成褐色大斑。后期病斑散生黑色小粒点。

发病规律：病原为茶生叶霉真菌。病菌附在病残体上越冬，借助风雨进行传播。高温高湿环境下发病更为严重。

防治方法：①及时清除病株病叶并销毁。②药剂防治。喷洒 50%苯菌灵 1 000 倍液或 25%灭菌丹 400 倍液。

292. 金花茶白星病

症状表现：该病主要危害嫩叶、芽和嫩茎。发病初，叶面出现淡褐色小斑，后扩大为圆形小斑，边缘为褐色；后期，病斑连成大斑。嫩茎初为暗褐色，后期为灰白色，严重时枯萎而死。

发病规律：病原为茶叶叶点霉菌，病菌附在病体上越冬，借助风雨进行传播，在适宜生长条件下，产生分生孢子，进行再侵染。

防治方法：①及时清除病株病叶并销毁。②药剂防治。施用 75%百菌清 600 倍液、25%灭菌丹 400 倍液或 50%苯菌灵 1 000 倍液。

养花无忧小窍门

养护金花茶要注意哪些问题？

① 金花茶喜排水性良好的酸性土壤。
② 金花茶喜温暖湿润气候，温度过低会受冻害。
③ 金花茶在苗期喜荫蔽，花期则喜散射阳光。
④ 在植株的茎叶生长比较迅速时，要进行摘心整形，促使萌发新茎叶，保持株形优美。

293. 蚜虫

症状表现：该虫比较常见，一年可繁殖十几代或几十代。多集中在叶背及嫩茎上汲取汁液，受害的植株叶背呈不规则、卷曲症状，严重时枯萎而死。

防治方法：①加强管理，及时拔除病株并烧毁。②施用药剂。在蚜虫为害期喷洒40%氧化乐果1 200 ~ 2 000倍或40%乙酰甲胺磷1 000倍液。

294. 矮雪轮枯萎病

症状表现：该病主要危害根部和茎蔓基部。幼苗期发病导致叶子萎蔫或植枯而死，茎基部变褐色，后逐渐萎缩，严重时停止生长；成株发病时，初为病叶从下而上慢慢萎缩，之后很快死亡。

发病规律：病原为镰孢霉的真菌，病菌主要集中于病叶和病茎，借着风雨传播，通过伤口进行侵染。

防治方法：①强化栽培管理，保持通风透气，不要积水。②药剂防治。喷洒50%托布津600倍液进行防治。

教你一招

叶面切片扦插法

① 用锋利的小刀或刀片，沿主叶脉将叶片切成宽约为3厘米的长条。

② 将长条形叶片切成方形小叶片。

③ 花盘中放入生根盆栽土（含防腐剂），然后将小叶片插入土中，确保原来靠近主叶脉的一边朝下。

④ 一两个月后，这些切片就会长成新植株。待其生长稳定后再单独移栽到较大的花盆中。

矮雪轮

别名：大蔓樱花

科属：石竹科蝇子草属

分布区域：原产地中海沿岸。中国各地常见栽培。

半枝莲

别名：韩信草、赶山鞭、牙刷草
科属：唇形科黄芩属
分布区域：中国黄河以南各省区。东南亚、日本及朝鲜等国也有分布

295. 斜纹夜蛾

症状表现：斜纹夜蛾是一种暴食性害虫，主要以幼虫为害，食叶片、花蕾和花。初卵化的幼虫啃食叶背和叶肉，只留表皮呈透明斑，6天龄后，便进入暴食状态，疯狂咬食叶片，只留下主脉。

防治方法：①及时清除杂草，以破坏斜纹夜蛾化蛹场所。②利用成虫的趋光性，可点黑光灯诱杀。③药物防治。喷施21%灭杀毙乳油6 000～8 000倍液，每7～10天喷1次，连续喷2～3次。

296. 蚜虫

症状表现：该虫较为普遍而且危害较大。染病的花卉会损失大量的养分。有时蚜虫吸食后会引起花卉生长素过多或太少，引发叶片出现斑点、缩叶、卷叶等症状。另外，该虫分泌的排泄物会影响花卉的光合作用，滋生病菌，使其发生疾病。严重时导致植株死亡。

防治方法：药剂防治。喷洒吡虫啉1 000～2 000倍液进行防治。

教你一招

中脉扦插法

① 最好选择生长旺盛的植物，剪下健康、未受损的叶片。

② 将叶片反过来放在坚硬、干净的平面上，如玻璃板上，切成宽度不超过5厘米的小段。

③ 在花盘或较大的花盆中装入促进生根的盆栽土（含防腐剂），将叶片段插入土中大约2.5厘米左右。原来靠近中脉的一边朝下。叶片至少有1/3插入土中。一段时间后，土中会长出新植株，等到大小合适、方便移栽时将其移到较大的花盆中。

297. 潜叶蝇

症状表现：该虫以取食植株绿色组织为生，染病初，为不规则灰白色线状，严重时，基部叶片出现大量蛀道，致其枯萎而死。

防治方法：①潜叶蝇繁殖能力很强，同一作物，成虫、幼虫、卵、蛹常同时存在。注意及时清除杂草，消灭越冬和越夏的虫源。②还可以用黄板诱杀、灯光诱杀、纱网防虫等方法进行防治。③药剂防治，喷洒 40% 乐果 1 000 倍液。

298. 黑心菊根腐病

症状表现：发病初，一般只有个别支根和须根受害，后不断蔓延至主根，如果不注意防治，会使植株根部很快腐烂，导致植株萎蔫，尤其在高温下更为严重。严重时，无法恢复，致使植株死亡。

发病规律：该病是由于植株生长温度过低、湿度过大、通风不畅造成。发病期多在 3 ~ 5 月，5 月最为盛行。

防治方法：药剂防治。用 80% 的 402 乳油 1 500 倍液对植株进行灌根或喷洒 40% 根福宁 1 000 倍液。

如何在花盆中播种

① 在花盆中装入播种用土（含防腐剂），将土轻轻压实、压平整。

② 均匀播种。最简单的方法是用拇指和食指将种子均匀地撒到盆栽土中，就像平时烧菜时撒盐一样。除非种子很小，或有特殊说明，一般播完种后应撒上一层土，土的厚度和种子的直径差不多。

③ 使用浸润法浇水。将花盆浸在盛有水的容器中，确保水面不超过花盆上缘。待盆栽土表面湿润后取出花盆，自然排出多余的水。该方法也适用于细小的种子。

④ 将花盆放入暖箱中，或用玻璃盖住花盆。

黑心菊

别名：黑心金光菊、黑眼菊

科属：菊科金光菊属

分布区域：原产美国东部地区，中国各地常见栽培

蛾蝶花

别名：蝴蝶草、蛾蝶草、平民兰
科属：茄科蛾蝶花属
原产地：智利

299. 蛾蝶花灰霉病

症状表现：该病主要危害花、叶和茎。一般叶片和叶柄呈灰白色，水渍状，高温高湿下叶片产生灰霉，致使植株腐烂死亡。

发病规律：病原为灰葡萄孢霉真菌。病菌在植物残体或土壤里越冬，借助风雨、水流、农具和植物残体传播。在高湿、多雨条件下更易发病。

防治方法：①及时清除病株病叶并销毁。②保持通风透气。

300. 蛾蝶花菌核病

症状表现：该病主要危害茎组织。染病植株会逐渐枯萎，最终死亡。发病以后，花的病茎和病叶会产生大量菌核，菌核会落入土壤或混合在种子中越冬。

发病规律：该病由核盘菌侵染所致。菌核在土壤中附在病残体上越冬，借风雨传播，在高湿高温条件下更易发病。

防治方法：①及时清除病株病叶并销毁。②强化栽培管理，保持通风透气，注意排水处理。③药剂防治。喷洒 70% 代森锰锌 500 倍液。

修剪三法

① 摘心：也叫去尖、打顶，是将花卉植株的主芽或侧芽的顶梢去掉，促使下部腋芽萌发，能抑制植株徒长，促使植株多分枝，使株形优美。

② 抹头：一些植株因过于高大，种在室内有些困难，这时就要对植株进行修剪。通常在春季新枝萌芽前将植株上部全部剪掉，即为抹头，抹头时留多少主干视花卉种类而定。

③ 疏剪：当花卉植株生长旺盛，导致枝叶过密，就应该适时地疏剪其部分枝条。可疏剪枝条、叶、蕾、花、不定芽等；还应经常疏剪植株上枯黄的枝条、叶片和受虫害的叶片，使植株整齐美观。

摘心

301. 风铃草锈病

症状表现：该病主要危害叶和茎，发病初，植株部分出现小孢点或毛状物，严重时致使植株体内缺水而枯死。

防治方法：①栽培时要合理轮作。②药剂防治。喷洒50%多菌灵1 500倍液。

302. 蚜虫

症状表现：该虫繁殖能力强，比较常见。其分泌物不仅对花卉的生长有很大的阻碍作用，还会引起其他的花卉疾病。受害植株叶背出现不规则卷曲、脱落等症状，严重时植株枯萎而死。

防治方法：药剂防治。施用吡虫啉1 000～2 000倍液防治。

303. 风铃草叶斑病

症状表现：该病主要危害叶片、叶柄和茎部。发病时植株叶面出现不规则斑点，后扩大并连成大片病斑。

发病规律：该病病菌附在土壤中越冬，次年对植株进行侵害。通风不畅、在高湿、植株过密条件下更易发病。

防治方法：①及时清除病株病叶并销毁。②药剂防治。发病初，喷洒25%多菌灵500倍液、70%代森锰500倍液或50%托布津1 000倍液。

教你一招

不是所有植物都适合无土栽培

① 无土栽培不是万能的，并不适用于所有植物。长日照植物就不适合无土栽培，在强光的照射下，盆内的水分容易蒸发，很容易使植株缺水，并发生烧根现象。

② 多肉植物，像仙人掌、山地玫瑰、景天等，这类植物叶子本身就能贮水，极耐干旱，不需要无土栽培。

③ 喜高温的植物也不能无土栽培，因为温度高的话，盆内水温也会升高，会导致烂根。

④ 所以，进行无土栽培前，要对所选择植物的习性有些了解，再考虑是否适宜无土栽培。

风铃草

别名：钟花、风铃花、瓦筒花

科属：桔梗科风铃草属

原产地：原产南欧，现中国各地有栽培

勋章菊

别名：勋章花、非洲太阳花
科属：菊科勋章菊属
原产地：南非和莫桑比克

304. 勋章菊根腐病

症状表现：染病后，根尖出现水渍状褐斑，并不断向基部和茎节扩展，使表层腐烂，植株嫩叶干枯，叶片脱水，致使植株死亡。

发病规律：病原为镰孢霉属真菌，病菌在土壤中和病残体上存活，从伤口入侵，在高湿高温条件下、土壤呈碱性时，都易诱发此病。

防治方法：①选取优良抗病品种进行种植。②及时清除病株并销毁。③合理浇水，控制土壤湿度，保持通风透气。④增施有机肥或有机质，提高抗病性。

305. 勋章菊叶斑病

症状表现：发病初，叶片生出褐色病斑，后期叶黄脱落，严重时，影响植株生长甚至全株死亡。

发病规律：病原为镰刀菌，病菌附在病残体上越冬，借助风雨传播。排水不畅、通风不佳更易诱发此病。

防治方法：①保持通风透气，注意排水要通畅。②药剂防治。发病初，喷洒75%达科宁600倍液、80%大生600倍液或50%扑海因1 000倍液。

306. 蚜虫

症状表现：该虫比较常见，而且其危害花卉时分泌的排泄物会阻碍植株生长，并易于发生疾病。受害叶背出现不规则卷曲、脱落症状，严重时植株枯萎而死。

防治方法：①量少时，可用水进行冲洗或将受害部分摘除。②药剂防治。喷洒50%杀螟松乳油1 000倍液、20%杀灭菊酯乳油2 500倍液或吡虫啉1 000倍液。

养花无忧小窍门

养护勋章菊要注意哪些问题？

① 种植勋章菊易选用疏松肥沃、排水性良好的沙壤土。

② 勋章菊喜温暖干燥，不耐寒，能耐高温，温度在30℃以上，仍然正常生长。过冬温度不能低于5℃，否则会受冻害。

③ 勋章菊喜阳光，生长期和开花期都需要充足的阳光，阳光充足，则花色大而艳丽；如光照不足，叶片会变柔软，花蕾减少，花朵变小。

④ 勋章菊茎叶生长期需保持土壤湿润，但不能积水，否则不利于生长和开花。

瓶状花箱植物种植法

密闭的玻璃瓶也可以种植植物，瓶内水分蒸发后凝结于瓶壁，再沿瓶壁流下循环利用。一些在普通室内环境中很难成活的植物，可以用此法种植。这些植物植株较小，但对生长环境的要求很高，瓶装花箱恰恰能满足这一条件。瓶状花箱还能以特有的方式展示各式各样的植物，具有很好的装饰作用，肯定能让客人啧啧赞叹。

密闭式瓶状花箱中的植物，包括不易成活的卷柏笋蕨类植物，即使无人养护也能维持数月，因此你可以放心外出度假。开放式瓶状花箱浇水需小心，如果种的是观花植物或生长速度较快的植物，还需要定期摘除枯花、修枝剪叶。

① 在干净的瓶子底部铺上一层木屑、鹅卵石或沙砾，用厚纸片或薄纸板卷成漏斗加入盆栽土。

② 移植小型植物。尽可能移除植物根部连带的培养土，方便放入瓶子。瓶口较大的花箱容易放入植物。

③ 压实植物根部附近的盆栽土（可借助绑在园艺棒上的棉线团），喷水雾润湿植物和盆栽土，并将附着在瓶壁上的盆栽土冲刷干净。

秋英

别名：波斯菊、大波斯菊
科属：菊科秋英属
分布区域：原产墨西哥，中国各地常见栽培

307. 金龟子

症状表现：金龟子幼虫被称为"蛴螬"，为地下害虫。主要啃食植物的根和茎或幼苗地下部分。

防治方法：药剂防治。可用48%毒死蜱长效缓释剂兑水喷淋灌根。或用40%辛硫磷傍晚前后随水浇灌，能有效控制蛴螬的危害。

308. 秋英叶斑病

症状表现：该病比较常见，发病初，叶片布满褐色病斑，后期叶黄脱落，严重时影响生长甚至导致植株死亡。

发病规律：病原为镰刀菌，病斑附在病残体上越冬，次年进行侵染。排水不畅或通风不畅时更易发病。

防治方法：①保持通风透气，排水通畅。②药剂防治。发病初，喷洒50%扑海因1000倍液、50%达科宁600倍液或80%大生粉剂600倍液。

309. 秋英白粉病

症状表现：该病主要危害叶片，还有茎。发病初，叶片出现黄色小斑，后扩大成圆形病斑，叶片表面产生白色粉状霉层。发病期为3～4月。

防治方法：药剂防治。施用15%粉锈宁粉剂、20%粉锈宁或25%病虫灵乳油兑水进行喷洒。

养花无忧小窍门

养护秋英要注意哪些问题？

① 秋英喜阳光耐干旱，对土壤要求不严，管理可粗放。

② 秋英性强健，不能种植在肥沃的土壤中，否则易引起枝叶徒长，影响开花质量。秋英对肥料要求也不高，除栽植时施以基肥，生长期不用施肥，否则会引起枝叶徒长，开花减少。

③ 秋英植株高大，在迎风处种植应设支柱防止倒伏和折损，并要对植株进行矮化处理。即在小苗长到20～30厘米高时，要及时去顶，新生顶芽长出后，要连续数次摘心，植株即可矮化。

310. 白鹤芋炭疽病

症状表现：该病主要危害叶片。发病后，叶片成段或整株枯萎，病部生出黑色小点。潮湿时生出粉红色胶状物，严重时影响生长。高温高湿更易发病。

防治方法：①科学浇水，禁止淋浇，保持通风透气。②药剂防治。喷洒80%炭疽福美或75%百菌清800倍液。

311. 白鹤芋细菌性叶斑病

症状表现：该病主要危害叶片。发病初叶面呈水渍状斑点，中心为浅黄褐色，后扩大为不规则病斑。天气潮湿时，表现为湿腐斑。

发病规律：病原为丁香假单孢杆菌。适宜28℃的环境，种子带菌。老叶易感染。品种抗病性差异大。

防治方法：①选取无病种苗，用无病菌的土壤育苗。②及时清除病株病叶并销毁。③保持通风透气，降低棚室湿度。④药剂防治。喷洒75%百菌清800倍液或65%代森锌粉剂500倍液。

养花无忧小窍门

（1）白鹤芋繁殖方法是怎样的？

① 在早春新芽萌生出来之前把全株由盆里磕出来。

② 先剔除根际的陈土。

③ 用锋利的刀在株丛基部把根茎切分开，令每一个分开的小株丛最少要有3个芽，并尽可能多带一些根，这样对新株比较迅速地抽生新的叶片有利。

④ 分别栽植上盆就可以。

（2）养护白鹤芋要注意哪些问题？

① 白鹤芋对土壤没有严格的要求，然而最适宜在有肥力、土质松散、腐殖质丰富且排水通畅的沙质土壤中生长，不喜黏重的土壤。

② 白鹤芋喜欢温暖，能忍受较高的温度，不能抵御极度的寒冷。它的生长适宜温度是22～28℃。

③ 白鹤芋畏强烈的阳光久晒，比较能忍受荫蔽，仅需约60%的散射光便可满足生长的需求。

④ 白鹤芋的叶片比较宽大，对湿度的反应较为灵敏。在生长季节需令盆土维持潮湿状态，然而不可积聚太多的水。夏天及天气干旱时，需时常朝叶片表面及植株四周地面喷洒水，提高空气湿度。

白鹤芋

别名：白掌、一帆风顺
科属：天南星科白鹤芋属
原产地：美洲哥伦比亚

荷包花

别名：元宝花、状元花、蒲包花
科属：玄参科蒲包花属
分布区域：原产墨西哥、秘鲁、智利等地，中国各地常见栽培

312. 蚜虫

症状表现：该虫繁殖较快，危害相对较大。蚜虫危害时，花卉有三个方面的影响：①引起花卉畸形生长。②引起花卉营养恶化。③分泌出的排泄物的污染。

防治方法：药剂防治。用40%氧化乐果1 500倍液防治。

313. 荷包花根叶腐烂病

症状表现：该病主要危害幼苗根部，也会侵染成株。发病初，根尖出现水渍状病斑，后变成褐色腐烂。最后蔓延到茎部，造成幼苗死亡。

发病规律：病原为真菌。病菌防治病残体上或土壤中越冬，借助风雨和浇水进行传播。高温、高湿、排水不畅易于发病。

防治方法：①及时清除病株病叶并进行销毁。②保持通风透气，注意浇水排水。③药剂防治。发病初，施用30%托布津500倍液或50%多菌灵500倍液。

教你一招

植物清洁叶片办法

① 盆栽植物，很容易吸附灰尘，这一方面会阻塞叶片上的毛孔，不仅使植物无法从空气中吸收水分和氧气，还会使植物无法将植物内多余的水分蒸发掉；另一方面，还会使植物看起来脏兮兮的。所以，应及时除去植物叶片上的灰尘，这样才能使植株保持美观，很好地发挥其净化室内空气的作用。

② 清洁叶片的方法有喷水法：用喷雾器的水流冲击力冲走叶片上的灰尘；擦拭法：将海锦或抹布打湿，轻轻将叶片上的灰尘擦拭干净；毛刷法：用软毛刷将叶片上的灰尘刷干净。

③ 注意使用喷水法除去叶片上的灰尘时，尽量不要将水喷在花朵上，因为花朵遇水易枯萎腐烂，还有可能造成受粉效果差，影响结果。而多肉植物及叶片带有绒毛的植物，不适合用喷水法去叶片上的灰尘，因为这两类植物的叶片一旦被水打湿，很难蒸发，容易使叶子腐烂，推荐用毛刷法。

314. 红蜘蛛

症状表现：红蜘蛛常见于高温低湿的环境，主要以吸取植株汁液为主，受害植株会因此发生生理性或病理性疾病。一般情况下，病斑出现变色、变形。此外，红蜘蛛本身也传播疾病，而且后果很严重。

防治方法：①红蜘蛛个体很小，极难察觉，常群集于叶片背面，一旦发现时，受害已经比较严重了。所以平时应留心观察，假如发生叶子颜色发生异常，应检查叶背，看是否发生了，红蜘蛛危害。②少量时，人工摘除病叶并销毁。③较多时，用药剂喷洒，喷洒克螨特1 000倍液。

315. 鼠害

症状表现：老鼠主要啃食植株的成熟花序，导致植株生长受到很大限制，而且老鼠身上病菌较多，因此还会传播其他疾病，非常不利于植株健康生长。

防治方法：①露养时，将老鼠夹放在植株根部的土壤处进行灭鼠。②及时摘除成熟花序，除顶部外，发黄苞片也要及时摘除。最后将植株割去，倒立晾干后取出果实。

夏季给植物浇水要注意哪些问题

① 夏季给植物浇水要避开正午，因为正午是一天中温度最高的时候，假如在正午浇水，在太阳的炙烤下，水温会迅速增加，很容易超过植物根部耐受度，会让植株受伤。而强烈的日照还会透过溅到叶上的水珠灼伤叶片，形成日烧现象。

② 夏季给植物浇水最好的时机应该在早晨阳光还不太强的时候，这时要是给植株浇足水，等阳光出来，植物就会充分发散，将土里的水分由根部吸引向上，流到植物茎叶的每一处。当然，如果早上没时间，傍晚和前一天晚上给植株浇水也是可行的。

③ 夏天浇水如果用自来水，应先晾晒1天，不仅使水里的氯气挥发掉，还使水温更接近土温，这时再浇会比较好。

④ 夏季由于土温高，盆栽植物在阵雨后必须及时浇水，好排除盆土里的湿热，降低盆土温度。下暴雨后，盆内若积水，要及时倒出，否则易造成烂根。

千日红

别名：火球花、百日红

科属：苋科千日红属

分布区域：热带和亚热带地区

白头翁

别名：菊菊苗、猫爪子花、老翁花
科属：毛茛科白头翁属
分布区域：中国北方各省

316. 粉虱

症状表现：该虫以成虫、幼虫形态为害为主，且它们喜欢群居嫩叶背。叶背处常有卵、若虫、蛹和成虫存在。受害植株会因此叶黄干枯后死亡。该虫不仅会诱发煤污病，还会传播病毒病。发病期 6 ~ 7 月最为严重。

防治方法：药剂防治。喷洒 50% 杀螟松 1 000 倍液。

317. 白头翁斑枯病

症状表现：该病主要危害叶片。发病初，叶面呈青白色斑点，后扩大成黄褐色圆斑。后期病斑呈灰褐色，表面生出黑色粒点。病斑较多时，叶黄枯死。茎与花瓣受害呈纺锤形。

发病规律：病原为真菌。病菌附在病残体上，借助风雨传播。发病时从下部叶片开始向上蔓延。通风不畅和栽植过密更易发病。

防治方法：①及时清除病株病叶并销毁。②施用药物防治。喷洒 50% 多菌灵粉剂 1 000 倍液或 80% 代森锌粉剂 600 倍液。

教你一招

植物浇水过多的急救

① 先将植物取出花盆。若不易取出，可捏住植物靠近根部的地方，将花盆倒置，轻轻敲打花盆壁。

② 在根团上包上几层吸水纸，吸收盆栽土中多余水分。

③ 包上更多吸水纸，将植物放在较为暖和的位置。若仍有水渗出，定期更换吸水纸。

④ 直到盆栽土湿度合适，才能将植物移植到花盆中，1 周后再适当浇水。

318. 玻璃翠茎腐病

症状表现：该病主要危害茎基部，也会侵染叶片。发病初，植株茎基部出现水渍状小斑，后逐渐扩大为褐色不规则病斑，后期为黑暗色腐烂。

发病规律：病原为立枯丝核菌。病菌附在病残体上越冬，高湿、多雨时发病严重。

防治方法：①及时清除病株病叶并销毁。②增施磷钾肥，提高植株抗病能力。并保证排水通畅。③对土壤进行处理，施用25%敌克松或代森锌对土壤进行消毒。④药剂防治。喷洒70%高锰酸钾1 200倍液或70%敌克松800倍液。

319. 玻璃翠白粉病

症状表现：病害主要发生在叶片和嫩梢上。一般在6月开始发生，7月以后叶面布满白色粉层。随后，在白粉层中形成黄色小粒点，颜色逐渐变深，最后呈黑褐色。

防治方法：①栽植不过密，适当通风，加强肥水管理，增强植株的抗病力。②将病叶、病株清除，集中销毁，减少传染源。③发病期间用15%粉锈宁可湿性粉剂1 000～1 200倍液，或70%甲基托布津可湿性粉剂1 000倍液防治。

教你一招

配营养土的材料和一些特殊土壤的配制方法

① 配制花卉营养土的材料主要有：山区黑壤土、腐叶土、泥炭土、河沙（或素沙土）、木屑（或锯木）、腐叶（粉碎）、松针（粉碎）等。配制花卉营养土时所选材料数量按体积比进行选料。

② 中性花卉营养土的配制：以黑壤土3份、腐叶土3份、泥炭土3份、腐叶1份、松针1份混合，适用于栽培大多数花卉。

③ 酸性花卉营养土的配制：取落叶松林下的表土5份、落叶2份、泥炭土2份、河沙1份混合，适用于南方喜酸性土花卉，如山茶、杜鹃、米兰。

玻璃翠

别名：矮凤仙、非洲凤仙花

科属：凤仙花科凤仙花属

分布区域：原产非洲东部，中国各地常见栽培

玉簪

别名：玉春棒、白鹤花、白玉簪
科属：百合科玉簪属
分布区域：中国、日本

320. 玉簪病毒病

症状表现：植株发病时，有三种表现：①变色。主要以花叶和黄化为主。②坏死。病毒损害植株器官，引起植株死亡。③畸形。染病后花卉卷叶、萎缩等。

发病规律：病原为黄瓜花叶病毒，通过枝叶摩擦、蚜虫和人工操作进行传播，有时种子本身也带毒。

防治方法：施用药剂防治。喷洒 65% 代森锌粉剂 800 倍液或 1% 波尔多液。

321. 玉簪炭疽病

症状表现：该病主要危害叶片。发病初，出现小斑点，周围为黄色晕环，后扩大为圆形病斑并相连成大斑块。病斑中央为灰白色，边缘为暗褐色。缺水、缺肥、叶黄时更易染病。

防治方法：①及时清除病株病叶并销毁。②适时浇水施肥，增强抗病能力。③药剂防治。发病时可用 50% 代森锰锌 600 倍液、70% 甲基托布津 800 倍液或 50% 多菌灵 600 倍液，每 10 天 1 次，一般 3 次即可。

养花无忧小窍门

养护玉簪要注意哪些问题？

① 玉簪适合生长在富含腐殖质、疏松、通透性强的沙质土中。

② 玉簪喜欢温暖的气候，但在夏季高温季节生长缓慢。夏季可通过加强空气对流或将其周围地面喷湿的办法来降低环境温度。

③ 冬天环境温度低于 0℃时，最好将玉簪放在温暖的室内。来年 3 ~ 4 月温度回升时，可将其搬至室外。

④ 春、秋、冬三季阳光不是太强烈，可将玉簪置于能直接接受阳光照射的地方。玉簪夏季高温时节要避免阳光直射，否则植株叶片容易发黄、焦枯。

⑤ 夏季时，玉簪浇水要勤，最好早上 9 点之前、下午 4 点之后各浇 1 次水。温度较低的天气或者阴雨天则少浇或不浇。注意花盆内不要积水。

⑥ 春季，玉簪生长速度较快，并逐渐进入开花期，对肥水要求很大，可 1 周左右为其施肥 1 次。冬季，玉簪生长较慢，对肥水要求不多，可间隔 1 ~ 2 个月为其施肥 1 次。

⑦ 玉簪的枝叶过于浓密时应修剪掉一些，以免通风不佳导致整株死亡。

干枯植物的急救措施

① 如果植物叶子像图中一样打卷儿，很可能是由盆栽土过于干燥引起的。但也不能下定论，最好先摸一摸盆栽土，因为浇水过多也会引起叶子卷曲。

② 若确定是由缺水引起的，可将花盆浸在盛有水的容器中，直到水中不再冒气泡为止。

③ 几小时后植物才能恢复正常。经常给植物喷水雾能加速枯萎植物复原。

④ 植物恢复正常后，从水盆中取出，在阴凉处至少放置1天。

紫叶酢浆草

别名：红叶酢浆草、三角酢浆草、酸酸草
科属：酢浆草科酢浆草属
原产地：巴西

322. 红蜘蛛

症状表现：红蜘蛛主要危害叶片，使得叶片褪绿出现病斑，后枯黄和脱落，严重时导致植株死亡。
防治方法：药剂防治。喷洒 20% 三氯杀螨砜 600 倍液或 40% 三氯杀螨醇乳油 1 200 倍液。

323. 紫叶酢浆草灰霉病

症状表现：该病主要危害叶片。发病初，叶尖变色，叶面腐烂。病部出现灰色霉层。后期，霉层上产生针头大小的菌核。
发病规律：病原为灰霉引起的真菌，病菌附在病残体或土壤上越冬，借助风雨进行传播。高湿、多雨更易发病。
防治方法：①及时清除病株病叶并销毁。②药剂防治。发病初，喷洒 75% 百菌清 800 倍液或 80% 代森锌粉剂 500 倍液。

幼儿室内适宜摆放的花草

① 绿色植物。绿色植物可以让幼儿产生很好的视觉体验，使其对大自然产生浓厚的兴趣。与此同时，许多绿色植物还具有减轻或消除污染、净化空气的作用，如吊兰被公认为室内空气净化器，如果在幼儿室内摆设一盆吊兰，可及时将房间里的一氧化碳、二氧化碳、甲醛等有害气体吸收掉。
② 盆栽的赏叶植物。无花的植物不会因传播花粉和香气而损伤幼儿的呼吸道，无刺的植物不会刺伤幼儿的皮肤，它们都比较合适摆放在幼儿室内，比如绿萝、彩叶草、常春藤等。

324. 鸳鸯美人蕉黑斑病

症状表现：该病主要危害叶片。感病后，叶面出现黄色斑点，后扩大为圆形褐斑，严重时致使叶片枯死。

发病规律：病原为链格孢真菌。病菌附在病体上越冬，借助风雨传播，发病期为 5 ~ 8 月，以 7、8 月最为严重。

防治方法：①选取无病品种育苗。②及时清除病株病叶并销毁。③保持土壤良好的排水性。④药剂防治。播种前，喷洒 50% 多菌灵粉剂 1 000 倍液，发病初，喷洒 50% 福美双 1 000 倍液或 60% 代森锰锌 500 倍液。

325. 蕉苞虫

症状表现：该虫主要危害叶片。初期，蚕食叶片，严重时使得叶片残缺不全，影响生长和开花。

防治方法：①及时清除虫苞并销毁。②及时清除病株病叶并销毁。③药剂防治。喷洒 50% 杀螟松 500 倍液，或 40% 氧化乐果 100 倍液。

养花无忧小窍门

（1）鸳鸯美人蕉繁殖方法是什么？

① 鸳鸯美人蕉可采用插枝方式进行繁殖。截取一段鸳鸯美人蕉的根茎，根茎上必须保留 2 ~ 3 个芽。

② 将土壤移入花盆中，再将鸳鸯美人蕉的根茎插入土壤，深度为 8 ~ 10 厘米，栽好后浇透水。

③ 当鸳鸯美人蕉的叶子伸展到 30 ~ 40 厘米后，需进行 1 次平茬（即将茎秆全部截剪，不留任何枝叶）。

④ 平茬后每周施 2 次稀薄的有机肥液肥，并保持土壤湿润，大约 30 天后就会开出花朵。

（2）养护鸳鸯美人蕉要注意哪些问题？

① 鸳鸯美人蕉喜欢土层厚、有肥力的土壤，需选用土质松散、排水通畅的沙质土。

② 鸳鸯美人蕉喜欢较高的温度，生长适温是 15 ~ 28℃，如果温度在 10℃以下则对其生长不利。

③ 鸳鸯美人蕉喜欢光照充足的环境，并能长时间耐烈日暴晒，因此要多让其接受日光照射。

④ 鸳鸯美人蕉刚刚栽种时要勤浇水，每天浇 1 次，但水量不宜过多。干旱时，应多向枝叶喷水，以增加湿度。

鸳鸯美人蕉

别名：红艳蕉、小花美人蕉、小芭蕉
科属：美人蕉科美人蕉属
原产地：美洲热带和亚热带地区

紫荆

别名：满条红、苏芳花、紫株
科属：豆科紫荆属
分布区域：中国多省均有种植

326. 紫荆叶枯病

症状表现：该病主要危害叶片。发病初，病斑集中在叶缘，呈红褐色圆形，后扩大为不规则大斑。老的发病部位产生黑色小点，先在叶组织中后突出在表皮上。

发病规律：病原为紫荆生叶点霉菌。病菌附在病叶上越冬，新叶展开就可染病，在6月有大量病斑。

防治方法：①及时清除病株病叶并销毁。②药剂防治。展叶后，喷洒50%甲基托布津800倍液或50%多菌灵800倍液。发病初，喷洒必菌杀800倍液，严重时，喷洒喷克菌2 500倍液或阿米西达杀菌剂。

327. 扁刺蛾

症状表现：该虫以幼虫取食叶片为主，开始时取食叶肉，残留下表皮，最后全叶食尽。

发病规律：扁刺蛾在北方年生1代，长江下游年生2代，少数地方年生3代。1代幼虫发生期为5～7月，2代幼虫发生期为7～9月，3代幼虫发生期为9～10月。

防治方法：①灯光诱杀。②农业防治：及时清理树基土壤中的虫茧。③药剂防治。幼虫多发期，喷洒50%马拉硫磷1 000倍液、50%辛硫磷1 000倍液或5%来福灵乳油3 000倍液。虫较多时施用药剂防治。通常在幼虫分散危害前用药。比如50%杀螟松1 500倍液、50%马拉松乳油1 600倍液或80%敌敌畏1 200倍液。

328. 紫荆角斑病

症状表现：该病发生较为普遍，发病初，叶片呈褐色小点，后扩大，形成褐色或黑褐色多角形斑。后期病斑产生绿色粉状物。严重时，叶枯脱落。

发病规律：病原为半知菌类尾孢霉菌和粗尾孢霉菌。病菌在病叶上越冬，借助风雨传播。病菌多从下部染病，逐渐向上蔓延。7月发病，8月落叶，9月枝叶完全脱落。严重时，枝梢死亡。

防治方法：①及时清除病株病叶并销毁。②合理施肥，提高抗病性。③药剂防治。展叶前喷洒70%代森锰锌800倍液或50%多菌灵500倍液。发病时喷洒70%代森锰锌粉剂1 000倍液或50%多菌灵粉剂800倍液。

329. 丽绿刺蛾

症状表现：该虫主要为低龄幼虫食害表皮叶肉，致使叶片出现黄色斑块。大龄幼虫食害严重时将叶片吃光，影响生长。

发病规律：该虫1年2代。幼虫危害期在6～7月，成虫有趋光性。其天敌有爪哇刺蛾寄蝇。

防治方法：①幼虫期进行人工捕杀。②利用黑光灯诱杀成虫。③如露养，秋冬季摘虫茧，同时保护和引放寄生蜂。④药剂防治。喷洒50%马拉松乳油、50%杀螟松乳油1 000～2 000倍液或50%辛硫磷乳油1 500倍液。

养花无忧小窍门

（1）紫荆繁殖方法？

① 紫荆可采用播种法、扦插法、分株法及压条法进行繁殖，主要采用的是播种法及扦插法。

② 在春末或夏初，剪下长约10厘米的1～2年生健康壮实的枝条作为插穗，下口需斜着剪，上口需剪得平正整齐，并把枝条上的小花除掉。

③ 将插穗插在培养土中，插后浇足水并令基质维持潮湿状态，温度控制在20～25℃，放在半荫蔽的地方料理，非常容易长出根来。

④ 移植时要适度带上土坨，以便于存活。

⑤ 种植前要在土壤里施进适量的底肥，种好后要及时浇水。

（2）养护紫荆要注意哪些问题？

① 紫荆喜欢在土质松散、有肥力、排水通畅的酸性土壤中生长，能忍受贫瘠，在轻度盐碱土壤中也可以生长。

② 紫荆喜光照。在植株的生长季节，要令其获得足够的阳光照射，在夏天阳光过于强烈的时候则可以适度遮蔽阳光。

③ 紫荆耐暑热，秋、冬季稍干燥，越冬温度不宜低于10℃。适宜生长温度为25℃左右。

④ 新种植的植株存活之后，在5～7月气候干旱的时候要对其每周浇2～3次水。秋天要控制浇水的量和次数。

⑤ 在雨季要留意尽早排除积水，防止植株遭受涝害。

⑥ 在植株的生长季节要追施1～2次浓度较低的液肥，在开花之后则可以对其补施液肥1次。

⑦ 紫荆定植之后，在春天植株发芽之前可以适度进行修剪。夏天要及时对侧枝采取摘心整形措施，以令植株形态不松散。在植株开花之后可以进行轻度修剪，修整植株形态，剪掉一些枯老的枝条，以促使其尽快分化花芽。

龙吐珠

别名：龙珠草、一点红
科属：马鞭草科大青属
分布区域：非洲西部、墨西哥、中国

330. 粉虱

症状表现：粉虱主要危害叶片，以成、若虫聚集叶背为害。叶背常有卵、蛹、若虫和成虫存在。受害植株叶片变黄至干枯而死。

发病规律：粉虱发病期以6、7月为害最为严重。在28℃环境下有利其繁殖。很易诱发煤污病，而且还能传播病毒。

防治方法：药剂防治。喷洒40%氧化乐果1 200倍液。

331. 龙吐珠叶斑病

症状表现：该病主要危害叶片，病斑初为褐色圆斑，后扩大为椭圆形病斑，中心为灰色，边缘为褐色。后期出现黑色颗粒物，严重时植株叶片大量脱落。

发病规律：病原为半知菌类、大茎点菌属真菌。病菌附在病残体上越冬，借助风雨从伤口处进行传播。在高温、干燥条件下病害更加严重。

防治方法：①及时清除害虫，阻止花卉受害。②药剂防治。在展叶前，喷洒0.5%波尔多液进行保护；发病初，喷洒70%托布津1 000倍液。

养花无忧小窍门

（1）种植龙吐珠要注意哪些问题？

① 龙吐珠可采用播种和扦插的方式进行繁殖。

② 龙吐珠多在春季播种，播种前，可先用温水浸种12个小时，用点播法，只要温度适宜，10天即可长出小苗，待苗高约10厘米时，即可上盆，第二年可开花。

③ 扦插一般在春秋进行，可选取健康无病的顶端嫩芽，还可选取下部老枝剪成约8～10厘米，做插穗。假如温度适宜，3周即可生根。

（2）养护龙吐珠要注意哪些问题？

① 种植龙吐珠宜选择肥沃、疏松和排水良好的沙质壤土。

② 龙吐珠喜温暖的半阴环境，不耐寒，生长适温为18～24℃，越冬温度在15℃以上，低于10℃便会引起落叶直到死亡。

③ 龙吐珠喜湿润，但浇水不能过量，否则会造成只长蔓不开花。

④ 龙吐珠施肥不宜过多，开花季节每10天施1次稀薄肥水，连续施3～4次即可。

⑤ 龙吐珠生长过程中若出现黄化现象，施用0.2%硫酸亚铁水，叶片便可由黄转绿。

⑥ 夏季高温炎热，要将龙吐珠放于荫棚下；入冬后要将龙吐珠移至室内，室温保持在12℃以上，龙吐珠才能安全过冬。

选择合适的花盆

选择花盆时，实用只是其中一个要求，漂亮有趣也可以成为选择花盆的标准。

① 图中的镀锌容器有一种老式厨房的情调。较大的容器可容纳两三种可共生的植物，如图中的铁线蕨和纽扣蕨。

② 藤编容器可用作花盆，也可用作花盆托盆，适用于小型鳞茎植物或植株较小的植物，如非洲紫罗兰。

③ 瓷盆独具风格，比瓦盆和塑料花盆色彩丰富。

④ 和树有关的植物种在树皮做的花盆里更好看，如攀附在树上的常春藤。

茶花海棠

别名：球根海棠、球根秋海棠
科属：秋海棠科秋海棠属
分布区域：原产热带美洲，中国各地多作盆栽观赏

332. 茶花海棠冠腐病

症状表现：染病后，茎基部和冠部出现水渍状斑点，后向上，引起茎部黑腐，有时叶片和叶柄也会受害。

发病规律：病原为腐霉属真菌，病菌在土壤中越冬，借助灌溉水和土壤从伤口处进行传播。在高温、高湿条件下发病更为严重。

防治方法：①对土壤进行消毒后再栽植。②避免伤口出现，植株不要过密，不要积水。③药剂防治。发病时，喷洒70%敌克松粉剂800倍液。同时对根部进行灌药，大约每株灌400毫升。

333. 茶花海棠茎腐病

症状表现：该病主要危害茎基部，有时危害叶片。染病初，茎基部出现水渍状暗色小斑，后期呈黑色软腐。当病斑入茎时，植株死亡。

发病规律：病原为立枯丝核菌。病菌在土壤中或病残体上越冬。高湿更易发病。

防治方法：①强化栽培管理，不要积水。②药剂防治。用25%多菌灵粉剂300倍液。

教你一招

幼儿室内不宜摆放的花草

① 郁金香、丁香及夹竹桃等。这类花木含有毒素，如果长时间将其置于幼儿的房间里，其所发出的气味会使幼儿产生头晕、气喘等中毒症状。

② 夜来香、百合花等。这类有着过浓香味的花草也不适宜长时间置于幼儿室内，否则会影响幼儿的神经系统，使之出现注意力分散等症状。

③ 水仙花、杜鹃花、五色梅、一品红及马蹄莲等植物。其花或叶内的汁液含有毒素，倘若幼儿不慎触碰或误食皆会造成中毒。

④ 松柏类花木。这类植物的香气会刺激人体的肠胃，使幼儿的食欲受到影响，对幼儿的健康发育不利。

⑤ 仙人掌科植物。这类植物的刺里含有毒液，幼儿不小心被刺后易出现一些过敏性症状，如皮肤红肿、疼痛、瘙痒等。

⑥ 洋绣球花与天竺葵等。如果幼儿触及其微粒，皮肤就会过敏，产生瘙痒症。

334. 网球花枯萎病

症状表现：球根发病初，为水渍状不规则斑点，球茎发病轻微时导致植株叶黄并渐枯，严重时不能抽芽并很快死亡。花部色变深，花瓣变窄，不能正常开放。
防治方法：①选取健康植株，将球茎在50%多菌灵500倍液中浸泡半小时再栽种。②及时清除病株病叶并销毁。③在晴天挖球茎后尽快晾干，放在干燥处。

335. 网球花干腐病

症状表现：该病会影响到植株的生长期和球茎收获贮藏期。发病初，生长期，叶基变褐腐烂，叶片枯黄。后期，生出黑色小菌核。球茎病斑为浅红色圆形，后逐渐变为黑褐色。
发病规律：病原为干腐座盘菌真菌。高湿条件下，极易发病。潮湿时贮藏，发病最重。
防治方法：①及时清除病球茎，进行销毁。选取健康球茎留种。放置时避免高温和潮湿。②对土壤进行处理，将40%五氯硝基苯粉剂放入土中，拌匀使用。

教你一招

刚装修好的房子宜种植什么花草

在新装潢完的房间内，甲醛、苯、氨及放射性物质等是主要的污染，可选择一些可以减轻或消除这类污染物的花卉来栽植或摆放，以达到净化室内空气的目的。

① 能强效吸收甲醛的植物：吊兰、仙人掌、龙舌兰、常春藤、非洲菊、菊花、绿萝、秋海棠、鸭跖草、一叶兰、绿巨人、绿帝王、散尾葵、吊竹梅、接骨树、印度橡皮树、紫露草、发财树等。

② 能强效吸收苯的植物：虎尾兰、常春藤、苏铁、菊花、米兰、吊兰、芦荟、龙舌兰、天南星、花叶万年青、冷水花、香龙血树等。

③ 能强效吸收氨的植物：女贞、无花果、绿萝、紫薇、蜡梅等。

④ 能强效吸收氡的植物：冰岛罂粟等。

⑤ 能对空气污染状况进行监测的植物：梅花能对甲醛及苯污染进行监测；矮牵牛、杜鹃、向日葵能对氨污染进行监测；虞美人则可对硫化氢污染进行监测。

网球花

别名：网球石蒜
科属：石蒜科网球花属
分布区域：非洲热带地区、我国云南

紫娇花

别名：野蒜、非洲小百合
科属：石蒜科紫娇花属
原产地：南非

336. 紫娇花细菌性软腐病

症状表现：该病主要危害叶和茎。发病初，叶片出现水渍状病斑，呈软腐状，逐渐扩大，使植株腐烂。

发病规律：病原为欧氏软腐细菌。借助雨水、昆虫或人从伤口或自然口处传播。

防治方法：①及时清除病株病叶并销毁。②勿要弄伤枝叶，增施磷钾肥。③将染病花盆进行热处理灭菌。④将接触病株的工具用10%高锰酸钾或70%酒精进行消毒。

337. 蓟马

症状表现：该虫主要吸取汁液，受害叶片出现灰褐色或灰白色条斑，后期，还有可能卷曲等，影响生长。

发病规律：蓟马怕光，故夜间喷洒药剂防治，发病期在11～12月和3～5月。

防治方法：①及时清除病株病叶并销毁。②药剂防治。喷洒50%杀螟松1 200倍液或2.5%溴氰菊酯乳剂4 000倍液。

338. 紫娇花炭疽病

症状表现：该病主要危害叶片，还有嫩梢。受害叶片产生病斑，并影响植株生长。发病初，呈圆形褐色斑点，后扩大为不规则灰褐色大斑。后期病斑中心呈灰白色，生出黑色小点。

发病规律：病原为子囊菌亚门。病菌附在病叶上越冬，借助风雨进行传播。

防治方法：药剂防治。喷洒50%苯来特2 500倍液。

养花无忧小窍门

养护紫娇花要注意哪些问题？

① 紫娇花耐贫瘠，对土壤要求不高，但选用肥沃且排水良好的沙壤土或壤土种植，会使开花旺盛。

② 紫娇花喜光、喜高温、耐热，宜选择阳光充足的环境进行种植，适宜生长温度为24～30℃。

③ 紫娇花浇水不用过勤，只需保持盆土湿润即可，否则易引起鳞茎腐烂。不过在生长旺季和干旱天气，要注意勤浇。

④ 紫娇花对肥要求不高，在其生长旺季施2～3次液肥即可，每15天施1次。

339. 金边瑞香枯萎病

症状表现：该病危害植株的整个生长过程。发病初，小枝慢慢萎蔫，幼枝弯曲。病株生长缓慢，根部变色，植株枯萎，而叶和茎变为灰绿色，后转为稻草色。

发病规律：病原为尖镰孢菌。病菌在病株或土壤中生长，借助带病插条从茎基部和根部进行侵入。高温环境下更易发病。

防治方法：①对土壤进行消毒。用五氯硝基苯或福尔马林液。②药剂防治。发病初，喷洒多菌灵或苯来特800倍液灌根。

340. 金边瑞香叶斑病

症状表现：该病主要危害叶片。发病初，叶面呈褐色小斑，后扩大为圆形病斑，中心为褐色，边缘有轮纹。严重时病斑相连，叶黄而死。

发病规律：病原为尾孢属真菌。病菌在病残体上越冬，借助风雨传播。高温、高湿更易发病。

防治方法：①强化栽培管理，保持通风透气，合理浇水，增施磷钾肥。②药剂防治。将多菌灵、甲基托布津或代森锰锌600倍液进行交叉施用。

养花无忧小窍门

（1）养护金边瑞香要注意哪些问题？

① 盆栽金边瑞香宜选择肥沃疏松，排水性良好、偏酸性富含腐殖质的腐叶土。

② 金边瑞香为肉质根，平时养护中要尽量控制浇水，要是盆土长期过湿，极易引起烂根。

③ 金边瑞香喜阴，忌烈日暴晒，怕高温炎热，温度超过25℃就会停止生长，同时也不耐寒，冬季一定要将其搬进室内，温度保持在5℃以上，方可顺利过冬。

④ 金边瑞香生长季应每隔10天要浇1次稀薄液肥，夏季应停施肥料，以免灼伤根系，开花前后应追肥各1次。

（2）金边瑞香叶子发黄的原因？

① 土壤偏碱：金边瑞香喜偏酸性土壤，如果栽种金边瑞香选用的土壤碱性强，就会引起叶片发黄掉落。解决办法就是赶紧更换盆土或施硫酸亚铁，提高土壤的酸性。

② 烈日灼晒：金边瑞香喜阴怕高温，如果阳光过烈，会晒伤叶片，引起植株叶子发黄掉落。夏季应将金边瑞香放置在没太阳直晒的散光处。

③ 温度过低：金边瑞香抗寒能力弱，如果温度过低会引起叶片发黄，植株也会受到冻害。冬季应将金边瑞香移至室内。

金边瑞香

别名：睡香、风流树、蓬莱花

科属：瑞香科瑞香属

分布区域：中国各地常见栽培，以南方为多

珊瑚花

别名：巴西羽花
科属：爵床科珊瑚花属
分布区域：原产美洲热带和亚热带地区，中国华南省区有露地栽培

341. 刺蛾

症状表现：该虫主要危害叶片，以取食叶片组织为主。幼虫多为群居，且多枝刺和毒毛，使人皮肤发痒发痛，因此称为“痒辣子”。

防治方法：药剂防治。可用50%辛硫磷乳油1 000倍液、50%马拉硫磷乳油1 000倍液。

342. 珊瑚花细菌性叶斑病

症状表现：该病主要危害叶片。发病初，叶片呈水渍状斑点，中心为黄褐色，后扩大为不规则病斑，周围有晕圈。潮湿时，表现为湿腐斑。

发病规律：病原为丁香假单孢杆菌。在28℃环境下更易发病。种子带菌，则老叶易感病，其不同品种抗病性差异也很大。

防治方法：①及时清除病株病叶并销毁。②保持通风透气，控制浇水量。③药剂防治。用75%百菌清8 000倍液或代森锌粉剂5 000倍液进行喷洒。

教你一招

客厅宜种植什么花草

通常来说，在为客厅摆设花卉的时候应依从下列几条原则：

① 通常客厅的面积比较大，选择植物时应当以大型盆栽花卉为主，然后再适当搭配中小型盆栽花卉，才可以起到装点房间、净化空气的双重效果。

② 客厅是家庭环境的重要场所，应当随着季节的变化相应地更换摆设的植物，为居室营造出一个清新、温馨、舒心的环境。

③ 客厅是人们经常聚集的地方，会有很多的悬浮颗粒物及微生物，因此应当选择那些可以吸滞粉尘及分泌杀菌素的盆栽花草，比如兰花、铃兰、常春藤、紫罗兰及花叶芋等。

④ 客厅是家电设备摆放最集中的场所，所以在电器旁边摆设一些有抗辐射功能的植物较为适宜，比如仙人掌、景天等多肉植物。

⑤ 如果客厅有阳台，可在阳台多放置一些喜阳的植物，通过植物的光合作用来减少二氧化碳、增加室内氧气的含量。

343. 龙船花叶斑病

症状表现：该病主要危害叶片。感病后，叶面出现绿色水渍状斑点，后扩大为大块病斑。病斑暗褐色，中心呈灰白色。后期病斑产生许多小黑点。

防治方法：①及时清除病株病叶并销毁。②保持室内通风透气，浇水时不要触碰叶片。③药剂防治。发病初喷洒1：1：00波尔多液或65%代森锌500倍液。

344. 介壳虫

症状表现：龙船花一旦发生介壳虫虫害，就要及时防治，介壳虫对龙船花危害很大，不仅会让龙船花植株生长受阻，还会引发其他病害。

防治方法：①可根施内吸性颗粒剂，如3%呋喃丹颗粒剂等，直径为20厘米内花盆埋0.5～1克，大盆适当增加药量，药效期长达两月。②在介壳虫卵孵化盛期要及时喷药，可用40%氧化乐果乳油1500倍液加50%灭蚜松乳油1 000～1 500倍液对植株进行喷施。

345. 龙船花炭疽病

症状表现：该病主要危害叶片，严重时，致叶片脱落。发病初，叶片出现小斑点，后扩大为圆形病斑。植株缺水、缺肥时易感病。

防治方法：①及时清除病株病叶并销毁。②合理浇水施肥，增强抗病能力。③药剂防治。发病期喷洒0.5%波尔多液，或75%百菌清600倍液。

养花无忧小窍门

养护龙船花要注意哪些问题？

① 种植龙船花适用肥沃疏松、排水性良好的偏酸性沙质壤土。如果种植土壤偏碱性，会生长受阻，发育不良。

② 龙船花喜光，喜温暖湿润，要选择一处阳光充足的场所进行种植。

③ 龙船花喜高温，适宜生长温度为23～32℃，当温度低于20℃时，长势减弱，当温度低于0℃时，会发生冻害。

④ 龙船花喜湿，生长期间需要充足的水分，但注意要适度，否则会引起烂根。

⑤ 龙船花喜肥，生长期间每隔15天应施1次稀薄液肥。

⑥ 龙船花生长旺盛期应进行适当修剪，以便通风透光。

龙船花

别名：山丹、英丹、卖子木

科属：茜草科龙船花属

分布区域：中国、马来西亚、欧洲各国

五星花

别名：海星花，臭肉花
科属：茜草科五星花属
分布区域：非洲热带地区、阿拉伯地区及中国

346. 红蜘蛛

症状表现：红蜘蛛以口器吸食植株叶片汁液，破坏叶绿素，叶片出现黄色斑点，后脱落。高温干燥条件下利于红蜘蛛的繁殖和生长。

防治方法：药剂防治。可用40%三氯杀螨醇1000倍液或40%氧化乐果1200倍液进行喷施。

347. 五星花灰斑病

症状表现：该病主要危害叶片，尤其是有伤口的地方。发病初，病斑为褐色圆形，后扩大，边缘为褐色，中心为灰色。后期病斑出现黑色颗状物，严重时出现大量的落叶。

发病规律：病原为半知菌类、大茎点菌属真菌。病菌附在病残体上借助风雨和浇水从伤口处进行传播。高温干燥条件下病害更为严重。

防治方法：①及时摘除害虫，减少人为伤害。②药剂防治。展叶前，喷洒0.5%波尔多液进行保护，发病期喷洒70%托布津1000倍液。

教你一招

老人室内适宜摆放的花草

对老年人来说，在房间里栽植或摆设一些适宜的花草，除了能够调养身体和心性之外，有些甚至还能预防疾病。

① 文竹、棕竹、蒲葵等赏叶植物。这类花恬淡、雅致，比较适合老人栽种。

② 人参。气虚体弱、有慢性病的老人可以栽种人参。人参不仅有观赏价值，它的，根、叶、花和种子都能入药，具有强身健体、调养功能的奇特功效。

③ 五色椒。它观赏性强。其根、果及茎皆有药性，适合有风湿病或脾胃虚寒的老人栽种并食用。

④ 金银花、小菊花。有高血压或小便不畅的老人可以栽种金银花和小菊花。用这两种花卉的花朵填塞香枕或冲泡饮用，能起到消热化毒、降压清脑、平肝明目的作用。

⑤ 康乃馨。康乃馨所散发出来的香味能唤醒老年人对孩童时代快乐的记忆，有“返老还童”的功效。

348. 切叶蜂

症状表现：在北京地区，切叶蜂最早可在6月下旬出现成虫，7、8月则大量出现。受害叶片轻者出现缺口，严重者落叶。

防治方法：药剂防治。喷洒2.5%溴氰菊酯3 000倍液或40%氧化乐果1 000倍液。

349. 毛茉莉炭疽病

症状表现：该病主要危害叶片，有时还会危害新梢。受害后，病斑呈圆形，中央灰褐色，边缘暗褐色。发病后，病斑产生黑色小点。

发病规律：病原为茉莉生炭疽菌，病菌附在病残体上越冬，借助风雨从伤口处进行传播。夏季发病较为严重。高湿、多雨、多雾、多露环境下发病更为严重。

防治方法：①及时清除病株病叶并销毁。②保持通风透气，同时多施磷钾肥，提高抗病能力。③药剂防治。发病初，喷洒50%多菌灵600倍液或1%波尔多液。

教你一招

老人室内不适摆放的花草

有一部分花卉是不适合老年人栽植或培养的，应当多加留心。

① 夜来香。它夜间会散发出很多微粒，刺激嗅觉。

② 玉丁香、月季花。这两种花卉所散发出来的气味易使老人感到胸闷气喘、心情不快。

③ 滴水观音。这是一种有毒的植物，其汁液接触到人的皮肤会使人产生瘙痒或强烈的刺激感，若不小心误食其茎叶，会造成人的咽部、口腔不适，同时胃里会产生灼痛感，并出现恶心、疼痛等症状，严重时会窒息，甚至因心脏停搏而死亡。

④ 百合花、兰花。这类花具有浓烈香味，也不适宜老人栽植。

⑤ 郁金香、水仙花、石蒜、一品红、夹竹桃、黄杜鹃、光棍树、万年青、虎刺梅、五色梅、含羞草及仙人掌类。对于这些有毒的植物，老人不宜栽植。

⑥ 茉莉花、米兰。这类花香味浓烈，可用来熏制香茶，所以对花香过敏的老人应当慎重选择。

毛茉莉

别名：毛萼素馨、多花素馨
科属：木樨科素馨属
分布区域：印度、东南亚以及中国大陆

长春花

别名：日日春、三万花、时钟花
科属：夹竹桃科长春花属
分布区域：原产地中海沿岸、印度及美洲热带地区，中国南北各地常见栽培

350. 长春花黑斑病

症状表现：该病主要危害茎和叶。发病初，叶片为黑褐色斑点，后扩大为不规则红褐色大斑，后期变大增多，叶片枯死。
发病规律：病原为真菌。病菌在病残体上越冬，借助风雨和种子进行传播。高温多雨发病更重。
防治方法：①及时清除病株病叶并销毁。②实行轮作；选取良好的土地栽植。③药剂防治。喷洒70%代森锰锌600倍液或65%代森锌600倍液。

351. 长春花疫病

症状表现：该病主要危害茎、叶和花。发病初呈油渍状灰褐色斑点，后扩大为黑褐色不规则病斑，潮湿下生出白色霉层，严重时茎倒下垂，叶和花软腐。
发病规律：病原为真菌。病菌在病残体上或土壤中越冬，条件适宜时易于发病。高温、高湿、多雨条件下更易发病。
防治方法：①强化栽培管理；选取地势高且干燥的地方，保持充足的光照，不要从顶部浇水或过度浇水。②药剂防治。喷洒30%碱式硫酸铜悬浮剂300～400倍液或27%铜高尚悬浮剂600倍液。发病高峰期喷洒72%克露600倍液或霜脲锰锌可湿性粉剂600倍液。

352. 长春花花叶病

症状表现：发病后，叶上产生花叶症状。植株生长不良并产生斑纹、畸形。
防治方法：①及时清除病株病叶并销毁。②及时防治蚜虫，减少传染媒介。

353. 长春花基腐病

症状表现：该病主要危害茎基部。根茎皮层及木质部变黑褐色，地上部萎蔫，严重时枯死。
发病规律：病原为真菌。病菌在土壤中越冬，借雨水或灌溉水从伤口处进行传播。施用带菌肥料、湿气重会加重病害。
防治方法：①及时清除病株病叶并销毁。②对土壤进行消毒或换新土。③不要施用未腐熟的土杂肥作基肥。④药剂防治。喷洒40%多硫悬浮剂600倍液、高锰酸钾500至1 000倍液或50%多菌灵500倍液。

354. 长春花黄化病

症状表现：该病主要危害叶片。通常情况下，受害的植株叶片黄化。

防治方法：①及时清除病株病叶并销毁。②用四环素对病株进行治疗。③药剂防治喷洒。50% 辛硫磷 800 倍液。

教你一招

病人室内适宜摆放的花草

① 不开花的常绿植物。过敏体质的病人和体质较差的病人以种养一些不开花的常绿植物为宜。这样可以避免因花粉传播导致病人产生过敏反应。

② 文竹、龟背竹、菊花、秋海棠、蒲葵、鱼尾葵等。这类花草不含毒性，不会散发浓烈的香气，比较适宜在病人的房间里栽植或摆放。

③ 有些花草不仅美观，而且还是很好的中草药，因此病人可以针对不同病症来选择栽植或摆放。比如，白菊花具有平肝明目的作用；黄菊花具有散风清热的作用，可以治疗感冒、风热、头痛、目赤等症；丁香花对牙痛具有镇静止痛的作用；薄荷、紫苏等花散发出来的香味能有效抑制病毒性感冒的复发，还能减轻头昏头痛、鼻塞流涕等症状。

④ 值得注意的是，由于绿色植物除进行光合作用之外，还会进行呼吸作用，因此若室内植物太多也会造成二氧化碳超标。所以，病人或体质虚弱的人的房间里的植物最好不要多于 3 盆。

养花无忧小窍门

（1）长春花繁殖方法？

① 长春花经常采用播种法进行繁殖，一般于春天 4 月播种。

② 播完后要覆盖上一层较薄的细土，并令土壤维持潮湿状态，经过 10 ~ 20 天就能萌芽。

③ 当小苗生长出 3 ~ 4 枚真叶的时候即可移植上盆，每盆可以栽种 3 株，以便于存活及观赏。

④ 定植之后浇水不宜太多。

⑤ 栽后通常每 2 年要更换 1 次花盆，以在春天进行为宜。

（2）养护长春花要注意哪些问题？

① 种植长春花宜选用土质松散、透气性好、富含腐殖质且排水通畅的沙质土壤，并施进适量的底肥。

② 长春花喜欢温暖，生长适宜温度在 3 ~ 9 月是 18 ~ 24℃，在 9 月至次年 3 月期间是 13 ~ 18℃，萌芽的适宜温度是 20 ~ 25℃。冬天要把它搬进房间里料理，房间里的温度不可在 10℃以下。

③ 在生长季节，植株要获得足够的阳光照射，这样能令叶片碧绿且具光亮，花朵颜色鲜艳。夏天阳光比较强烈的时候可以为植株适度遮蔽阳光，但不可长时间放置在荫蔽的地方。

④ 在植株的生长季节可以每半个月施用 1 次肥料，要多施用氮肥。在孕蕾期内则要加施磷肥和钾肥，可以促使植株开花繁多，令花朵颜色纯正而艳丽。

⑤ 平日不宜对植株浇太多的水，令盆土维持潮湿或略干燥状态就可以。夏天温度较高和干旱的时候，可以适度增加浇水的量和浇水次数，但在雨季要留意排除积水。

桔梗

别名：包袱花、铃铛花、僧帽花
科属：桔梗科桔梗属
分布区域：中国、日本及朝鲜半岛地区

355. 桔梗根腐病

症状表现：该病主要危害根部。受害后，根部出现黑褐斑点，后期腐烂枯死。

防治方法：①注意排水，保持田间干燥。②药剂防治。喷洒50%多菌灵1 000倍液。

356. 桔梗炭疽病

症状表现：该病主要危害茎秆基部。发病初，茎基部出现褐色斑点，后扩大，后期病斑收缩，植株倒伏。

防治方法：药剂防治。幼苗出土前用20%退菌特可湿性粉剂500倍液，发病初，喷洒1 ∶ 1 ∶ 100波尔多液或50%甲基托布津可湿性粉剂800倍液。

357. 桔梗轮纹病

症状表现：发病时，叶片上会出现紫褐色冻伤状斑点，扩大后，呈轮纹状，形成许多小粒黑点。

防治方法：可用75%百菌清可湿性粉剂600倍液，连续喷施4次，相隔10天喷1次，即可有效防治。

358. 桔梗溃疡病

症状表现：当温度潮湿、结露时间长、雨水多发期，使桔梗植株长期处于潮湿中，叶片就会呈褐色，茎也会由上向下变褐，引发溃疡病。

防治方法：可用72%农用硫酸链霉素可湿性粉剂4 000倍液，连续喷施4次。

教你一招

正确认识叶面肥

叶面施肥是植物吸收营养成分的一种补充，来弥补根系吸收养分的不足，不能代替土壤施肥。叶面肥一般用在苗期、始花期或中后期等需肥关键时期。喷施叶面肥时，要注意以下几点：

① 一定要选择阴天、晴天的早晨或傍晚进行喷施，避免在烈日下喷施，并注意喷施后使叶片保持30～60分钟湿润，效果会更好。

② 叶面肥喷在叶子背面效果会更好，因为吸收养分的孔隙多数在叶子背面。

③ 叶面肥一般都可以跟农药混合使用。

359. 卷丹百合叶枯病

症状表现：该病主要危害叶片。发病初，叶片出现红褐色椭圆形病斑，后扩大为不规则斑块，后期病斑上产生黑色小粒点。

发病规律：病原为真菌。在高湿、栽植过密、通风不畅情况下更易发病。

防治方法：①及时清除病株病叶并销毁。②保持通风透气而且还要每年换土。③发病初，喷洒 65% 代森锌 500 倍液、75% 百菌清 500 倍液。

360. 卷丹百合腐霉菌病

症状表现：感染腐霉菌后，植株会变得矮小，上部叶片变窄，叶色变淡并萎靡，下部叶片则变黄。花芽会干缩，鳞茎和根茎部可见透明的、淡褐色的腐烂斑点，甚至可能变软腐烂。

防治方法：①对怀疑已被感染的土壤消毒。②防止雨后积水，保证通风透光性良好。③作物已长出并可能已发生腐霉菌感染的情况下，可喷防治腐霉病的杀菌剂“金雷”。

361. 卷丹百合丝核菌病

症状表现：丝核菌是一种土传源菌，如果只是轻微感染，便只危害土壤中的叶片和幼芽下部的绿叶，使叶片上长出下陷的淡褐色斑点。要是感染严重，上部生长都会受到妨碍，整个叶部会腐烂或萎蔫，只在茎上留下褐色的疤痕。

防治方法：①对怀疑已被感染的土壤消毒。②如果作物已被感染，就不能施用一般的土壤消毒剂，种植前用专门防治丝核菌的药剂先处理土壤，注意要完全渗入土壤 10 厘米深处。

362. 蚜虫

症状表现：该虫比较常见，危害较大。受害后，叶片背面出现卷曲和脱落，严重时全株枯萎而死。

防治方法：药剂防治。用吡虫啉 1 000 ～ 2 000 倍液喷淋。

卷丹百合

别名：药百合、虎皮百合、黄百合
科属：百合科百合属
分布区域：中国、日本、朝鲜

垂丝海棠

别名：垂枝海棠
科属：蔷薇科苹果属
分布区域：中国苏、浙、皖、陕、川、滇等省

363. 红蜘蛛

症状表现：红蜘蛛通常在叶片的正反两面吸食汁液，使得叶枯而落，影响生长。
防治方法：药剂防治。喷洒 6% 三氯杀螨砜加 6% 三氯杀螨醇混合制成粉剂 300 倍液。

364. 角蜡蚧

症状表现：该虫主要以成、若虫形态聚集在叶片、枝条上吸取汁液，造成树势衰弱。
防治方法：药剂防治。喷洒蚧杀死 800 ~ 1 000 倍液。

365. 垂丝海棠冠腐病

症状表现：染病后，冠部和茎基部出现水渍状斑点，后扩展向上，使得茎部黑腐。叶片、叶柄也可受害，呈水渍状。
发病规律：病原为腐霉属真菌。病菌附在病残体上越冬，借助他人和灌溉水从伤口处进行传播，高温、高湿环境下更易发病。
防治方法：①及时清除病株病叶并销毁。②保持通风透气，合理浇水，保持植株间距。③药剂防治。喷洒 70% 敌克松粉剂 800 倍液，或高锰酸钾 1 200 倍液。

366. 苹果蚜

症状表现：虫害发生初，叶片下卷，后由叶尖向叶柄上弯曲、横卷。
防治方法：①在发芽前喷洒波美 5 度石硫合剂，杀死越冬卵。②在蚜虫期，喷洒 50% 西维因粉剂 800 倍液或 50% 对硫磷乳油 2 000 倍液。

养花无忧小窍门

养护垂丝海棠要注意哪些问题？

① 垂丝海棠喜阳光，喜温暖，不耐阴，不耐寒，适合种植于阳光充足、背风的场所。
② 垂丝海棠对土壤要求不严，但以土层深厚、疏松肥沃、排水性良好略带黏质的土壤为宜。
③ 垂丝海棠不耐水涝，一定要避免积水，防止其烂根。

367. 绣线菊白粉病

症状表现：发病初，叶面出现白粉层，后逐渐加厚，后期叶片形成黑褐色圆形颗粒。严重时，叶落而枯。

防治方法：①及时清除病株病叶并销毁。②药剂防治。发病初，喷洒20%粉锈宁3 500倍液，或50%多菌灵500倍液。

368. 榆牡蛎蚧

症状表现：该虫主要以成虫和若虫的形态吸食汁液为主，从而影响植株生长。在每年5月进行孵化，8月最盛。

防治方法：①少量时，可人工刷除或摘除带虫枝叶，进行销毁。②药剂防治。虫较多时，喷洒50%马拉硫磷或25%亚胺硫磷1 000倍液。

369. 蚜虫

症状表现：该虫主要以成虫和若虫的形态吸取汁液为主，染病叶片卷曲、脱落。一年发生可达20多代，以卵的形态在寄主枝条上裂缝及芽苞附近越冬。

防治方法：①少量时，进行人工刷除或用清水冲洗。②药剂防治。喷洒50%溴氰菊酯、杀灭菊酯3 500倍液，或50%灭蚜灵1 500倍液。

370. 绣线菊叶蜂

症状表现：绣线菊叶蜂为食叶害虫，常十几只幼蜂群集在一起啃食叶片，三两下就可将叶片吃光，严重影响植株的生长和美观。

防治方法：①及时摘除聚集了菊叶蜂卵堆的叶片。②当虫卵孵化群集时，及时剪除树叶。③当菊叶蜂大量发生时，可喷施敌百虫1 000倍液。

养花无忧小窍门

养护龙船花要注意哪些问题？

① 绣线菊喜光，但也稍耐阴，喜温暖湿润，在20～25℃温度下长势良好。

② 绣线菊耐修剪，主要剪去枯萎枝、重叠枝、徒长枝和病虫枝，使植株通风透气，保持美观。

绣线菊

别名：蚂蟥草、珍珠梅、马尿骚

科属：蔷薇科绣线菊属

分布区域：中国、蒙古、朝鲜

红花蕉

别名：观赏芭蕉、指天蕉、红姬芭蕉
科属：芭蕉科芭蕉属
分布区域：中国广东、广西、云南、福建等省

371. 介壳虫

症状表现：该虫主要以成虫和若虫群居花上刺吸嫩芽。严重时，叶片变色、受害，植株叶、茎和花变黄，排泄物诱发煤污病。温暖、高湿下，危害更重。

防治方法：①少量时，人工刮除。②保护和利用天敌瓢虫。③药剂防治。25%亚胺硫磷乳油1 000倍液。

372. 红花蕉炭疽病

症状表现：该病主要危害叶片。发病初，叶片产生圆形棕斑，边缘呈深褐色，后病斑相连形成大褐斑，并产生大量小黑点。严重时叶片干枯死亡。

发病规律：该病多在秋季发生。肥力不足、土壤贫瘠、荫蔽不良发病更重。高湿条件下易于发病。

防治方法：①及时清除病株病叶并销毁。②避免从顶部浇水或打湿叶片；保持通风透气。③药剂防治。喷洒65%代森锌600～800倍液、75%百菌清800倍液或50%的多菌灵可湿性粉剂500倍液。

373. 蕉苞虫

症状表现：受害时，幼虫将叶卷成苞，取食叶片。严重时，蕉叶残缺，影响生长、降低产量。成虫在清晨和傍晚活动，飞翔迅速。卵散产于寄主叶片、嫩茎和叶柄，以8～9月危害最严重。

防治方法：①及时清除病株病叶并销毁。②保护天敌赤眼蜂。③药剂防治。发生幼虫时，喷洒90%敌百虫原药800倍液。

374. 粉虱

症状表现：该虫比较常见，主要以成虫和若虫的形态吸食汁液为主，使叶片褪绿、卷曲，甚至干枯而死。其排出的蜜露造成煤污病，影响生长，严重时植株死亡。

防治方法：①有条件的情况下，保护和利用天敌丽蚜小蜂。②根据粉虱成虫对黄色的趋性，在黄板上涂油进行诱杀。③药剂防治。喷洒20%速灭杀丁稀释2 000倍液、10%二氯苯醚菊酯1 500倍液或吡虫啉1 000倍液。

375. 小苍兰菌核病

症状表现：该病主要危害茎基部和根部。发病后，叶鞘呈褐色，后侵入茎基和球根，引起腐烂。后形成黑色粒状菌核，导致植株逐渐枯萎而死。

发病规律：病原为核盘菌真菌，病菌附在土壤中或菌核上越冬，借助风雨和自身的弹射从伤口处进行传播。高湿、多雨发病较重。

防治方法：①选取无病球茎育苗进行栽培。②及时清除病株病叶并销毁。③药剂防治。喷洒50%氯硝铵或70%甲基托布津1 000倍液。

376. 小苍兰枯萎病

症状表现：染病后，球根出现圆形水渍状黄色斑点，严重时球茎变褐，不能开花。在球茎贮藏期间，病菌仍能传染。

发病规律：病原为尖孢镰刀菌真菌。病菌在球茎内或土壤中越冬。

防治方法：①选取无病插条，或无病品种育苗。②对土壤进行蒸汽消毒或采用无土栽培。③药剂防治。栽植前浇灌50%多菌灵或克菌丹500倍液。

377. 烟蓟马

症状表现：该虫主要以成虫和若虫的形态吸食汁液为主，受害叶片出现白色斑点，严重时，叶片卷曲直至枯死。

防治方法：①及时清除病株病叶并销毁。②药剂防治。喷洒40%氧化乐果1500倍液，或80%敌敌畏乳剂密封熏蒸。

378. 小苍兰花叶病

症状表现：染病后，叶片产生花叶或形成褪绿斑。病株枯萎、矮小。球茎退化。

发病规律：病原为小苍兰花叶病毒。病毒可由马铃薯蚜、桃蚜或茄无网蚜传播，也可由汁液传播。

防治方法：①选取抗病品种，用无病品种育苗。②及时清除病株病叶并销毁。③保持通风透气，增施磷钾肥，增强抗病能力。④药剂防治。喷洒70%托布津1 000倍液，或75%代森锰锌500倍液。

小苍兰

别名：香雪兰
科属：鸢尾科香雪兰属
分布区域：原产非洲南部。中国南方多露天栽培，北方多盆栽

牵牛花

别名：喇叭花、朝颜、碗公花
科属：旋花科牵牛属
分布区域：热带和亚热带地区

379. 牵牛花白锈病

症状表现：该病主要危害叶、茎和花。发病初，叶片出现绿色小斑，后逐渐变为黄色，后期背面现白色疱状物，并散生白色粉状物。严重时病斑相连，使叶片变褐枯死。花茎受害扭曲。

发病规律：病原为白锈病真菌，病菌附在病残体上越冬，借助风雨进行传播。高湿环境下更易发病。发病期为5～10月。

防治方法：①将种子进行消毒后再栽种：用40%甲醛或高锰酸钾1 000倍液进行消毒。②及时清除病株病叶并销毁。③合理施肥，增强抗病能力。

380. 旋花天蛾

症状表现：该虫主要危害叶片，而且幼虫食量大，除了叶片还会食害嫩茎。成虫有趋光性，飞翔能力强，多在傍晚活动。

防治方法：①人工捕杀幼虫。②用灯光诱杀成虫。③药剂防治。喷洒敌百虫、触杀剂等。

养花无忧小窍门

（1）牵牛花繁殖方法？

① 牵牛花一般采用播种法进行种植。先将种子浸温水4～6小时，然后取出。

② 选择1个器皿，置入一层土，将种子置入其中，然后覆土约1厘米，保持土壤温湿。5～6天后，牵牛花的幼苗即可慢慢长出。

③ 当幼苗长出两三片叶后，此时根系已发展好，即可定植在中盆中。

（2）养护牵牛花要注意哪些问题？

① 栽植时宜选用潮湿、润泽、有肥力的沙质土壤。

② 牵牛花喜欢温暖地方，其萌芽的适宜温度为20～25℃，生长的适宜温度为22～34℃。

③ 牵牛花喜欢照射阳光，全日照才能保证其花量繁茂，但也不宜暴晒。

④ 生长期内盆土表层稍干的时候应及时补充水分，要浇足水。

⑤ 浇水也不可太勤，盆土始终潮湿会影响根系的生长。

⑥ 梅雨季节少浇水。如果盆内长期积水，根部易腐烂。

⑦ 可以常对牵牛花的植株摘心，留2～3个叶芽，可促其分枝，令花朵更加繁茂。

381. 四季秋海棠茎腐病

症状表现：该病主要危害茎基部，也会侵害叶片。发病初，出现水渍状暗色小斑，后扩大为褐色不规则大斑，后期呈黑色软腐。

发病规律：病原为立枯丝核菌，病菌在土壤中或病株上越冬，在适宜的温湿度下进行侵染。植株受伤或浇水不当、积水都会使病害严重。

防治方法：①及时清除病株病叶并销毁。②保持通风透气，增施磷钾肥。③对土壤进行消毒。用菌核利或五氯硝基苯5克，与20倍沙土混合撒于土中，翻入土中。④药剂防治：喷洒65%敌克松800倍液。

382. 四季秋海棠叶片卷缩病

症状表现：造成该病的原因为生理性病害。主要有三个：①强光直射。②浇水过多。③施肥不当。

防治方法：针对3种原因导致的问题，做出以下应对方法。①避免夏季阳光直射。②浇水时注意控水，不要积水，并将盆移到阴凉通风的地方，等叶片重新变绿后，再进行正常养护。③假如情况严重，可进行重度修剪，让基部重新萌发新芽。④适当施肥，肥料浓度不要过多或过大。

养花无忧小窍门

养护四季秋海棠要注意哪些问题？

① 种植四季秋海棠宜选用河沙、腐叶土和蛇木屑混合调制的土壤。

② 四季秋海棠喜温暖湿润，种植在半阴湿温暖环境中为最佳。

③ 四季秋海棠喜阴畏酷热，夏季应放在凉爽的地方进行养护；且畏寒，冬季要将秋海棠盆栽移至室内阳光充足场所，温度不能低于10℃，方能安全过冬。

④ 四季秋海棠生长期间，根据植株生长状况和气温变化浇水，萌芽期少浇水，保持盆土略干，过湿会导致烂根，生长期可适当多浇水，浇水时注意要沿花盆的边沿浇，不能自叶及茎顶浇下，否则茎叶易积水腐烂。

⑤ 四季秋海棠在生长期间应施加肥料，但不能施肥过多，否则会引起叶片徒长，遵守薄肥多施原则。

四季秋海棠

别名：玻璃翠、瓜子、四季海棠
科属：秋海棠科秋海棠属
分布区域：原产巴西，中国各地也常见栽培

八仙花

别名：粉团花、紫阳花、绣球
科属：虎耳草科八仙花属
原产地：日本和中国四川省

383. 八仙花叶斑病

症状表现：发病后，叶片出现暗绿色水渍状小斑点，后扩大。病斑呈暗褐色，中心呈灰白色。后期病斑产生小黑点。
发病规律：病原为绣球叶点霉，病菌在病部越冬，借助风雨传播，多雨的梅雨季节发病更重。
防治方法：①播种前用50%福美双铵种子重量的0.2%～0.3%拌种。②及时清除病株病叶并销毁。③不要淋浇植株，保持通风透气。④药剂防治。喷洒50%苯来特1000倍液。

384. 八仙花炭疽病

症状表现：该病主要危害叶片。发病初，叶片出现红色斑点，后扩大为圆形病斑，中心呈灰白或黄褐色，边缘为紫红色。后期生出大量轮状黑点。
发病规律：病原为八仙花刺盘孢真菌。病菌在病叶上越冬。借助风雨进行传播，发病期为5～9月，7月、8月、9月最重。
防治方法：①及时清除病株病叶并销毁。②强化栽培管理，浇水时不要淋浇，合理施用氮肥。③药剂防治。发病初，喷洒70%炭疽福美500倍液，或75%百菌清800倍液。

385. 接骨木长管蚜

症状表现：该虫聚集在花卉新梢上刺吸，导致新梢生长受阻，叶小而卷。
防治方法：①少量时，进行人工刷除或用清水冲洗。②喷洒50%灭蚜灵1500倍液，或杀灭菊酯、溴氰菊酯3500倍液。

386. 八仙花白腐病

症状表现：该病主要危害八仙花新梢及叶片，会在发病处先产生淡褐色水浸状近圆形病斑，病部腐烂变褐色，很快蔓延，严重时会引起植株枯死。
防治方法：①选择健康强壮的品种进行种植。②种植前，对土壤进行消毒。可利用土壤菌虫清或五氯硝基苯拌种，或掺土消毒杀菌。③要定期喷施药剂预防。④及时摘除病枝病叶。⑤发现病情后需及时喷施65%代森锌可湿性粉剂600倍液。

387. 毛虫

症状表现：该虫主要危害叶片和嫩茎。幼虫喜欢群居在叶背，以取食叶肉为主，严重时可吃光整个叶片，使其只剩主脉。叶片受损，同时阻碍生长。

防治方法：①一旦发现，需及时将其进行人工清除。②学会保护和利用毛虫的天敌防治。③药剂防治，喷洒杀虫剂，如灭害灵等。

388. 毒蛾

症状表现：该虫主要危害叶片，严重时能将叶片全部吃掉。

防治方法：①发现时，可对其进行人工捕杀。②幼虫期间，喷洒大功臣、灭扫利1 500倍液。

培养土消毒

培养土常带病菌孢子、害虫卵及杂草种子，因此需要进行消毒以达到消灭病菌、害虫的目的。尤其是移栽幼苗用土以及栽种易感染土壤病害的花卉品种的土壤一定要消毒。

① 日光消毒法：这是一种无须任何成本投入的消毒法。具体做法是：将配制好的培养土放在清洁的水泥地或木板上薄薄地摊开，暴晒2～3天。如在夏季暴晒可以杀死大量病菌孢子、害虫卵和菌丝、线虫。此消毒方法简单易行，但有时效果不够明显。

② 药剂消毒法：常用福尔马林或高锰酸钾进行消毒，可在每立方米培养土中均匀地撒上福尔马林400～500毫升加水50倍的稀释液，然后把土堆积在一起，上盖塑料薄膜，密闭1～2天后去掉覆盖物并把培养土摊开，待福尔马林气体完全挥发后便可。

③ 微波炉消毒法：将培养土用塑料袋装好，将袋口封住后开几个小口，根据培养土量的多少加热5～10分钟即可（加热时间应根据各微波炉不同的火力档），加热后闷5～10分钟，然后打开口袋散热，待培养土冷却后即可使用。

闭鞘姜

别名：广商陆、水蕉花

科属：姜科闭鞘姜属

分布区域：中国华南、西南地区及台湾地区

蔓花生

别名：长喙花生
科属：豆科落花生属
原产地：亚洲热带和南美洲

389. 蔓花生根腐病

症状表现：该病主要危害根部，染病后的植株会造成根部腐烂，破坏水分吸收和传输，引起植株衰弱而亡。有的根部肿大形成肿瘤，影响吸收，使植株矮黄，生长停滞。

防治方法：药剂防治：发病初，喷洒70%代森锰锌800倍液，或50%多菌灵800倍液。

390. 蔓花生锈病

症状表现：锈病主要危害叶片，染病后，叶片出现黄化、卷曲、焦枯等现象，严重时造成落叶，影响生长。

防治方法：药剂防治，发病初，喷洒20%粉锈宁500倍液或75%百菌清600倍液。

391. 蔓花生茎腐病

症状表现：该病主要危害茎基部，也会侵害叶片。发病初，茎基部出现水渍状暗色小斑，后扩大为褐色不规则大斑，后期呈黑色软腐状。

发病规律：病原为立枯丝核菌。病菌在土壤中或病残体上越冬。高湿、多雨、浇水不当都会加重病害。发病期一般在春季较多。

防治方法：药剂防治：喷洒50%多菌灵800倍液。

392. 蚜虫

症状表现：蚜虫以吸食汁液为生，受害后，植株会生长缓慢，而且蚜虫还会引发多种病毒性疾病和煤污病。

防治方法：①合理施肥，少施氮肥，保证植株健康生长。②如露养，可保护天敌瓢虫、草蛉等，利用天敌进行杀灭。③施用药剂防治，可喷洒敌蚜威和灭蚜菌等。

养花无忧小窍门

养护蔓花生要注意哪些问题？

① 蔓花生对土壤要求不高，不过以沙质壤土为佳。

② 蔓花生有较强的耐阴性，在全日照跟半日照的环境中均能生长良好。

③ 蔓花生耐旱性和耐热性强，生长适温为18～32℃。

393. 宫灯百合叶斑病

症状表现：该病主要危害叶片，也会侵染茎、枝和花。病害多从植株下部发生。发病初为淡绿色水渍状圆斑，后扩大为圆形，中心灰白，边缘为褐色。后期，病斑产生黑色霉层，病叶下垂。对于枝和茎，病害多发于伤口处。病斑灰褐色。花梗发病后，花蕾枯死。花蕾染病，不开花或畸形。

发病规律：病原为链格孢菌。病菌附在病株上或病残体上，借助风雨和气流从伤口或气孔处传播。多雨、高湿条件下更易发病。

防治方法：①注意排水，保持通风透气。②药剂防治。喷洒75%百菌清粉剂800倍液，或72%克露可粉剂800倍液，或69%安克锰锌1 000倍液，宜交替使用。

394. 宫灯百合灰霉病

症状表现：发病初，花瓣边缘出现淡褐色水渍状病斑。湿度高时，产生灰色霉状物。叶片发病后会出现不规则水渍状斑点，湿度高时，会产生灰霉状。枝条发病后出现水渍状小点，后扩展为茎腐，湿度高时，病害重。

发病规律：病原为灰葡萄孢真菌，病菌在病残体和土壤里越冬，借助风雨、灌溉水或操作工具进行传播，低温高湿环境下更易发病。

防治方法：①及时清除病株病叶并销毁。②保持通风透气。③药剂防治。发病初，用45%百菌清烟剂，或10%速克灵烟剂进行熏蒸3～4小时。喷洒50%扑海因粉剂1 200倍液，或50%速克灵粉剂2 000倍液。

养花无忧小窍门

养护宫灯百合要注意哪些问题？

① 种植宫灯百合宜选用疏松肥沃、排水性良好的土壤。

② 宫灯百合适宜生长温度为18～24℃，温度过高会降低植株的高度，减少开花数量；温度过低则会导致落蕾、叶片黄化，降低观察价值。所以，夏天要通过喷雾、遮阴等方式对植株进行降温，冬天则应采取保温措施。

③ 宫灯百合对肥要求不高，只需在生长期对其施复合肥和氮肥，使植株生长健康粗壮。

宫灯百合

别名：宫灯花、金色风铃、圣诞百合
科属：百合科宫灯百合属
分布区域：南非、新西兰

夹竹桃

别名：出冬、洋桃、洋桃梅
科属：夹竹桃科夹竹桃属
分布区域：热带地区均有分布

395. 夹竹桃黑斑病

症状表现：该病主要危害茎、叶、花。发病初，叶片出现黑褐色小点，后扩大为不规则红褐色斑，直至叶片变枯。茎上发病从叶基部开始，使茎部变成黑褐色条斑。花朵受害，花瓣上出现黑褐色，后扩大为圆形病斑，后期产生黑霉状物。
发病规律：病原为链格孢真菌。病菌在病残体上越冬，借助风雨和种子进行传播，高温多雨发病更重。发病期为 5 ～ 8 月，以 7 月、8 月最为严重。
防治方法：①及时清除病株病叶并销毁。②强化栽培管理，保持通风透气，排水顺畅。③药剂防治。喷洒 50% 代森锌或代森锰锌 500 倍液。

396. 介壳虫

症状表现：该虫主要危害叶片组织，使其生长不佳。通风不畅极易发病。
防治方法：①发生少量时，用棉签蘸水。②药剂防治。喷洒氧化乐果 1 200 倍液或亚胺硫磷乳剂 1 000 倍液。

养花无忧小窍门

养护夹竹桃要注意哪些问题？

① 夹竹桃生命力旺盛，对土壤没有严格的要求，然而在土质松散、有肥力且排水通畅的土壤中长得最好。
② 夹竹桃喜欢温暖，略能抵御寒冷，在我国北方家庭用花盆种植的时候，要于 11 月将其搬进房间里，温度控制在 5℃以上就能顺利过冬，次年春天 3 月方可搬到室外。
③ 夹竹桃喜欢光照充足的环境，也能忍受半荫蔽，可以种植在室外朝阳的地方，也可以置于房间里光照充足的地方。夏天阳光比较强烈的时候要为植株适度遮蔽阳光，防止久晒。
④ 在植株的生长季节令土壤维持潮湿状态就可以，浇水太多或太少皆会令叶片发黄、凋落。
⑤ 在夏天气候干燥的时候，浇水可以适度勤一些，且每次可以多浇一些水，并要时常朝叶片表面喷洒清水，以降低温度和保持一定的湿度，促使植株健壮生长，也能令叶片保持洁净而有光泽。冬天少浇水，只要保持土壤湿润偏干即可。
⑥ 平日要留意疏除枝叶，尽早把干枯枝、朽烂枝、稠密枝、徒长枝、纤弱枝及病虫枝剪掉。

397. 粉蚧

症状表现：该虫主要以若虫和成虫的形态在寄主的新叶、嫩梢和叶基吸取汁液，初叶片褶皱、嫩梢扭曲、新梢停止生长，严重时，影响生长和开花。

防治方法：①少量时，实施人工摘除带虫枝叶。②药剂防治。喷洒40%氧化乐果1 500倍液，或50%马拉硫磷1 000倍液。洗晾干后再插。

398. 金苞花黑霉病

发病规律：病原为黑曲霉菌。病菌附在土壤中或病残体上越冬，借助气流从伤口或表皮进行传播。高温、高湿环境下，或栽培不当更易发病。

防治方法：①及时清除病株病叶并销毁。②将病株土壤进行更换，或用75%百菌清或50%多菌灵进行消毒。

培养土的配制比例

配制培养土一定要根据不同花卉的喜好，使用相应的材料和适当的量加以配制，只有这样才能使花卉获得其所需要的养分，长得花繁叶茂。

① 中性或偏酸性培养土：一般花卉种植都用这种培养土，可以用腐叶土（或泥炭土）、园土、河沙以4 ∶ 3 ∶ 2.5的比例，加入少量骨粉或少量腐熟的饼肥进行混合配制。

② 喜酸耐阴花卉的培养土：配制这种培养土可用腐叶土和泥炭土各4份、锯木屑1份、蛭石或腐熟厩肥土1份混合配制。

③ 喜欢阴湿植物的培养土：这类花卉主要包括肾蕨、万年青、吉祥草、龟背竹、吊竹梅等类。可用园土、河沙、锯木屑或泥炭土按照2 ∶ 1 ∶ 1的比例混合配制。

④ 根系发达、生长较旺花卉的培养土：这类花卉主要包括吊钟花、菊花、虎尾兰等。可用园土、腐叶土、砻糠灰和粗沙按照4 ∶ 2 ∶ 2 ∶ 2进行配制。

⑤ 播种用的培养土：播种用土可以选择园土、砻糠灰和粗沙按照2 ∶ 1 ∶ 1混合配制；扦插用的基质可用园土和砻糠灰按照1 ∶ 1的比例进行混合配制。

金苞花

别名：黄金宝塔、黄虾花、金包银
科属：爵床科麒麟吐珠属
分布区域：秘鲁及其他温带地区

珍珠梅

别名：八本条、山高粱条子、高楷子
科属：蔷薇科珍珠梅属
分布区域：中国华北地区、西北地区，俄罗斯、日本、蒙古

399. 金龟子

症状表现：金龟子咬食叶片、花和花蕾，致使叶片残缺不全，影响观赏、影响生长。
防治方法：①成虫喜欢钻入土中，在植株周围喷洒2.5%亚胺硫磷粉剂，后松土。②在早晨或傍晚摇动花枝，使金龟子掉落地上后进行捕杀。③药剂防治。喷洒50%马拉松1 000倍液或40%氧化乐果1 000倍液。

400. 珍珠梅白粉病

症状表现：发病初，叶片上产生白色粉状物，严重时叶片呈凹凸状，嫩梢弯曲、脱落。花小且不盛开，花姿干枯。
防治方法：①及时清除病株病叶并销毁。②保持通风透气，增施磷钾肥，增强光照。③药剂防治，喷洒50%代森铵800倍液或70%甲基托布津800倍液。

401. 斑衣蜡蝉

症状表现：成虫、若虫喜居叶背吸食汁液，被害叶片发生穿孔、破裂、卷曲或增厚等。
防治方法：①及时清除病株并销毁。②成虫较多时用网兜进行捕杀。③药剂防治。喷洒40%乐果乳剂1 200倍液或90%敌百虫1 000倍液。

402. 珍珠梅叶斑病

症状表现：发病时，珍珠梅叶片上会出现近圆形的褐色斑点，叶背面病斑处会疏生褐色霉状物。
防治方法：①及时摘除病叶和病枝。②发现病情后，可喷洒50%托布津500～800倍稀释液。

养花无忧小窍门

养护珍珠梅要注意哪些问题？

① 珍珠梅对土壤要求不高，但要是种植在肥沃的沙壤土里，长势会更好。
② 珍珠梅对肥料要求不严，除种植时在土壤里施基肥外，其他生长时段不需要施肥。
③ 珍珠梅花谢后，要及时剪掉残留花枝和病枝老弱枝，以保持株型优美，并避免养分消耗。

403. 香草兰根腐病

症状表现：发病初，根尖变黑，后向基部扩展，使皮层腐烂。后扩展向茎节，出现绿色不规则水渍状斑，后期茎蔓或病根变色。

发病规律：病原为镰孢霉属真菌，病菌在土壤或病残体上存活，通过伤口入侵，高温、高湿、排水不畅、碱性土壤更易发病。

防治方法：①选取抗病品种栽种。②合理浇水，保持通风透气。

404. 香草兰炭疽病

症状表现：发病初，叶尖出现水渍状褐色斑点，后扩大为不规则轮纹斑点，中心为白色。茎蔓发病初出现水渍状斑，先变褐色不规则状，后扩大枯萎而死。果荚发病初出现褐色圆斑，严重时脱落。

发病规律：病原为刺盘孢。多雨、积水或植株过密都会诱发病害。

防治方法：①及时清除病株病叶并销毁。②增施磷钾肥，提高抗病能力。③药剂防治。喷洒50%福美双粉剂800倍液、50%多菌灵粉剂800倍液或70%托布津粉剂800倍液。

405. 香草兰细菌性软腐病

症状表现：发病初，叶片呈水渍状病斑，后呈软腐，边缘出现暗色条纹。

发病规律：病斑在病体上或土壤中越冬，借助昆虫或软体动物进行传播。高温、高湿、多雨条件下更易发病。发病期为4～10月。

防治方法：①强化栽培管理，避免叶片受伤。②药剂防治。喷洒1%波尔多液。

养花无忧小窍门

养护香草兰要注意哪些问题?

① 香草兰喜阴，应选择荫蔽处进行种植。香草兰生长期要相对干旱，有利于花芽分化，高温季节要增加供水量，以促进果荚生长。

② 香草兰要适当施肥，每年施肥5～6次，施腐熟的有机肥。

③ 香草兰是藤本植物，需要有支柱攀缘。种植的香草兰长出新藤蔓后，要及时用绳子将蔓茎绑在支柱上，让其向上攀缘。

④ 香草兰一般在头年的11月下旬去顶，以避免养分消耗，诱导其来年开花。

香草兰

别名：香荚兰

科属：兰科香荚兰属

分布区域：原产于中美洲，中国华南地区有栽培

卡特兰

别名：加多利亚兰、卡特利亚兰、嘉德丽亚兰
科属：兰科卡特兰属
分布区域：美洲的热带地区

406. 卡特兰软腐病

症状表现：该病主要危害假鳞茎和叶片。发病初，叶片出现水渍状斑点，后扩大使叶片腐烂变褐色。当假鳞茎和叶片受感染时，植株会发生腐烂。
防治方法：①保持通风透气，控制室内温湿度。②栽植时不要过密。③药剂防治。喷洒 50% 克菌丹粉剂 1 000 倍液或 77% 氢氧化铜粉剂 500 倍液。

407. 卡特兰花腐病

症状表现：发病初，花瓣出现淡褐色水渍斑，后扩大并使花瓣腐烂。通风不畅、温度过高更易发病。
防治方法：①开花前如降温，应降低室内湿度。②药剂防治。喷洒 1% 石硫合剂或 50% 多菌灵 500 倍液。

408. 卡特兰灰霉病

症状表现：该病主要危害花朵，发病初，花瓣出现水渍状圆斑，后变成黑褐色，后期花朵提前脱落。
防治方法：①及时清除病株病叶并销毁。②保持通风透气增加光照。③药剂防治，喷洒 50% 速克灵 1 000 倍液、65% 代森锌粉剂 800 倍液或 75% 百菌清 800 倍液。

409. 卡特兰炭疽病

症状表现：该病主要危害叶片。发病初，叶片上产生凹陷斑点，后变大，颜色逐渐加深。严重时，导致叶枯而落，或花不开或提前凋谢。
防治方法：①及时清除病株病叶并销毁。②保持通风，降低湿度，增施含钙肥料，提高植株抵抗力。③药剂防治。喷洒 70% 甲基托布津 800 倍液、50% 多菌灵粉剂 800 倍液或 75% 百菌清 500 倍液。

410. 介壳虫

症状表现：该虫主要寄生在假鳞茎和叶片上，吸取植株汁液，使叶枯萎而死。
防治方法：①可用食醋或酒精擦洗叶片。②药剂防治。喷施 50% 马拉松乳剂 1 000 倍液或 40% 氧化乐果乳油 1 000 倍液。

411. 球兰软腐病

症状表现：发病初，叶面、叶柄出现水渍状黑点，后萎蔫下垂，叶片呈暗绿色黑点斑，后扩大为黄褐色软腐，并有臭味。
发病规律：高湿、低温条件下更易发病，夏初阴旱季节也易发。
防治方法：①及时清除染病植株或叶片并销毁。②药剂防治。喷洒甲基多硫磷1 000倍或农用链霉素5 000倍液。

412. 球兰锈病

症状表现：早期叶面泛起橘白色黑点，前期叶背泛起褐色孢子。
防治方法：①事前对栽培介质进行消毒，增强治理，保持通风透气。②药剂防治。喷洒70%甲基托布津1 000倍液或50%多菌灵800倍液。

413. 球兰炭疽病

症状表现：该病从伤口处侵染。发病初叶面出现淡黄色或灰色的小区域，有时出现玄色带，后扩大，四周组织变成灰绿色或黄色并下陷，严重时整株死亡。
防治方法：①及时清除病株病叶并销毁。②经常通风透气，栽种不要过密。③药剂防治。喷洒70%甲基托布津1 000倍液或80%炭疽福美600倍液。

414. 蚜虫

症状表现：该虫常居于枝叶的嫩茎梢吸食营养，使植株停止发展，叶片变黄。其排泄物常招致霉菌产生，也会产生煤污病。
防治方法：①虫害大量发生时，用水进行冲洗或将受害部位摘除。②药剂防治。喷洒敌百虫1 000倍液或溴氰菊酯1 200倍液。

415. 介壳虫

症状表现：该虫寄生在叶片和茎上，特别喜欢在叶背和叶鞘吸食营养，会使苗株黄化后染病而死。夏日多雨低温，通风不好或日照不足的条件下更易发病。
防治方法：①发现害虫早期，用水冲刷洗净。②药剂防治，喷洒30%除虫菊酯1 000倍液或介杀死乳油1 000倍液。

球兰

别名：铁脚板、狗舌藤、马骝解
科属：萝藦科球兰属
分布区域：热带及亚热带地区

水鬼蕉

别名：蜘蛛兰、蜘蛛百合、美洲水鬼蕉
科属：石蒜科水鬼蕉属
原产地：美洲热带地区及西印度群岛

416. 水鬼蕉锈病

症状表现：发病初，叶片出现黄色水渍状圆斑，后期变褐色。深秋后出现褐色疱状斑。严重时，病叶黄化，最终呈褐色状，干枯死亡。
防治方法：①及时清除病株病叶并销毁。②药剂防治。发病初，选用 25% 波美度石硫合剂或 20% 萎锈灵 400 倍液喷洒。

417. 水鬼蕉炭疽病

症状表现：病原为半知菌亚门盘孢目的真菌，以分生孢子形态借雨水溅射传播。环境温暖潮湿，封闭低湿，或植株偏施氮肥，易诱发本病。此病主要危害水鬼蕉叶片。病菌可通过叶片伤口侵入植株，也可侵染未损伤的叶片。发病初叶片生黑色或黑褐色圆形小斑点，后迅速扩大并相连成片，2 ~ 3 天叶片变黑，向深处扩展致腐烂。
防治方法：①勿偏施氮肥，盆土忌过湿，雨后要及时清沟、排水、降湿。②发病后，要及时用 25% 炭特灵 500 倍液，或 40% 多硫悬浮剂 600 倍液，或 50% 施宝功可湿粉 800 ~ 1 000 倍液，交替喷施。③当春季叶片抽生到开花之前，可视情况再喷药 2 ~ 3 次。④及时剪除初发病叶，对提高植株抗性也有很好的作用。

418. 水鬼蕉叶焦病

症状表现：该病主要危害叶片，受害后，叶片呈蕉状，防治不及时，逐渐蔓延，导致植株出现病症，严重时影响生长。
防治方法：①少量时，及时清除病叶。②严重时，喷洒75%代森锰锌粉剂500倍液。

养花无忧小窍门

养护水鬼蕉要注意哪些问题？

① 水鬼蕉喜半阴，喜温暖湿润的环境，不耐寒。盆栽可在 3 月进行，室外栽种则应选 5 月初，霜后进行。
② 种植水鬼蕉要选择肥沃疏松，透气性好且富含腐殖质的沙质或黏质壤土。
③ 夏季强光时，要适当遮阴。生长期注意保持土壤湿润，1 月追肥 1 次。
④ 秋末霜降后，水鬼蕉叶片变黄，要及时采收水鬼蕉鳞茎晾干，放于不低于 8℃的室内贮藏，于明年栽植用。

419. 曼陀罗黑斑病

症状表现：该病主要危害叶片。发病初，叶片呈褐色圆斑，后期变成褐色，高湿时产生黑色霉状物。

发病规律：病菌在病残体上越冬，借助风雨进行传播。高温多雨更为严重。发病期为7月、8月。

防治方法：①及时清除病株病叶并销毁。②保持通风透气，不要积水。③药剂防治。喷洒65%代森锌500倍液或50%退菌特1 000倍液。

420. 曼陀罗黄萎病

症状表现：发病初，叶片变黄，后变褐，叶缘枯死，叶脉不变，叶片从下向上逐渐黄萎，严重时不能结果。

发病规律：病原为轮枝孢菌，病菌在病残体或土壤里存活，靠灌溉水、风雨或农具进行传播，从植株的茎基部或根部的伤口入侵，高温、高湿条件下或虫害严重时，更易发此病。

防治方法：药剂防治。发病期，浇灌50%多菌灵或甲基硫菌灵粉剂600倍液。

养花无忧小窍门

（1）曼陀罗如何繁殖?

① 于春天3 月下旬到4 月中旬进行直接播种。

② 播完后盖上厚约1 厘米的土，略镇压紧实，并使土壤维持潮湿状态，比较容易萌芽。

③ 当小苗生长至8 ~ 10 厘米高的时候采取间苗措施，把纤弱的小苗除去，每盆仅留下2 株为宜。

④ 当植株生长至15 厘米左右的高度时进行分盆定苗。

（2）养护曼陀罗要注意哪些问题?

① 曼陀罗喜欢温暖的环境，不能忍受极度的寒冷，萌芽的适宜温度在15℃左右，霜后其地上部会干枯萎缩。

② 在植株的生长季节，要使其接受足够的阳光照射，以令其生长得健康壮实，如果阳光不充足则会导致其生长不好，不利于观赏。

③ 曼陀罗喜欢潮湿而润泽的环境，但不能忍受积水，平日令土壤维持潮湿状态就可以。夏天气候干旱的时候，可以适度加大对植株的浇水量。

④ 在植株生长的鼎盛期，要适度施用2 ~ 3次过磷酸钙或钾肥。

曼陀罗

别名：醉心花、狗核桃、曼荼罗

科属：茄科曼陀罗属

分布区域：原产于墨西哥。广泛分布于温带至热带地区。

丽格海棠

别名：玫瑰海棠、丽格秋海棠
科属：秋海棠科秋海棠属
分布区域：热带和亚热带地区

421. 丽格海棠灰霉病

症状表现：该病主要危害下部叶片。发病初，叶片出现水渍状斑，后扩大到整个叶片或插条。后期坏死或变成黑色。高温、高湿条件下更易发病。

发病规律：病原为灰葡萄孢霉真菌。病菌在土壤和病体上存活，借助气流、风雨、农具传播。高湿、温暖、植株生长弱、通风不畅，更易发病。

防治方法：①保持通风透气，降低叶片的湿润度。②药剂防治。施用杀菌剂灰霉速克。

422. 丽格海棠真菌性叶斑病

症状表现：该病主要危害叶尖、叶缘和叶脉。发病初，呈水渍状，坏死的区域为深棕色。而叶部表面通常有不规则、黑色团块的菌丝体。

防治方法：施用杀菌剂。在进行植株施肥时要适量，不要过多或过少，以免加重病害。

423. 丽格海棠细菌性叶斑病

症状表现：该病通常会引起叶片边缘坏死和褶皱。发病初，叶背出现透明小斑点，后增多扩大为水渍状斑点。

发病规律：病原为丁香假单孢杆菌，病菌附在病残体上过冬，借助水滴和昆虫进行传播，从植株的伤口处进行入侵，高温高湿、施肥不当、植株过于繁茂时，更易发病。

防治方法：① 选取无病的插条。② 及时摘除病叶或清除植株。③强化栽培管理：保持通风，降低湿度，控制浇水，增强植株抗病性。④药剂防治。喷洒75% 百菌清800 倍液或65%代森锌500 倍液。

养花无忧小窍门

养护丽格海棠要注意哪些问题？

① 丽格海棠性喜温暖、湿润、半阴的环境，家庭种植应摆放在无阳光直射，但散射光充足处。

② 丽格海棠适宜生长温度为18～22℃，最低温度不能低于15℃，冬季仍处在生长期，要摆放在室内向阳处，夏季温季高于28℃时，要采取降温措施。

424. 蓑蛾

症状表现：该虫主要危害花和茎。受害后叶片变黄，长势不好，还会危害到新梢的生长。害虫晴天藏在叶背，在清晨和阴天出来取食。

防治方法：①及时清除病株病叶并销毁。②药剂防治。喷洒90%敌百虫1 000倍液。

425. 蜗牛

症状表现：蜗牛在啤酒花苗期比较常见，常居于其周围，舔食叶片和嫩茎，使得叶片出现孔洞，嫩茎被舔断。

防治方法：①利用蜗牛昼伏夜出的习性，进行人工捕杀。②了解产卵期，及时除草消灭卵虫。③药剂防治。喷洒1%石灰水。

426. 朱砂叶螨

症状表现：该虫的危害主要先从下部地面的老叶开始，逐渐向上发展，后期叶片干枯脱落，同时还会造成啤酒花产量减产，质量变次。

防治方法：①露养的啤酒花收后，冬春结合翻地，清除杂草和枯蔓。②在碱性引蔓上架时及时疏打枝叶，保持室内通风透气。③药剂防治。喷洒40%氧化乐果1 000倍液或20%双甲脒1 000倍液。

养花无忧小窍门

养护啤酒花要注意哪些问题？

① 啤酒花喜冷凉，畏热耐寒，适宜生长温度为14～25℃，如果温度高于30℃，就会灼伤植株。

② 啤酒花是长日照植物，喜光，每日需光照7～8个小时。

③ 啤酒花不择土壤，但以疏松、肥沃、通气性良好的沙壤土为佳，土呈中性或微碱性均可。

④ 啤酒花生长期如果缺水，对植株生长会产生很大影响，所以开花期必须保证充足的水分，但注意也不能使土壤过湿。

⑤ 要及时给啤酒花松土追肥，松土时注意不要伤根。施肥要驰含氮、磷、钾的复合肥。

啤酒花

别名：酵母花、酒花、香蛇麻
科属：大麻科　葎草属
分布区域：中国温带地区

松果菊

别名：紫锥花、紫松果菊、紫锥菊
科属：菊科松果菊属
分布区域：原产北美，现世界各地均有

427. 松果菊黄叶病

症状表现：染病后，叶片变黄、卷曲、矮化，花朵畸形，颜色变浅。该种病害的特点是第一年患病后，第二年才会发生症状。
防治方法：①及时清除病株病叶并销毁。②药剂防治。喷洒 75% 百菌清粉剂 600 倍液或 50% 多菌灵 500 倍液。

428. 松果菊花叶病

症状表现：发病后，幼叶有色差。发病初，新叶呈黄绿状花叶，病叶略缩，严重时叶片反卷，病株下部叶片变黄。
防治方法：①及时清除病株应并销毁。②药剂防治。喷洒 20% 病毒丹粉剂 500 倍液、5% 菌毒清粉剂 300 倍液或 0.5% 抗毒剂 1 号水剂 300 倍液。另混加硫酸锌 30 克。

429. 松果菊褐斑病

症状表现：发病初，叶片出现淡黄色圆形小斑，后扩大为不规则红褐色病斑，中心呈暗褐色。病叶提前脱落，严重时影响生长。
发病规律：病菌分生孢子器。温室栽植的植株病害严重，高湿条件下更加严重。
防治方法：①及时清除病株病叶并销毁。②药剂防治。植株展叶后，每半个月喷洒1：1：100波尔多液，连续3次。发病初，喷洒50%甲基托布津1 000倍液。

养花无忧小窍门

养护松果菊要注意哪些问题？

① 松果菊对土壤的要求不高，但以肥沃、深厚、富含有机质的土壤为佳。
② 松果菊喜欢温暖的环境，其最佳的生长温度在 20 ~ 30℃之间。冬季要将植株移到室内，或进行一些防寒保护，保证温度不低于 0℃。
③ 松果菊喜欢阳光充足的环境，若光照不足，植株容易徒长，花朵也不再鲜艳。一般来说，松果菊每天要接受 6 小时以上的日光直射。
④ 植株上盆后长高到 6 厘米左右时，要摘心一次，这样可以让植株长出更多的分支，日后结出的花朵也会比较多。
⑤ 如果不需要留种的话，花凋谢后要及时剪掉残花，这样可以延长花期。
⑥ 花期后要及时剪掉树上的老枝、枯枝和病害枝。

430. 毛鹃根腐病

症状表现：发病初，根上出现水渍状褐斑、软腐、脱皮，木质部呈黑褐色，树皮呈灰白色，并不断蔓延，使嫩叶干枯，枝叶失水，最后全株死亡。

发病规律：病原为镰孢霉属真菌，病菌在土壤中存活。高湿、高温、碱性土壤都会使病害更易蔓延。

防治方法：①及时清除病株病叶并销毁。②保持通风透气，增加光照，增施磷钾肥，提高抗病性。

431. 毛鹃缺铁黄化病

症状表现：该病主要危害嫩梢叶片。发病初，叶肉褪绿无光，后变黄白色，叶片呈网纹状。后期，全叶变黄，严重时，叶片枯焦。

发病规律：病因比较多，最为常见的是碱性土壤中缺铁性黄化，7～8月为发病高峰期。

防治方法：①避免在碱性土壤或含钙较多的地里栽植。②在栽植过程中使用有机肥和绿肥进行施用。③药剂防治。在碱性土壤中浇0.2%磷酸二氢钾溶液或施用硫酸亚铁溶液，但不宜过多。

432. 毛鹃灰霉病

症状表现：该病主要危害叶和花部。冻害是发病的诱因。发病初，花瓣出现坏死，后扩大相连形成大型病斑。

发病规律：属真菌病害，由灰葡萄孢菌侵染所致，是典型的气候病害，在土壤或病残体上越冬越夏，随空气、水流、农事作业传播，从伤口或衰老器官处侵入。连阴雨、寒流大风天气、密度大、幼苗徒长时、分栽时伤到根叶，都会加重病情。

防治方法：①及时清除病株病叶并销毁。②防止冻害，保持室内通风透气。③药剂防治。喷洒50%多菌灵粉剂1000倍液或50%氯硝胺1000倍液。

433. 杜鹃冠网蝽

症状表现：该虫主要以成虫和若虫为形态刺吸汁液为主，受害后叶面出现黑色黏稠物。后叶背呈黄色，正面有白斑，严重时全叶失绿，叶片提前脱落。

防治方法：①及时清除病株病叶并销毁。②药剂防治。喷洒40%氧化乐果1200倍液或50%杀螟松1000倍液。

毛鹃

别名：锦绣杜鹃
科属：杜鹃花科杜鹃花属
原产地：中国

白晶菊

别名：晶晶菊
科属：菊科茼蒿属
原产地：北非、西班牙

434. 白晶菊枯萎病

发病规律：病原为菊花尖镰孢菌，病发期以夏季最重。高温、多雨时发病更为严重。

防治方法：①及时清除病株病叶并销毁。②药剂防治。发病初，喷洒75%百菌清800倍液、50%代森铵乳剂800倍液或50%多菌灵400倍液。

435. 白晶菊叶斑病

发病规律：病原为野菊壳针孢菌和菊壳针孢菌，全年都可发生，尤其是5～10月发病重、发病多。

防治方法：①及时清除病株病叶并销毁。②药剂防治。发病初，喷洒70%甲基托布津800倍液，发病期间喷洒75%百菌清1 000倍液或50%多菌灵800倍液。

436. 白晶菊锈病

症状表现：该病主要危害叶片。发病初，叶片出现不规则黄绿色斑块，后产生褐色毛状物，严重时，叶片大量枯死。

发病规律：病原为菊花柄锈菌，多雨天气更易发病，发病期为4～5月。

防治方法：①及时清除病株病叶并销毁。②药剂防治。发病初，喷洒80%代森锌600倍液；发病期间喷洒25%粉锈宁1 200倍液。

437. 白粉蝶

发病规律：该虫以幼虫的形态为害，专食嫩梢和顶芽，严重时叶片全部被其吃光，只残留粗叶脉和叶柄。夏季发病最为严重，发病期为4～10月。

防治方法：药剂喷洒。经常检查植株，有害虫时用5%锐劲特悬浮剂1 200倍液或20%灭扫利1 000倍液。

养花无忧小窍门

养护白晶菊要注意哪些问题？

① 白日菊宜种植在疏松、肥沃、湿润的壤土或沙质壤土中，喜光照，光照不足会导致开花不良。

② 白晶菊喜欢温暖湿润且阳光充足的环境，适宜生长温度为15～25℃。不耐高温，温度过高会灼伤植株。较耐寒，但温度低于零下5℃时，会冻伤植株叶片。

438. 银莲花腐烂病

发病规律：病原为腐霉菌，发生比较普遍。感病后，植株根和茎部出现腐烂。潮湿环境下极易传播腐烂病。

防治方法：①土壤消毒：利用土壤菌虫清或五氯硝基苯拌种，掺土消毒杀菌。②药剂防治。喷洒退菌特进行灭菌。

439. 银莲花霜霉病

症状表现：一般在 2 ~ 4 月发布最多，叶部染病由淡绿转为黄褐色，严重时叶柄腐烂，致使种球腐烂。

防治方法：发病初，喷洒 65% 代森锰锌粉剂 800 倍液、75% 百菌清 1 000 倍液或 64% 杀毒矾 800 倍液。

440. 银莲花白粉病

症状表现：发病初，叶片螺旋状卷曲，叶茎部和花蕾上出现圆斑，花蕾不能卷曲，停止生长。

防治方法：药剂防治。喷洒三唑酮 800 倍液，严重时，1 周喷洒 1 次，连喷 3 次。

441. 蚜虫

症状表现：蚜虫是最常见也最令人头痛的害虫。它们通常多批轮番上阵侵害植物，蚜虫以刺吸式口器吸食植株汁液，不仅对植物造成直接损害，还会影响植物将来的生长。严重时植株停止生长，甚至全株萎蔫枯死。

防治方法：①发现叶片上有少量蚜虫时，可用毛笔蘸水洗刷叶片，或者将盆花倾斜放于自来水下冲洗。②可以用 40% 氧化乐果乳油 1 000 ~ 1 500 倍液或吡虫啉 1 000 倍液喷洒。

442. 银莲花灰霉病

症状表现：灰霉病是一种既可以感染小苗又可在植株开花期发作的疾病，植株患上灰霉病后，茎、叶会呈水浸状腐烂，最后茎基腐烂，生出灰褐或灰绿色霉层。

防治方法：①及时摘除病重叶片。②发病初期应喷洒 50% 多菌灵可湿性粉剂 600 ~ 700 倍液，每 7 ~ 10 天喷洒 1 次，连续喷洒 3 ~ 4 次。

银莲花

别名：毛蕊银莲花、华北银莲花
科属：毛茛科银莲花属
分布区域：园艺栽培种，中国各地常见栽培

锦鸡儿

别名：土豆黄、阳雀花、粘粘袜
科属：豆科锦鸡儿属
分布区域：中国长江流域和华北地区的丘陵、山区

443. 锦鸡儿锈病

症状表现：该病主要危害叶片和表皮，受病后，壁呈黄褐色，顶部芽孔上扁平乳突。柄短，无色，易断。多分布于中国北方省份。

防治方法：①及时清除病株病体并销毁。②增施磷钾肥，提高植株的抗病性，合理排水，适当灌溉。③选取优良抗病品种。④药剂防治。使用15%粉锈宁可湿性粉剂0.75千克/公顷，氧化萎锈灵－百菌清混合剂0.4+0.8千克/公顷或波尔多液。

444. 锦鸡儿黑斑病

症状表现：该病主要危害叶片、叶柄和荚果，感病后，产生圆形黑斑，严重时，使整个叶片变黑。

发病规律：病原为锦鸡儿扁裂腔孢。病菌附在叶片和种子间远距传播。脱落的病叶，秋冬后产生有性世代。黄土高原的气候环境更适于病菌的生长。

防治方法：尚无合适的防治措施，注意清选种子及种植区卫生，对已发病的种植区域应尽早刈割利用，减少病害所造成的损失。

养花无忧小窍门

养护锦鸡儿要注意哪些问题？

① 锦鸡儿对土壤有较好的适应性，但以土层深厚、肥沃湿润的沙质壤土为最佳。还可以选用中性或微酸性的壤土或轻黏土，不宜选用碱性土。

② 锦鸡儿比较耐干旱，平时要遵循“不干不浇，浇则浇透”的原则。从花蕾出现到生长结束，要注意保持盆土的湿润，这样可以延长植株的花期。但千万不能让土壤积水，一旦发现有积水，要及时排出。

③ 锦鸡儿适宜在冷、凉的温度条件下生长。当植株处于花期时，周围的温度不要超过16℃，否则会使花朵生长不良，甚至枯萎死亡。冬季既可以将植株移到室内的冷凉处，也可以将其放在避风向阳处越冬。

④ 锦鸡儿喜欢充足阳光，不怕晒，最好每天都能够接受阳光的照射。

⑤ 锦鸡儿比较耐瘠薄，适量施1些稀薄肥水即可。春季，开花前施1次水肥，这样可以促进枝叶生长，而且也能够让花开的时间更长久。植株上出现花蕾后，每20天左右施一次富含钾的液肥。

⑥ 锦鸡儿的生长速度很快，生长旺盛期要经常摘心，这样可以使花开得更多。

445. 百子莲红斑病

症状表现：该病主要危害叶片、花梗及鳞片等，发病初，产生红色隆起或开裂斑点，后扩大为红色溃疡斑，花瓣与鳞片染病产生棕红色斑点。

发病规律：病原为水仙大褐斑菌。病菌在病鳞茎内或寄主上越冬，借助风雨或浇水活动进行传播。

防治方法：①及时清除病株病叶并销毁。②浇水时不要喷灌或淋浇，及时通风透气。③药剂防治。喷洒65%代森锌粉剂300倍液、50%克菌丹粉剂500倍液或75%百菌清粉剂600倍液。每周1次，连喷3次。

446. 百子莲叶斑病

症状表现：叶斑病一般在春、秋两季发生，先侵染植株叶片、叶柄和茎，后扩大，产生轮纹。叶上病斑为圆形，茎和叶柄上病斑为长条形。

防治方法：①及时摘除病叶。②可以用70%甲基托布津可湿性粉剂1 000倍液喷洒防治。

养花无忧小窍门

养护百子莲要注意哪些问题？

① 百子莲在疏松肥沃、排水性和透气性良好的土壤中生长良好。

② 百子莲生长、开花均需要充足的阳光，在其生长旺盛阶段，要让植株每天接受不少于2小时的日光直射。

③ 百子莲适宜生长温度在15～28℃。夏季温度超过30℃时，要为植株遮阴，冬春二季低温阶段，可以为植株进行全日照。

④ 在南方地区，露地稍加覆盖即可越冬；在北方地区，需将百子莲置于不低于5℃的室内越冬。

⑤ 百子莲喜欢湿润的环境，生长季节注意经常保持盆土潮湿。但盆内不能积水，否则易烂根。

⑥ 除在定植时于花盆基部施用少量过磷酸钙作为基肥外，生长旺盛阶段应该每隔10天追施1次富含磷、钾的稀薄液体肥料。开花前增施磷肥，可令花开繁茂，花色鲜艳。

⑦ 开花后要适当进行摘花并及时追施肥料。冬季植株处于半休眠状态，不要施肥，并控制浇水。

⑧ 应经常剪去植株基部的枯黄叶片，以促进新叶萌发及植株的新陈代谢。

百子莲

别名：紫君子兰、非洲百合、蓝花君子兰
科属：石蒜科百子莲属
原产地：原产南非，中国各地多有栽培

瓷玫瑰

别名：火炬姜、姜荷花、菲律宾蜡花
科属：姜科茴香砂仁属
分布区域：原产热带非洲，中国广东、福建、台湾、云南等地有引种栽培

447. 瓷玫瑰疫病

症状表现：该病主要危害叶片、花朵和球茎。发病初，呈淡黄色不规则斑点，边缘为水渍状，病斑凹陷；后扩大为深褐色，花慢慢枯萎。

发病规律：该病病菌温度在5℃、湿度为90%～100%时，产生分生孢子。在低温、阴雨和多湿时发病重。

防治方法：①及时清除病株病叶并销毁。②保持通风透气，保持室内干燥，增施磷钾肥。③药剂防治。喷洒50%苯来特粉剂2 500倍液、50%速克灵粉剂2 000倍液、65%抗霉威粉剂1 500倍液或50%胶体硫200倍液。

448. 介壳虫

症状表现：通风不畅时，极易发生介壳虫，介壳虫吸取植物汁液为生，导致花卉受害，使发病部分卷曲枯萎；介壳虫的分泌物还会诱发煤污病，危害极大。

防治方法：①注意保持植株通风透气。②病虫较少时，可手工摘除。③可用25%的亚胺硫磷乳油1 000倍液喷杀。

449. 瓷玫瑰根腐病

症状表现：根腐病主要危害幼苗，成株也会发病，一般多在3月末4月初发病，初期只感染个别支根和须根，渐渐向主根扩展，随着根部腐烂程度加深，根部吸收水分和养分的功能逐渐减弱，最后引起整株植株死亡。表现为叶片发黄、枯萎。

防治方法：①种植前先对土壤进行消毒。②随时注意防治地壤中的害虫和线虫。③可用75%百菌清可湿性粉剂800～1 000倍液喷施防治。

养花无忧小窍门

养护瓷玫瑰要注意哪些问题?

① 种植瓷玫瑰宜选用疏松、透气、富含腐殖质的沙质壤土。

② 瓷玫瑰喜阳光充足，但也耐半日照，幼苗期宜稍荫蔽。瓷玫瑰植株高大，宜选择避风处进行种植。

③ 瓷玫瑰喜高温高湿，适宜生长温度为25～30℃，温度过低会发生冻害。

④ 瓷玫瑰强健，栽培容易，对基质要求不严，除种植前施基肥外，2年内可不用施肥。

450. 番红花菌核病

症状表现：该病主要危害茎基部。发病初，呈淡褐色水渍状病斑，后扩大，使病组织腐烂，后期产生黑色鼠粪状菌核。

发病规律：病原为核盘菌。病菌在土壤或病组织上越冬，借助风进行传播，低温、高湿、栽植过密时，发病更重。

防治方法：①及时清除病株病叶并销毁。②增施磷钾肥，提高抗病能力。③栽植不要过密，保持通风透气。④贮藏球茎时将受伤或有病球茎剔除。⑤药剂防治。喷洒50%苯菌灵粉剂1 500倍液、40%多硫悬浮剂600倍液、70%甲基托布津粉剂500倍液或40%菌核净粉剂500倍液。

451. 番红花腐败病

症状表现：主要为害植株叶片，叶片染病后，生不规则水渍状浅绿色角斑，渐渐转为蓝绿色至褐色，并干枯呈薄纸状。

防治方法：①种植前可先对土壤进行消毒，可用甲霜恶霉灵、多菌灵等来进行消毒。②及时清除病株病叶并销毁。③可用50%叶枯净1 000倍液或75%百菌清可湿性粉剂500倍液喷洒进行防治。

养花无忧小窍门

养护番红花要注意哪些问题？

① 盆栽番红花最好选择富含腐殖质、疏松肥沃、排水透气良好的土壤。

② 番红花最佳的生长温度在15℃左右，开花时的最佳温度在14～20℃。若温度达到25℃，就要对植株进行适当的遮阴处理。

③ 夏秋两季，日照强烈，此时最好为植株遮去60%的阳光，否则会灼伤叶片，导致叶片干枯焦黄。

④ 冬春两季，光照柔和，此时可将植株放在光照比较充足的地方。

⑤ 番红花比较耐寒，可以忍受−18℃的低温，但如果低于这个温度，就要采取防寒措施，以免遭受冻害。

⑥ 气候干旱的时候要适时浇水。

⑦ 3～4月份春雨绵绵，盆中容易积水，土壤久湿，鳞茎很容易腐烂，最终导致叶片发黄，植株过早枯萎。所以雨后要记得及时排水。

⑧ 入冬前要浇一次透水，以便安全越冬。

⑨ 番红花在生长旺盛期需要每15天追施1次稀薄的液肥。孕蕾期还要施一些速效的磷肥，这样有利于开花。

⑩ 为保持株形的优美，要随时剪掉枯枝、病害枝和残叶。

番红花

别名：西红花、藏红花

科属：鸢尾科番红花属

分布区域：欧洲、地中海、中亚地区和中国

大岩桐

别名：落雪泥、六雪尼
科属：苦苣苔科大岩桐属
分布区域：原产巴西，中国各地常见栽培

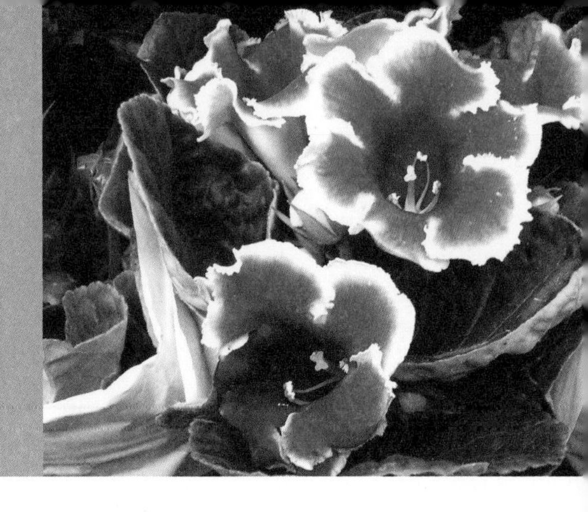

452. 尺蠖

症状表现：尺蠖主要危害叶片，也食大岩桐植株的嫩芽和花蕾，尺蠖食量大，爆发性强，如果不及时发现，两天内就会将叶片吃光，使枝条干枯，造成光秃，损失严重。

防治方法：①注意及时发现捕杀幼虫。②可在盆土中施入呋喃丹防治。③可喷施50%辛硫磷乳油1 000～1 500倍液、50%杀螟松乳油1 000倍液、25%亚胺硫磷乳油3 000倍液等。

453. 红蜘蛛

症状表现：红蜘蛛是植株种植过程中常见的破坏者，红蜘蛛个体很小，极难察觉，通常只能看到它们所结的精细的网，一旦发现时，受害已经比较严重了。红蜘蛛常群集于叶片背面，以口器刺入叶片内吸取汁液，使叶绿素遭到破坏，叶子变黄、出现斑点，且造成叶片脱落甚至掉光。

防治方法：①平时应留心观察，假如发生叶子颜色异常，应检查叶背，看是否发生了红蜘蛛危害。②红蜘蛛大规模发生时，喷施40%氧化乐果乳油或50%杀螟松乳油1 000倍液。

养花无忧小窍门

养护大岩桐要注意哪些问题？

① 种植大岩桐宜选择腐叶土、粗沙和蛭石混合的偏酸性沙质土壤。

② 大岩桐生长温期为20～25℃，温度高于30℃，植株便会出现半休眠状态，所以夏季要适当遮阴。

③ 大岩桐不耐寒，温度降到5℃左右，便会开始休眠，冬天应搬至室内，方能安全越冬。

④ 大岩桐喜湿，温度高的季节，可向植株周围喷水雾，以增加空气湿度，但注意不能浇到叶和花上，因为大岩桐叶生有绒毛，一旦沾上水滴，极易腐烂。

⑤ 大岩桐为半阳性植物，平时要适当遮阴，避免强光直射。放置在有散射光且通风良好处养护为佳。

⑥ 大岩桐浇水要适量，过多会造成块茎腐烂，夏季高温季节适当增加浇水量，冬季盆土要保持干燥。

⑦ 大岩桐展叶到小苗期，每7天施1次稀薄的有机液肥，叶片伸展后到开花前，每半月施1次稀薄的饼肥水。花芽形成后，需增施1次骨粉或者过磷酸钙。

454. 白粉虱

症状表现：体小、有翅的幼虫群居叶背，成虫多在尖梢，靠吸食汁液为主，使叶片变黄、萎缩，严重时干枯脱落。

发病规律：1年繁殖10代左右，叶背易居虫，严重时，受害叶片沿叶缘向背面卷曲，而且还易诱发煤污病，传播病毒病。

防治方法：①人工使用软毛刷或布将虫刷掉。②将花盆放在水中或用自来水冲刷。③配制1：1 000的洗衣粉水喷洒。④药剂防治。喷洒80%敌敌畏1000倍液或40%氧化乐果2 000倍液。每5天一次，连喷3次。

455. 五色梅灰霉病

症状表现：灰霉病是比较难治的一种真菌病害，由灰葡萄孢菌侵染所致，属低温高湿型病害，植物花、叶、茎均可受到侵染。发病处会生有厚厚的灰色霉层，呈灰白色，水渍状。

防治方法：① 及时清除病株病叶并销毁。②留意增强通风效果，使空气湿度下降。③ 在植株发病之初，可以每两周用50%速克灵可湿性粉剂2 000倍液喷洒1次，接连喷洒2～3次就能有效治理。

养花无忧小窍门

养护五色梅要注意哪些问题？

① 五色梅对土壤没有严格的要求，具有很强的适应能力，能忍受贫瘠，然而在有肥力、土质松散且排水通畅的沙质土壤中长势尤佳。

② 五色梅的生长适宜温度是20～25℃。冬季要搬入室内，否则会发生冻害。

③ 五色梅喜欢光照充足的环境，从春天至秋天皆可放在房间外面朝阳的地方料理，在炎夏也不用遮蔽阳光，但要保证通风顺畅。

④ 在植株的生长季节要令盆土维持潮湿状态，防止过度干燥，特别是在花期内，否则容易令茎叶出现萎缩现象，不利于开花。

⑤ 夏天除了要每日浇水之外，还要时常朝叶片表面喷洒清水，以增加空气湿度，促使植株健壮生长。

⑥ 冬天植株进入室内后要注意掌控浇水的量和次数，令盆土维持稍干燥状态就可以。

⑦ 在植株的生长季节每隔7～10天要施用饼肥水或含氮稀释液1次，以令枝叶茂盛、花朵繁多。在开花之前大约每15天施用以磷肥和钾肥为主的稀释液肥1次，能增加植株开花数。

五色梅

别名：五雷丹、马缨丹、五彩花

科属：马鞭草科马缨丹属

分布区域：原产南美洲、西印度，现分布于世界各地

口红花

别名：花蔓草、口红吊兰
科属：苦苣苔科芒毛苣苔属
原产地：爪哇、马来半岛、加里曼丹岛

456. 口红花黑斑病

症状表现：该病主要危害叶片和蔓性枝条。发病初，叶片出现黑色小斑点，后扩大为不规则病斑，严重时叶片扭曲、脱落。

发病规律：病原为半知菌类链孢属真菌。病菌附在病残体上，在湿差、温差较大时危害严重。

防治方法：①及时清除病株病叶并销毁。②加强环境控制，减少氮肥的投入。③喷洒亮叶剂。④喷洒广谱性杀菌剂，控制病害发生。

457. 口红花炭疽病

症状表现：主要危害口红花叶片，也危害茎部，初时，叶片上产生小斑点，渐渐扩大成黄褐色圆斑，严重时，会引起大半叶子枯黑，极大影响口红花的生长。

防治方法：①种植前对土壤进行消毒，可用甲霜恶霉灵、多菌灵等。②种植场所保持通风，以降低空气湿度。③管理上减少氮肥用量，施用磷、钾肥。④药剂防治。发病初，可用50%多菌灵500倍液或65%代森锌500倍液防治。

养花无忧小窍门

（1）口红花繁殖方法？

① 一般采用扦插法进行繁殖。剪取顶部枝条，剪成8～10厘米一段作为插穗，去掉下部叶片，斜插入培养土中。

② 注意要保持阴凉湿润，忌烈日暴晒，温度保持在20～25℃。

③ 只要养护得当，半月即可生根，10月后，就可现蕾开花了。

（2）养护口红花要注意哪些问题？

① 种植口红花宜选用疏松肥沃的微酸性腐质土。可用泥炭土、沙和蛭石配制成培养土，并用适量的过磷酸钙做基肥。

② 口红花喜欢温暖，耐寒性弱，适宜生长温度为20～30℃，要是温度低于15℃，叶片易受冻害枯黄。

③ 口红花要种植在有散射光的半阴处，忌阳光直射，光照过足，叶片会变成红褐色，但光照不足也容易导致枝条徒长不易开花。

④ 口红花耐旱，忌湿怕涝，浇水严格遵守“见干见湿”原则，不能过多，否则会引起腐烂和落叶。夏季要经常往叶面上喷水，增加叶面和空气的湿度。

⑤ 口红花花期长，肥水供应要足，生长期应每30天追肥1次。

第三章

观叶类植物

病虫害的识别与防治

龟背竹

别名：蓬莱蕉、穿孔喜林芋
科属：天南星科龟背竹属
分布区域：原产墨西哥，各热带地区多引种栽培供观赏。中国南北各地常作观叶盆栽

458. 龟背竹灰斑病

症状表现：该病主要危害叶片。发病初，病斑呈黑褐色，后扩大为不规则病斑，中心为灰褐色，边缘为黑褐色。后期病斑相连，导致腐烂。
防治方法：①及时清除病株病叶并销毁。②药剂防治。喷洒50%多菌灵1 000倍液或70%甲基托布津1 000倍液。

459. 柑橘粉蚧

症状表现：该虫主要以成虫和幼虫的形态吸食汁液为主，使得植株生长缓慢，枝叶变形，诱发煤污病，严重时影响生长和观看。
防治方法：①少量时，进行人工刮除。②强化栽培管理：保持通风透气，栽植不要过密。③药剂防治。喷洒50%辛硫酸1 000倍液或50%杀螟松1 500倍液，每10天1次，连喷3次。

460. 龟背竹锈病

症状表现：发病初，叶片呈黄色小点，后扩大为砖红色疱斑，后期散出锈色粉末。严重时锈斑布满叶面，使叶片枯黄脱落。茎部也会染病，产生类似叶片的症状。
发病规律：病菌以冬夏孢子两种形式越冬，借助气流进行传播。高湿、栽植过密发病更重。
防治方法：①及时清除病株病叶并销毁。②药剂防治。喷洒25%粉锈宁粉剂1 500倍液、25%敌力脱乳油3 000倍液或20%三唑酮乳油1 500倍液。连喷3～4次。

教你一招

新手种什么花较好

① 新手由于经验不足，很容易将花养死，不是施肥过多，将花“烧死”，就是浇水过多或过少，将花“淹死”或“渴死”。
② 新手可选择一些比较喜湿的花卉，比如水竹、蕨类植物、龟背竹等；也可种一年生草花，比如凤仙花、一串红、翠菊等，都不易被浇死。
③ 新手还可以种既耐湿又耐旱的花卉，像夹竹桃，美人蕉，这样要是有时忘了浇水，植株也不容易被枯死。有经验后，再种一些昂贵难打理的花卉。

养花无忧小窍门

种植和养护龟背竹要注意哪些问题？

① 龟背竹往往采用扦插的繁殖方式。取长度 20 厘米左右的粗壮枝条，保留上端的小叶和气生根，将枝条插入培养土中，土壤要保持适当温度和湿度，30 天左右就可以生根了。

② 栽种龟背竹幼苗时要注意，在容器中放入一半的培养土，栽入龟背竹苗，覆土以固定根部，覆至土面距离盆沿 5 ～ 6 厘米的时候，进行浇水，在半阴条件下养护，15 天后进行第一次追肥。

③ 龟背竹喜欢湿润的环境，但是不要积水，春秋两季 2 ～ 3 天可浇水 1 次，夏季的时候每天浇水 1 次，冬季在低温的情况下要尽量少浇水。

④ 龟背竹不喜欢施生肥和浓肥，生长期内要追 1 次稀薄的液肥。秋末可增加少量钾肥，以提高植株抗寒能力，夏季高温和秋冬低温时要停止追肥。

⑤ 龟背竹能长到比较大的规模，只有通过修剪的方式才能够保持其株型的整体美观，当植株定型后，要及时剪去过密、过长的枝蔓，以保持株形的整体美观。

文竹

别名：云片竹、山草、鸡绒芝
科属：百合科天门冬属
分布区域：原产南非，中国各地常见栽培

461. 文竹枝枯病

症状表现：该病主要危害枝条，发病初，引起枝叶干枯、脱落，后扩大并不断蔓延，使枝条干枯，叶片脱落。严重时植株枯死。
发病规律：病菌多从生长衰弱的小枝上侵入，病斑初为丝状，后生出小黑点，即为分生孢子器。强光直射、栽培不当、植株生长势弱更易诱发此病。
防治方法：①及时清除病株病叶并销毁。②保持通风透气，控制光照。③药剂防治。喷洒75%百菌清800倍液、1%波尔多液或高锰酸钾1 500倍液。

462. 文竹根腐病

症状表现：该病主要危害植株根部和基部。发病初，根基部变褐色腐烂，植株生长缓慢，叶片为浅黄色，茎不能直。严重时植株死亡。
发病规律：病原为子囊菌门真菌。病菌在土壤中或病残体上越冬，从伤口处入侵。高湿、低温、排水不畅时更易发病。
防治方法：①冬季室内要保持在5℃以上。②合理浇水，保持透气。③药剂防治。喷洒瑞苗清或甲霜灵2 000倍液、浇灌亮盾1 500倍液。

463. 文竹黄化病

症状表现：该病在文竹生长过程经常发生，发展后叶呈黄色，染病后，轻轻触动叶片便会落下。通常会导致根系腐烂，轻者没有生机，重者影响生长，甚至枯死。
防治方法：①避免阳光直射，保持通风透气。②选取沙质土壤栽培，适当施加复合肥。③药剂防治。用碱式硫酸铜1 000倍液进行灌根，5分钟后上盆。

种植盆花要经常转动花盆

盆花种植时，不仅要按时浇水、施肥，还要经常转动花盆。这是因为一年四季太阳的光照角度和强弱是不断变化的，要是花盆长期固定不动，植株总有一面得不到合适的光照。在植株生长季节，应每隔3天就将花盆旋转45°，这样，植株各个角度的长势才会均匀，株型才会美观，也才具欣赏价值。

养花无忧小窍门

种植和养护文竹要注意哪些问题？

① 将种子播入浅盆中，覆上一层薄土后浇水即可，发芽前保持土壤的湿润，30 天左右就可以出芽了。当植株长到 3～4 厘米的时候要进行换盆，之后放在阴凉通风处来养护。

② 文竹浇水不宜过多，土壤见干再进行浇水，夏季早晚各浇水 1 次，叶面要经常喷水，除去灰尘，保持洁净。

③ 春秋两季每隔 20 天左右进行 1 次追肥，用腐熟的淘米水或豆浆浇灌也可。切忌用未经腐熟的淘米水或豆浆浇灌，会烧根。

④ 文竹生长得非常快，生长期内要及时修剪枯枝、老枝和横生的枝条，保证株形的美观。

⑤ 文竹在每两年的春季换盆 1 次即可。

肾蕨

别名：蜈蚣草、石黄皮、凤凰蛋
科属：肾蕨科肾蕨属
原产地：热带和亚热带地区

464. 蚜虫

症状表现：该病由危害嫩叶和嫩梢。发病初，叶片出现空洞、卷曲；后期，叶片被大量侵害。

防治方法：①可选用肥皂水喷洒。②药剂喷洒。喷洒 65% 代森锌粉剂 600 倍液或 40% 氧化乐果 800 倍液。

465. 肾蕨叶斑病

症状表现：该病主要危害叶片。轻者叶片变色卷曲，重者发黄脱落。

防治方法：药剂防治：用 65% 代森锰锌粉剂 600 倍液。

466. 红蜘蛛

症状表现：红蜘蛛主要危害叶片，以口器刺入叶片内吸取汁液，使叶绿素遭到破坏，叶子变黄、出现斑点。闷热天气和通风不畅更易发病。

防治方法：药剂防治。喷洒 40% 氧化乐果乳剂 1 000 倍液或 1 000 克水煮 25 克辣椒进行喷洒。

养花无忧小窍门

养护肾蕨要注意哪些问题？

① 肾蕨具有很强的适应能力，能忍受贫瘠，但最适宜在土质松散、有肥力、腐殖质丰富、透气性好及排水通畅的中性或微酸性土壤中生长。

② 肾蕨喜欢半荫蔽的环境，在充足的散射光条件下可以长得较好，要防止阳光直接照射，然而也不能置于过于昏暗的地方养护。

③ 肾蕨喜欢温暖，不能抵御寒冷，在 3 ～ 9 月生长适宜温度是 15 ～ 25℃，在 9 月至次年 3 月期间则是 13 ～ 15℃。冬天要将植株搬进房间里过冬，温度控制在 10 ～ 15℃便可顺利过冬。

④ 肾蕨对水分有着较为严格的要求，喜欢潮湿的土壤及较大的空气湿度，盆土不适宜过分潮湿或过分干燥，维持潮湿状态就可以。

⑤ 肾蕨需肥量不大，在生长季节每月施用 1 ～ 2 次浓度较低的腐熟的饼肥水就可以，要留意不可施用速效化肥。

⑥ 在植株的生长季节，要结合整形随时将干枯叶、焦黄叶、残破叶及老叶剪掉，以增强空气流通效果，维持叶片光鲜及优美的植株形态。

467. 介壳虫

症状表现：介壳虫比较常见，具有针状刺吸式口器，吸取植物汁液为生，引起叶片卷曲枯萎，介壳虫的分泌物还会诱发煤污病，对植物危害极大。环境温暖湿润，通风不畅更易发生。

防治方法：①注意保持植株通风透气。②将15%铁灭克颗粒或3%呋喃丹颗粒剂埋在根基周围。③药剂防治。喷洒40%氧化乐果乳剂1 000倍液。

468. 铁线蕨叶片褐色焦边

症状表现：栽培铁线蕨时，最容易出现褐色焦边现象，这是因为铁线蕨原生于阴暗潮湿的环境中，最喜潮湿。光照强烈时，要是不给铁线蕨遮阴，铁线蕨叶片的水分就会很快被蒸干，来不及等根部的水分吸收上来，叶片的部分细胞便会干缩脱水，出现焦边。

防治方法：①必须将铁线蕨放于阴暗处，避免阳光直射。②及时剪除发焦的叶片。③经常向铁线蕨植株喷水，增加小环境内空气湿度。

469. 铁线蕨叶枯病

症状表现：该病较为常见，主要危害叶片。

发病规律：病菌主要附在病残体上，借助风雨传播侵染。高温、高湿、通风不畅时，发病较重。

防治方法：①保持通风透气，降低湿度。②药剂防治。喷洒50%多菌灵粉剂600倍液或200倍波尔多液，每10天1次，连喷3次。

养花无忧小窍门

养护铁线蕨要注意哪些问题？

① 种植铁线蕨要用疏松透水、富含腐殖质的石灰质土沙壤土。

② 铁线蕨喜阴，害怕阳光直晒，应放于光线明亮无阳光直晒处。适宜生长温度为21～25℃，温度低于5℃时，就会发生冻害。

③ 铁线蕨喜湿润，生长季节要充分浇水，还需向植株周围喷水增加空气湿度。

④ 铁线蕨生长季节每10天需施1次稀薄液肥，注意施肥时不要沾到叶面，否则会引起烂叶。冬季要减少浇水次数并停止施肥。

铁线蕨

别名：铁丝草、少女的发丝、铁线草
科属：铁线蕨科铁线蕨属
分布区域：分布于中国长江流域以南省区

橡皮树

别名：红缅树、红嘴橡皮树、印度橡皮树
科属：桑科榕属
分布区域：原产巴西，现广泛栽培于亚洲热带地区

470. 橡皮树灰斑病

症状表现：该病主要危害嫩梢和叶片。发病初为小灰斑，后扩大为不规则灰白色病斑，边缘暗褐色，后期病叶干裂，出现黑色粒状物。

发病规律：病原为盘长孢状刺盘孢，病菌在病残体上越冬，借助风雨从伤口处侵入进行传播。发病期为 5 ～ 10 月，尤以 6 ～ 9 月最盛。高湿、多雨条件下更为严重。

防治方法：药剂防治。喷洒 70% 甲基托布津 1 200 倍液或 50% 多菌灵 1 000 倍液。

471. 橡皮树炭疽病

症状表现：该病主要危害叶片。发病初，叶片呈灰白或淡褐色，边缘为褐色圆斑，后期叶片大部变黑，有时危害新梢。

发病规律：受炭疽病菌侵染引起，病菌在病残体上越冬，借风雨传播。

防治方法：①及时清除病株病叶并销毁。②保持通风透气。③选取无病植株进行插枝。④药剂防治。新梢生长后，喷洒 1% 波尔多液，发病初，喷洒 50% 百菌清、多菌灵或甲基托布津粉剂 600 倍液。

养花无忧小窍门

养护橡皮树要注意哪些问题？

① 橡皮树喜欢在土质松散、有肥力且排水通畅的腐殖土或沙质土壤中生长，能忍受贫瘠，也能在轻碱及微酸性土壤中生长。

② 橡皮树喜欢光照充足、空气流动顺畅的环境，从春天至秋天可以将其摆放在户外朝阳的地方照料。6 ～ 9 月期间阳光比较强烈，宜适度遮蔽阳光。冬天适合把它置于房间里向南有明亮光照的地方。

③ 橡皮树喜欢温暖，不能抵御寒冷，生长适宜温度是 22 ～ 32℃。10 月中旬要把盆株移入房间里料理，室内温度控制在 10℃之上便可顺利越冬。4 月底到 10 月初可以将盆株置于阳台上料理。

④ 春天需令土壤维持潮湿状态，然而还需防止盆中积聚太多的水。炎夏除了每日浇一次水之外，还要时常朝叶片表面喷洒清水，以增加空气湿度，避免叶片边缘干枯。秋天和冬天要适度少浇水，每周浇 1 次水即可。

⑤ 当植株长到 7 ～ 10 厘米高的时候，摘掉顶芽并施用以磷肥、钾肥为主的肥料。植株长至 60 ～ 80 厘米高的时候，需及时采取摘心措施，以促使其尽快萌生侧枝。

472. 苏铁炭疽病

症状表现：该病一般从羽片边缘或羽叶端部开始发生，发病初，叶面呈红色或黄色小斑，后期扩大为不规则褐色斑点，病健交界处遇雨散生黑点，且叶背多肉，后扩大时羽片枯黄，严重时整叶枯死。

防治方法：①强化栽培管理；保持通风透气。②及时清除病株病叶并销毁。③药剂防治。喷洒炭疽福美600倍液或27%高脂膜150倍液，每7天1次，连喷3次。

473. 苏铁斑点病

症状表现：发病初叶片正面有淡黄色小点，后期病斑不规则，病斑不受叶脉部位限制，边缘红褐色，中央白色，严重时，叶片干枯、断裂。

发病规律：病原为苏铁二孢菌真菌侵染。病菌在病残体上越冬，借助风雨进行传播。高温、多雨、强光照条件下更易发病。

防治方法：①保持通风透气，增施腐熟肥，提高抗病能力。②及时清除病株病叶并销毁。③药剂防治。喷洒75%百菌清粉剂、70%甲基托布津粉剂800倍液或77%氢氧化铜600倍液，10天1次，连喷3次。

474. 苏铁叶枯病

症状表现：发病初，叶面出现淡黄色病斑后扩大为圆形病斑，中心为暗褐色，边缘为黑褐色。后期病叶为黑褐色，呈焦枯状。

发病规律：病原为真菌性病害。病菌在病叶上越冬，次年产生分生孢子传播。高温、多雨、通风不畅、土壤黏重时更易发病。

防治方法：①保证排水顺畅、土壤疏松、冬季注意保暖。②药剂防治。喷洒70%多菌灵粉剂500倍液或70%炭疽福美500倍液。

475. 苏铁白化病

症状表现：病斑主要危害新抽羽叶片上，有时也表现在叶轴与叶柄上，发病初，叶片褪绿变黄，后相连成大枯斑，后期叶片卷曲，严重时影响生长。

防治方法：①保持充足光照、温湿度和土壤肥力。②药剂防治。喷洒0.3%硫酸锰与0.2%磷酸二氢钾加少量尿素混合液，每10天1次，连喷3次。

苏铁

别名：铁树、凤尾铁、凤尾松
科属：苏铁科苏铁属
分布区域：中国、日本、菲律宾、印度尼西亚

一叶兰

别名：蜘蛛抱蛋
科属：百合科蜘蛛抱蛋属
分布区域：原产中国南方各省区，现中国各地均有栽培

476. 一叶兰叶斑病

症状表现：该病主要危害叶片。感病后叶面呈水渍状坏死斑，后扩大为褐色病斑，四周有黄色晕圈。

发病规律：病原为枝顶孢霉真菌。病菌附在病残体上越冬，通常在北方温室或供暖的居处更易发生。春夏秋都可能发病。

防治方法：①及时清除病株病叶并销毁。②药剂防治。75% 百菌清粉剂 500 倍液、77% 可杀得粉剂 500 倍液或 50% 混杀硫悬浮剂 500 倍液。

477. 一叶兰基腐病

症状表现： 叶柄基部腐烂，变成黑腐状，病健交界处变黄并向上扩展，根部深褐色，皮层腐朽。

防治方法：①栽种前，对花盆进行消毒，用福星乳油 8 000 倍液进行浸种，栽种时用 50% 敌克松进行拌土。②施用磷钾肥，增强抗病力。③药剂防治。喷洒 50% 多菌灵 1 000 倍液或 75% 百菌清 1 000 倍液。10 天 1 次，连喷 2 次。

478. 一叶兰炭疽病

症状表现：该病主要危害叶缘和叶面。发病初，病斑呈灰白或灰褐色圆形，外缘为褐色，后期出现黑色小粒点。除叶片外，茎和叶柄也会感染。

发病规律：病菌在土壤或病残体上越冬，借助雨水和气流进行传播，多雨、高湿条件下发病更为严重。

防治方法：①及时清除病株病叶并销毁。②喷洒 0.5% 磷酸二氢钾 300 倍液，提高抗病力。③药剂防治。喷洒 25% 炭特灵粉剂 500 倍液或 50% 施保功粉剂 1 000 倍液。10 天 1 次，连喷 3 次。

479. 一叶兰灰霉病

症状表现：该病主要危害叶缘。发病初叶缘出现水渍状病斑，后扩大变为不规则枯萎状。

防治方法：①选择湿润、排水通畅的地方进行栽植。②室内栽植，白天要保持通风、降低湿度。③药剂防治。喷洒 50% 速克灵粉剂 1 500 倍液、50% 扑海因粉剂 500 倍液或 65% 甲霉灵粉剂 1 000 倍液。10 天 1 次，连喷 2 次。

480. 红蜘蛛

症状表现：该虫主要叶部，发病期为5～6月。

防治方法：①及时清除病株倍液并销毁。②药剂防治。喷洒25%杀虫脒水剂800倍液或0.3波美度石硫合剂。

481. 蚜虫

症状表现：该虫主要危害嫩藤和芽芯，使藤蔓萎缩。

防治方法：药剂防治。喷洒40%灭蚜灵1 200倍液或40%氧化乐果1 200倍液。

482. 天门冬根腐病

症状表现：该病主要危害根部。先从根块尾端开始发烂，后向根头部发展，最后根块成糨糊状。该病多发于高湿或受伤处。

防治方法：①做好排水工作，盆内不要积水，在病株的周围撒些生石灰粉。②药剂防治。发病后，要及时用300 倍液的50% 代森铵浇灌根际土壤。

养花无忧小窍门

养护天门冬要注意哪些问题？

① 天门冬对土壤没有严格的要求，喜欢在土层较厚、有肥力、腐殖质丰富、土质松散且排水通畅的沙质土壤中生长，能忍受贫瘠，但不适宜在黏重土壤中或排水不通畅处生长。

② 天门冬喜欢光照充足的环境，也能忍受半荫蔽，畏强烈的阳光直接照射久晒，可以长期置于房间里有充足的散射光的地方。

③ 天门冬喜欢温暖，不能抵御寒冷，冬天要将其搬进房间里照料，房间里的温度控制在5℃以上就能顺利过冬。

④ 天门冬喜欢潮湿，也能忍受干旱，然而怕积聚太多的水，如果水分太多容易令肉质根腐坏。

⑤ 5～9月是植株生长的旺盛期，这一时期需每隔15～20天施用浓度较低的液肥1次，主要是施用氮肥和钾肥，能令枝茎生长得茂密旺盛、挺拔青绿。

⑥ 当植株的蔓茎生长至约50厘米长的时候，要搭设支架或支柱供其攀缘，便于生长。

⑦ 每次更换花盆的时候，要把一些枯老的根系及攀缘的老茎剪掉，以促使植株萌发新的根系及枝茎，维持优美株形。

天门冬

别名：明天冬、三百棒、天冬草

科属：百合科天门冬属

分布区域：中国、日本、越南等国家

姬凤梨

别名：蟹叶姬凤梨、紫锦凤梨、小花姬凤梨

科属：凤梨科姬凤梨属

分布区域：原产于南美热带地区，中国南方常盆栽

483. 姬凤梨灰霉病

症状表现：该病主要危害花穗。发病初，花穗呈水渍状斑点，后扩大为褐色斑块，后期腐烂。

发病规律：病原为真菌病害。病菌附在病体上越冬，借助气流或水滴传播。高湿、多雨、通风不畅、栽植过密时都易使病害发生。

防治方法：①及时清除病株病叶并销毁。②控制好温湿度，保持通风透气，植株栽植或放置要保持距离。③药剂防治。喷洒50%国光异菌脲可湿粉剂1 000～1 500倍液、50%国光松尔（甲基托布津）可湿性粉剂500倍液，或50%腐霉利可湿性粉剂（国光绿青）1 000～1 500倍液，喷雾7～10天1次，连续2～3次。

484. 姬凤梨黑霉病

症状表现：该病主要危害花和叶片。发病初，叶片失绿，形成大斑，后期生出褐色霉层，导致叶片枯萎。

发病规律：病原菌为芽枝状枝孢。病菌附在病体上越冬，借助风雨传播。高湿、多雨条件下更易发病。

防治方法：①保持通风透气，提高植株的抗病能力。②施用药剂防治。发病初，喷洒50%多菌灵可湿性粉剂900～1 000倍液，或75%百菌清可湿性粉剂600～800倍液，或50%苯来特（苯菌灵）可湿性粉剂1 000倍液。每半月1次，连续喷洒3次。

养花无忧小窍门

养护姬凤梨要注意哪些问题？

① 姬凤梨适宜在疏松、肥沃、腐殖质丰富、通气良好的沙性土壤中生长。

② 姬凤梨喜欢在半阴的环境中生长，所以除了冬季可接受全日照外，其余季节最好做好遮阴措施，应该遮去50%～60%的光线。

③ 姬凤梨最佳的生长温度为30℃左右。若在冬季，20℃就能够保证植株正常生长，低于12℃则生长停止，低于4℃则叶片容易受到冻害，不能安全越冬。

④ 在旺盛生长时期，要每隔15天施1次以氮为主的肥料。

⑤ 姬凤梨的叶簇寿命较短，根茎的寿命则长得多，并且能够不断地抽生出新叶。栽植姬凤梨3年后，应当及时剪掉老叶簇，让更多的新叶簇萌发出来。

485. 孔雀竹芋叶斑病

发病规律：该病有两种症状，一是黄褐色圆形病斑；另一种是红褐色病斑。二者都为真菌引起。病菌附在病体上和土壤中越冬，借助气流传播，温和多雨条件下发病更重。

防治方法：①及时清除病株病叶并销毁。②药剂防治。发病初，喷洒50%速克灵2 000倍液75%百菌清600倍液，每10天1次，连喷3次。

486. 红圆蚧

症状表现：该虫以成、若虫的形态危害寄主枝梢和叶片，病发后造成植株长势衰弱。

防治方法：①注意通风透气。②若虫、幼虫期，可用40%氧化乐果1000倍液或25%亚胺硫磷1 000倍液喷洒，每10天1次，可喷2～3次。

487. 黄片盾蚧

症状表现：该虫主要吸食叶片汁液，严重时，叶片满是虫体，导致叶片枯黄。高温、高湿、不通风条件下更为严重。

防治方法：①注意通风透气。②若虫、幼虫期，可用40%氧化乐果1000倍液或25%亚胺硫磷1 000倍液喷洒，每10天1次，可喷2～3次。

养花无忧小窍门

养护孔雀竹芋要注意哪些问题？

① 孔雀竹芋对土壤没有严格的要求，但以在有肥力、腐殖质丰富、土质松散、排水通畅的微酸性土壤中生长最为适宜，不宜在黏重的园土中生长。

② 孔雀竹芋喜欢温暖，不能抵御寒冷，生长适宜温度是18～25℃。在每年10月到次年4月气温较低的季节，要将植株搬进温室内过冬，室内温度应控制在13～18℃。

③ 孔雀竹芋较能忍受荫蔽，惧强烈的阳光直接照射，可以长期摆放在房间里有充足散射光照射的地方照料。

④ 孔雀竹芋喜欢潮湿，不能忍受干旱，在生长季节要为植株供应足够的水分。

⑤ 可每隔10天朝叶片表面喷施0.2%的液肥1次。在生长季节，需每月追施浓度较低的液肥1次。主要施用磷肥和钾肥，不适宜施用太多的氮肥。

孔雀竹芋

别名：蓝花蕉、五色葛郁金

科属：竹芋科肖竹芋属

分布区域：原产于巴西，中国各地常见栽培

金边富贵竹

别名：万寿竹、仙达龙血树、镶边竹蕉
科属：龙舌兰科龙血树属
分布区域：为园艺栽培品种，中国南北各地常见栽培观叶植物

488. 金边富贵竹炭疽病

症状表现：该病主要危害叶片和茎部。叶片受感染，从叶尖到叶缘不断扩展，直到叶面。发病初，病斑呈不规则状，中央为灰白色，边缘为褐色。后期产生黑色小粒点。

发病规律：病原为盘长孢状刺盘孢。病菌附在病残体上越冬。借助风雨传播进行侵害。

防治方法：①及时清除病株病叶并销毁。②药剂防治。发病初用75%百菌清800倍液或80%炭疽福美800倍液。

489. 金边富贵竹灰霉病

症状表现：该病主要危害叶部。发病初，叶片出现水渍状褐色病斑。天气潮湿时，病部出现灰褐色霉层，严重时，导致大部分植株死亡。

防治方法：①及时清除病株病叶并销毁。②栽种前用60%代森锌300倍液，浸泡10分钟。③用80%代森锌和五氯硝基苯混合使用，然后进行消毒。④药剂防治。发病初剪除病叶，喷洒70%百菌清800倍液防治。

防止土壤板结的方法

土壤板结指在灌水或降雨等外因作用下，土壤表层结构遭到破坏，造成土料分散、有机质缺乏，干燥后，受内聚力作用，土层表面变硬的现象。土壤板结使植株不能正常发挥吸收功能，会损伤根系，引起缺氧腐烂，整株枯死。注意下面几点，能有效防止土壤板结。

① 合理配制栽培用土。栽培用土要求疏松透气又有一定的保水保肥功能，一般可用煤渣、稻糠灰、黄沙等进行配制。

② 浇水时禁用新鲜自来水。新鲜自来水中含漂白粉和氯气，会导致土壤盐碱化、板结。要将自来水贮存至少1天，氯气和漂白粉挥发掉后，再进行使用。

③ 常松土。

④ 少用化肥。化肥容易导致土壤板结，要少用，尽量使用发酵腐熟消毒后的有机肥。

490. 九里香白粉病

症状表现：该病主要危害叶片。受害叶片产生大量白粉状病斑，后形成大病斑。深秋后，病斑上产生黑褐色小颗粒。严重时，叶黄脱落。

发病规律：病原为真菌。病菌在病叶上越冬。借助风雨进行传播，从而危害新叶。发病期为 5 ～ 10 月，高湿、通风不畅条件下发病较重。

防治方法：①及时清除病株病叶并销毁。②保持通风透气，控制室内温度。增施磷钾肥，增强抗病能力。③药剂防治。喷洒 15% 粉锈宁 1 000 倍液或 70% 甲基托布津粉剂 1 200 倍液。

491. 九里香铁锈病

症状表现：该病主要危害叶、茎、花，使得其花小、叶枯。受害后叶片产生圆形褐斑。后散发出褐色粉末。后期形成黑色粉末，严重时，布满锈斑，提前开花，但花较小。

发病规律：病原为单主寄生。病菌附在病残体上越冬，借助风雨或昆虫进行传播。

防治方法：①保持通风透气，排水良好。②药剂防治。发病初，喷洒 25% 粉锈宁粉剂 1 500 倍液。

492. 枝梢天牛

症状表现：天牛主要危害枝干和枝梢。初从表皮蛀入，形成虫道。严重时导致断枝、枯死。

防治方法：①经常检查枝干，根据虫道找出虫孔，用杀虫剂蘸棉花塞住虫孔。②药剂防治。喷洒 40% 毒斯本 1 000 倍液。

养花无忧小窍门

养护九里香要注意哪些问题？

① 种植九里香宜选用腐殖质丰富、疏松、肥沃的沙质土壤。刚栽种的九里香，要浇透水，并放于荫蔽处 10 天左右，然后再慢慢放置到阳光充足、通风良好处。

② 九里香喜微酸性土壤，一年里最好间隔施两次硫酸亚铁，提高土壤的酸性。

③ 九里香是喜阳性植物，宜种植在阳光充足、空气流通之处，每天至少要保证见五六个小时的直射光。

④ 九里香喜温暖，适宜生长温度为 20 ～ 32℃，不耐寒，冬天要搬至室内。

⑤ 九里香耐旱，浇水遵守“见干见湿”原则，盆内不要积水。

九里香

别名：万里香、九秋香、过山香

科属：芸香科九里香属

分布区域：中国西南地区及台湾地区

羽衣甘蓝

别名：花包菜、叶牡丹、牡丹菜
科属：十字花科芸薹属
原产地：地中海沿岸至土耳其地区

493. 羽衣甘蓝炭疽病

症状表现：该病主要危害叶及茎部。染病后，叶背出现褐色病斑。严重时病斑连接成不规则斑块，致使叶片枯萎。

发病规律：病原为真菌。病菌以菌丝体附在病残体上越冬。借助雨水、灌溉水进行传播。

防治方法：①及时清除病株病叶并销毁。②将种子进行消毒。播种前将其浸泡 20 分钟。③药剂防治。发病初，喷洒 70% 炭疽福美 500 倍液或 50% 多菌灵 800 倍液。

494. 黄曲条跳甲

症状表现：黄曲条跳甲以幼虫和成虫的形态进行危害。成虫咬食幼嫩部分，以群居为主，幼虫咬食叶片，严重时被咬的小洞连成网状，仅剩叶脉。该虫还能传播细菌性软腐病。

防治方法：①及时清除病株病叶并销毁。②幼虫发病期，用农地乐液浇灌根部；成虫发病期，喷洒 90% 敌百虫 1 000 倍液。

495. 羽衣甘蓝黑腐病

症状表现：该病危害植株的整个生长过程。幼苗受害其叶变黑，枯萎；成株染病叶缘变成黄色不规则病斑，叶脉变黑呈网状干枯；根部变黑萎蔫。

发病规律：病原为甘蓝黄单孢菌。病菌附在病体上或土壤中越冬。借助风雨、灌溉水或昆虫进行传播。

防治方法：①及时清除病株并销毁。②在健壮植株上取种。③药剂防治。发病初，喷洒 50% 福美双 600 倍液或 70% 敌克松原粉浇灌。

496. 羽衣甘蓝细菌性软腐病

症状表现：发病初，叶柄基部呈褐色水渍状，后逐渐扩大，向上蔓延，使植株腐烂。

防治方法：①及时清除病株病叶并销毁。②防治虫害时，避免对植株造成伤口。③药剂防治。发病初，喷洒 2 500 倍农用链霉素液，每半月喷 1 次，连续 3 次。

养花无忧小窍门

种植和养护羽衣甘蓝要注意哪些问题？

① 羽衣甘蓝春播、秋播都可以，种子需浸泡 8 小时之后再播入容器之中，覆一层薄土，浇透水，5 天左右就会有苗长出。

保持湿润但不要积水

② 羽衣甘蓝喜欢湿润的环境，生长期内要保持盆土的湿润，但是注意不要积水。

每次采收后都要追肥

10 天左右追 1 次

③ 盆土中要加入基肥，生长期每隔 10 天左右进行追肥 1 次。

④ 栽培一年的羽衣甘蓝呈莲座状，经冬季低温和长日照的漫长生长，可在 4 ~ 5 月开花。

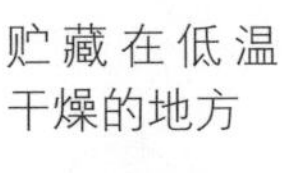

⑤ 羽衣甘蓝的果实在 5 ~ 6 月的时候成熟，成熟后就可以采种，采收后贮藏在低温干燥的地方。

罗汉松

别名：罗汉杉、长青罗汉杉、土杉
科属：罗汉松科罗汉松属
原产地：中国长江以南各省区

497. 介壳虫

症状表现：该虫主要危害叶片、茎干，也会在叶柄上，靠吸食汁液为食。危害时使部位黄化，重者叶面被覆盖，严重时叶落而死。同时，被害后的伤口极易感染，容易发生黑霉菌。

防治方法：①以预防为主，栽种种苗时保证没有介壳虫而且不要潮湿。②当发现时，应当人工刷除虫体，再用水冲洗。③药剂防治。50%敌百虫250倍液、40%氧化乐果乳油1 000倍液。

498. 叶螨

症状表现：叶螨种类较多，主要以红蜘蛛为主。其靠吸取叶片汁液为生，使得植株水分失调，影响正常生长。该虫在高温、干燥处繁殖较快，危害较重。

防治方法：①强化栽培管理：保持通风透气，叶背要经常喷水。②药剂防治。喷洒40%氧化乐果乳油1 000倍液、20%三氯杀螨醇1 000倍液或20%四氢菊酯4 000倍液。

养花无忧小窍门

（1）罗汉松繁殖方法是什么？

① 罗汉松用扦插的方式进行繁殖，春秋两季进行。春季选取生长健壮的一年生枝条，剪取10 厘米长的段作插穗，插入沙床，深约5 厘米，遮阴并保持湿润，50 ～ 60 天即可生根。

② 秋季选取当年生半木质化的健壮嫩枝作插穗，扦插成活后要搭棚遮阴，还应覆盖塑料薄膜防寒，约3 个月可生根。

（2）养护罗汉松要注意哪些问题？

① 种植罗汉松以疏松、肥沃、排水良好的沙壤土为宜。盆栽可用腐叶土、泥炭土或沙土混合配制。

② 罗汉松喜温暖，耐寒性略差，高温季节置于半阴处养护。

③ 罗汉松喜半阴，忌强光直射，以明亮的散射光为宜，夏季应适度遮阴。

④ 罗汉松喜湿润，不耐旱，生长期保持盆土湿润而不积水，夏季经常向叶面喷水，使叶色鲜绿。

⑤ 罗汉松喜肥，应薄肥勤施，肥料以氮肥为主，生长期可1 ～ 2 个月施肥1 次，宜用饼肥、粪肥等有机肥。

⑥ 施肥时间宜在春季进行，不要施多施浓。秋季不要施肥，否则萌发秋芽，易遭冻害。成型的盆景不宜多施肥。

插花装饰的学问

插花装饰有很强的艺术表现力，最能体现插花人的审美能力。热衷于插花艺术的人可以尽情施展自己的才华。

① 图中是摆在壁炉旁边的插花装饰，用了百合、小苍兰、蕨叶以及常春藤等，且使用花泥来固定鲜花。花泥是用酚醛塑料发泡制成的一种插花用品。形似长方形砖块，质轻如泡沫塑料，色多为深绿。下面介绍配合花泥制作插花装饰的具体步骤。

② 使用图中这样的篮子做容器，需要内衬塑料布防止漏水。

③ 先放入观叶植物，最好是较浅的花盆。

④ 将花泥切成大小合适的块儿，放在花盆之间。

⑤ 将剪下的鲜花（或叶子）插到潮湿的花泥上。

八角金盘

别名：八金盘、八手、手树
科属：五加科八角金盘属
分布区域：日本南部，中国华北、华东地区及云南省

499. 介壳虫

症状表现：该虫主要危害叶片。受害后，叶片变黄、茎枯、生长衰退。感此病的植株还易感染煤烟病。

防治方法：①介壳虫少量时，可人工摘除，或剪去枝叶。②及时清除病株病叶并销毁。③露养时，保护和利用天敌比如瓢虫、小蜂。④药剂防治。喷洒40%氧化乐果乳油1 000倍液。

500. 八角金盘炭疽病

症状表现：该病主要危害叶片。发病初，叶片呈水渍状黄斑，后扩大为圆形大斑，病斑中心为灰白色，边缘为深褐色。后期，叶片生出大量黑色小点，严重时病叶呈干枯状。

发病规律：病原为八角金盘刺盘孢真菌，病菌附在病体上越冬。通风不畅或介壳虫侵害更易发病。发病期为8～10月。

防治方法：①及时清除病株病叶并销毁。②增施磷钾肥，提高抗病能力。③药剂防治。喷洒65%代森锌粉剂600倍液，或75%百菌清800倍液，或65%福美锌粉剂600倍液。

501. 八角金盘煤污病

症状表现：八角金盘叶片易受煤污病侵害，表面产生一层暗褐色至黑褐色霉层，霉层渐渐增厚，成为煤烟状。

防治方法：①加强肥水管理和通风透光。②及时擦去叶片上的煤污，并用7%可杀得可湿性粉剂800倍液，或0.3%～0.5%波尔多液喷施，发病初期连喷两次，每隔10天喷1次。

养花无忧小窍门

养护八角金盘要注意哪些问题？

① 八角金盘最佳生长温度为18～25℃，当温度高于35℃时，八角金盘就会发生焦叶现象。冬天要将八角金盘搬入室内，温度以8℃为宜，不能低于3℃。

② 八角金盘喜阴，种植环境要为湿润、通风良好的半阴处，尤其夏季一定要遮阴。

③ 栽种八角金盘最好选排水性良好、肥沃富含腐殖质的微酸性土壤，不过金角八盘也适应中性土壤。

④ 生长期浇水要适当多些，随时保持盆土湿润，空气干燥时还应向植株浇水，增加空气湿度。其他生长时间，则应严格遵守“见干见湿”原则。

502. 虎尾兰炭疽病

症状表现：该病主要危害叶片，染病后的叶片初期多从叶尖、叶缘处发生，后逐渐扩展。病斑褐色，中心下陷，边缘隆起，散生诸多小黑点。

发病规律：病原为真菌。高温、高湿更易发病，肥料施用过多、浇水不当也会加重病害。

防治方法：①及时清除病株病叶并销毁。②保持通风透气，以免温湿度过大。③将病株换土或换盆。④施用相关药剂防治。如波尔多液、干悬乳剂、加瑞农可湿性粉剂等。

503. 虎尾兰叶斑病

症状表现：该病主要危害叶片。发病初，叶面出现圆形褐斑，后扩大为黄褐色软腐斑，后期病斑变白干枯。高温、高湿条件下更易发病。

防治方法：①及时清除病株病叶并销毁。②浇水时避免淋浇，不要打湿叶片。③药剂防治。喷洒47%加瑞农粉剂700倍液，或50%甲基硫菌灵硫黄悬浮剂800倍液。④若是茎基腐烂，要浇灌50%多菌灵粉剂500倍液。

养花无忧小窍门

（1）虎尾兰繁殖方法是什么？

① 虎尾兰可采用播种繁殖，虎耳兰种子于花谢后2个多月成熟，其种子大，可直接盆播，播后半月发芽，需4～5年才能开花。

② 虎尾兰还可以采用分株繁殖，虎耳兰小鳞茎发育慢，2～3年才能分株1次，托出母株，掰开小鳞茎分栽即可。

（2）养护虎尾兰要注意哪些问题？

① 种植虎尾兰要选用微酸性沙质壤土或泥炭土。

② 虎尾兰喜温暖、喜湿、喜半阴，夏季要进行遮阴，以免灼伤植株。

③ 虎尾兰生长期要注意保持盆土湿润，但也不能过湿，虎耳兰不能淋雨和盆土积水，否则会引起鳞茎腐烂。

④ 虎尾兰每15天施1次氮、磷、钾的复合肥，有利于植株生长。

⑤ 虎尾兰越冬温度不能低于5℃，冬季要搬至室内，其在冬季有短暂的半休眠期，应减少施肥和浇水的次数，这样利于植株过冬。

虎尾兰

别名：虎皮兰，虎尾掌
科属：百合科虎尾兰属
原产地：非洲南部

吊兰

别名：葡萄兰、倒吊兰、桂兰
科属：百合科吊兰属
分布区域：现分布于世界各地

504.吊兰茎腐病

症状表现：该病主要危害茎和叶。染病后初茎变褐色，叶片无光下垂，植株枯死。
防治方法：①在病害高发期，不要翻盆，不要分株，尽量避免叶片伤害。②保持土壤干燥、阳光和水分充足。③定期进行药剂防治。

505.吊兰白绢病

症状表现：该病主要危害根茎处。发病初呈紫褐色斑点，后期蔓延至叶柄处腐烂，病部出现白色菌丝层。
防治方法：①土壤消毒。栽种小苗时，用福尔马林进行消毒。②保持适当的浇水，合理施肥。③药剂防治。发病初，在土壤周围撒用石灰粉，15 天 1 次，连撒 3 次；发病期间，用甲基托布津进行灌根。

506.吊兰根腐病

症状表现：该病主要危害幼苗。发病初不明显，后根部腐烂加剧，根部吸收养分的功能减弱，地上部变黄枯萎，严重时植株死亡。
防治方法：①土壤消毒。在栽种时撒上 50% 多菌灵，掺入土中。视情况而定，可以增加用量。②播种前对种子进行消毒，用退菌特拌种。③药剂防治。用 40% 根腐宁进行灌根。

换土换盆学问

① 当盆栽植株长大了，根系变得茂盛，这时就需要换大一点的盆，才有利于植物根系生长。换盆时，将植物连土一起倒出花盆，去掉枯根和一半的旧土，再将花草连同剩下的原土一起装入新盆，然后再填入一些新的培养土。最后将土壤压紧，浇透水，在室内光照较弱的地方放置 3 ~ 5 天，再将植物搬到阳台就可以了。

② 当盆栽土壤营养物质消耗过大，不能满足植物生长需要时，就应当考虑将土全部更换掉，目的是为了增加土壤的肥力。如果换的是自制培养土的话，最好用烘干或熏蒸的方法消毒，以减少病虫害的发生。

养花无忧小窍门

种植和养护吊兰要注意哪些问题？

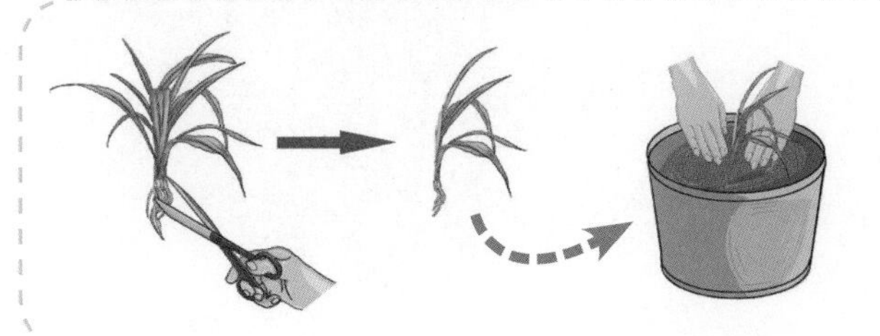

① 春、夏、秋三季吊兰均可以分株，将长势旺的叶丛连同下面的根一起切成数丛，上盆栽种即可。

春、秋两季每天

夏天每日早晚

冬季每 5 天

② 吊兰喜欢湿润的环境，春、秋两季要每天浇水 1 次，夏天每日早晚各浇水 1 次，冬季 5 天左右浇水 1 次，始终保持土壤湿润。

稀薄氮肥

15 天左右

稀薄氮肥

镶边或斑纹品种不要施太多的氮肥

③ 吊兰在生长期每隔 15 天左右就要施 1 次稀薄的氮肥，但叶面有镶边或斑纹的品种不要施太多的氮肥，否则就会使线斑长得不明显了。

每周向叶面喷洒 1 次稀磷钾肥

④ 每周向叶面喷洒 1 次稀薄的磷钾肥，连喷 2 ~ 3 周，可以保持盆土略干，这样可以促进吊兰开花。吊兰的花期一般在春夏间，在室内种植冬季也可以开花。

两年换 1 次盆

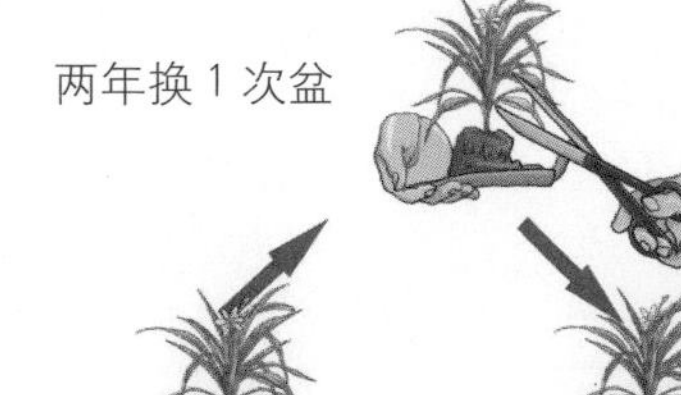

⑤ 吊兰最好是两年换 1 次盆，春季的时候剪去多余的根须、枯根和黄叶，加入新土栽种。

袖珍椰子

别名：矮生椰子、袖珍棕、矮棕
科属：棕榈科袖珍椰子属
分布区域：现分布世界各地

507. 袖珍椰子芽腐病

症状表现：染病后，嫩叶及幼芽先受其害，即叶片未开便已枯，幼芽枯死腐烂，严重时植株死亡。未开之叶基部变褐腐烂，发臭，已开嫩叶呈灰绿色水渍状。

发病规律：病原为孢囊梗和孢子囊。病菌在叶根部、病芽或土壤中越冬，借助浇水或雨水进行传播。

防治方法：①及时清除病株病叶并销毁。②药剂防治。喷洒 60% 灭克可粉剂 800 倍液、72% 克露可粉剂 600 倍液或 70% 乙磷锰锌粉剂 500 倍液。

508. 袖珍椰子黑斑病

症状表现：发病初为大小不等的圆形黑褐色斑点，后中心为浅色，叶背出现黑色霉状物。严重时，叶片干枯。

防治方法：①强化栽培管理：保持适宜的温湿度，减少叶片受害。②药剂防治。喷洒 70% 代森锌粉剂 500 倍液、75% 百菌清粉剂 600 倍液或 50% 扑海因粉剂 1 000 倍液。

养花无忧小窍门

养护袖珍椰子要注意哪些问题?

① 袖珍椰子喜欢在有肥力、土质松散且排水通畅的土壤中生长，不能在黏重土壤中生长，不然容易令根系腐烂。

② 袖珍椰子喜欢温暖，不能抵御寒冷，生长适宜温度是 20 ~ 30℃。

③ 在幼苗培养期或生长季节，尤其是在夏天和秋天，要为植株遮蔽 60% 的阳光，不然会令叶片干枯焦黄或被灼伤。在冬天和春天，则需让植株接受比较充足的散射光的照射。

④ 袖珍椰子喜欢潮湿，不能忍受干旱，在生长季节要多浇一些水，令盆土时常维持潮湿状态即可，忌水涝。

⑤ 在夏天和秋天空气干燥的时候，除了要每日浇水之外，还要时常朝植株的叶片表面喷洒清水，以增加空气湿度，促使植株健壮生长，同时可令叶片表面维持洁净、光鲜。

⑥ 冬天要适度减少浇水的量和次数，以便于植株顺利过冬。

⑦ 在植株的生长季节，可以每月施用浓度较低的液肥 1 ~ 2 次。暮秋要少施用或不施用肥料。从 10 月到次年 2 月，不要再对其施用肥料。

509. 散尾葵炭疽病

症状表现：该病多从叶尖和叶缘开始。病斑呈褐色不规则状，病部隆起，边缘有黄晕。后期病斑产生黑色小点。

发病规律：病菌附在病残体上越冬，借助风雨进行传播。植株缺水少肥，势弱易感病。高温、高湿条件下发病更重。

防治方法：①及时清除病株病叶并销毁。②合理浇水，合理施肥，增强植株的抗病能力。③室内，采用45%百菌清粉剂或8%克炭灵粉剂。④药剂防治。喷洒75%百菌清粉剂800倍液或50%甲基硫菌灵粉剂800倍液。

510. 散尾葵根腐病

症状表现：感病初，抽梢少而弱，叶小而色淡。严重时叶片脱落，呈典型的疏导组织病症，最后整株死亡。

防治方法：于春夏每月喷施1次稀薄液肥或0.1%浓度的化肥。浇灌50%多菌灵粉剂500倍液或20%甲基立枯磷乳油1 000倍液。

511. 并盾蚧

症状表现：该虫以成虫、若虫的形态吸食叶片、叶柄汁液为主。发病初，枝叶开始萎蔫。

防治方法：①少量时，人工进行刮除。②药剂防治。喷洒50%亚胺硫磷乳油800倍液。

512. 散尾葵叶斑病

症状表现：该病主要危害叶片。病斑呈褐色不规则状，周围有水渍状晕圈。病斑生于叶面或叶缘，中央为灰白色，边缘褐色。严重时叶枯而亡。

防治方法：①及时清除病株病叶并销毁。②药剂防治。喷洒40%百菌清600倍液或50%甲基硫菌灵800倍液。

养花无忧小窍门

养护散尾葵要注意哪些问题?

① 散尾葵喜欢在排水通畅、腐殖质丰富的沙质土壤中生长。

② 散尾葵喜欢温暖，抵御寒冷的能力不太强，生长适宜温度是25～35℃。

散尾葵

别名：黄椰子、紫葵

科属：棕榈科散尾葵属

原产地：非洲马达加斯加岛

合果芋

别名：剪叶芋、白蝴蝶、箭叶
科属：天南星科合果芋属
分布区域：原产中美、南美热带雨林中。现世界各地广泛栽培

513. 合果芋细菌性叶腐病

症状表现：该病主要危害叶片和叶基。发病初，叶面产生水渍状病斑，周围产生晕圈。后病斑扩大成轮纹病斑。

发病规律：病菌附在病残体上越冬，借助水滴飞溅从伤口处进行传播，多雨、高湿更加加重病害。

防治方法：①保持通风透气，注意排水，不要积水、潮湿。②药剂防治。喷洒47% 加瑞农粉剂 700 倍液或 72% 农用硫酸链霉素粉剂 4 000 倍液。10 天 1 次，连喷 3 次。

514. 蓟马

症状表现：植株出现叶黄原因有四个：一是旱黄，因缺水、干旱所致；二是水黄，因浇水过多所致；三是饿黄，肥料不足；四是肥黄，肥料施用过度。

防治方法：①人工清除。②露养时，也可利用其天敌除害。③药剂防治。喷洒50% 新硫酸 1 200 倍液。

养花无忧小窍门

养护合果芋要注意哪些问题？

① 合果芋喜欢在有肥力、腐殖质丰富、土质松散、排水通畅的沙质土壤中生长。

② 合果芋喜欢温暖，不能抵御寒冷，生长适宜温度是 22 ～ 30℃。

③ 合果芋喜欢半荫蔽的环境，畏强烈的阳光久晒，能长期摆放在房间里散射光充足的地方养护。夏天以遮蔽70% ～ 80% 的阳光为好。

④ 在其生长季节，浇水要以"宁湿勿干"为原则，然而也不可积聚太多的水。

⑤ 合果芋喜欢比较大的空气湿度，在夏天生长鼎盛期和气候干旱时，除了浇水要充足之外，还要每日朝叶片表面喷洒2 ～ 3 次清水，以维持比较大的空气相对湿度，促使植株健壮生长，令叶片洁净而有光泽。

⑥ 冬天将植株搬进房间里照料时，不要再朝叶片表面喷洒清水，待盆土干燥后再浇水，注意盆土千万不可太湿，不然容易引起叶片发黄或根部腐坏。

⑦ 在植株的生长季节，每半个月施用浓度较低的液肥 1 次即可。冬天不要对植株施用肥料。

⑧ 在夏天，植株的茎叶长得比较迅速，作为盆栽欣赏时要对植株进行摘心整形。

515. 红蜘蛛

症状表现：该虫多居于叶片背面，刺吸汁液。染病后，叶片褪色，出现小黄点，并不断黄化、枯萎，严重时脱落。

防治方法：①人工捕杀。②药剂防治。可喷洒 20% 三氯螨醇乳剂 1 000 倍液。

516. 香龙血树链格孢黑斑病

症状表现：该病主要危害叶片。发病初，产生不规则病斑，中心为灰白色，后病部生出黑色小霉点。

发病规律：病原为半知菌类真菌。病菌在病残体上或病部越冬，借助风雨传播。高湿、多雨条件下更易发病。

防治方法：①排水通畅，经常喷水，增加空气湿度，每月施肥 1 次，提高抗病力。②药剂防治。喷洒 70% 代森锰锌粉剂 500 倍液或 50% 扑海因粉剂 1 000 倍液。

养花无忧小窍门

养护香龙血树要注意哪些问题？

① 香龙血树生命力旺盛，喜欢在有肥力、腐殖质丰富、土质松散且排水通畅的沙质土壤或微酸性土壤中生长，不能忍受贫瘠。

② 香龙血树喜欢温暖，不能抵御寒冷，生长适宜温度是 20 ~ 30℃，其中在 3 ~ 9 月是 24 ~ 30℃，9 月到次年 3 月是 13 ~ 20℃。

③ 香龙血树对光线具有比较强的适应能力，在光照充足或半荫蔽的情况下，茎叶皆可正常生长，然而要防止强烈的阳光直接照射，不然会烧伤叶片或使叶片表面的斑纹颜色变淡。

④ 香龙血树喜欢潮湿，比较能忍受干旱，也畏积水，在生长季节浇水要做到"见干见湿"。夏天每日浇 1 次水，并时常朝叶片表面喷洒清水。秋末至冬初要少浇水，并朝叶片喷施 0.2% ~ 0.5% 磷酸二氢钾，以增强植株抵御寒冷的能力。

⑤ 香龙血树比较嗜肥，以"薄肥勤施"为原则。在 4 ~ 9 月植株的生长季节，要每 2 ~ 3 周施用浓度较低的腐熟的液肥 1 次，主要施用磷肥和钾肥，不可施用太多氮肥。9 月之后要少施用肥料。冬天则不要再对植株施用肥料。

香龙血树

别名：花虎斑木、芳香龙血树
科属：龙舌兰科龙血树属
分布区域：原产美洲的加那利群岛和非洲几内亚等地。中国现已广泛引种栽培

人参榕

别名：地瓜榕、榕树瓜
科属：桑科榕属
分布区域：中国、印度、澳大利亚

517. 人参榕炭疽病

症状表现：该病主要危害叶片。发病初叶面褪绿，后扩大为圆形病斑，后期病部产生大量黑色小粒点，天气潮湿时出现粉红色胶状物。严重时叶落而亡。

防治方法：病原为孢状刺盘孢真菌。病菌附在病残体上从伤口处进行传播。高温、多雨或强光更易发生。

防治方法：①及时清除病株病叶并销毁。②强化栽培管理。通风透气，施用复合肥。③药剂防治。喷洒70%炭疽福美500倍液或75%百菌清800倍液。

518. 人参榕黑斑病

症状表现：叶片染病后，叶面呈黄褐色椭圆形斑点，后扩大为边缘暗褐色，中心浅褐色病斑。后期生出大量黑褐色霉点。严重时提前叶落。

发病规律：病原为链格孢真菌。病菌在病体上越冬，借助风雨从伤口处进行传播。高温、多雨条件下更利于病害发生。

防治方法：①及时清除病株病叶并销毁。②药剂防治。喷洒 50% 多菌灵 800 倍液或 60% 代森锰锌 500 倍液。

519. 榕管蓟马

症状表现：该虫主要危害嫩芽和嫩叶，刺吸其汁液。受害后叶面卷曲，叶背呈紫褐色斑点。

防治方法：①少量时，及时摘除卷叶或用手捏死虫害。②药剂防治。喷洒 50% 杀螟松乳剂 1 000 倍液或吡虫啉 1 000 ～ 1 500 倍液。

养花无忧小窍门

养护人参榕要注意哪些问题？

① 人参榕尽量放置在阳光充足的环境中养护，但盆栽不宜暴晒，阳光强烈时应注意遮阴。散光养护的环境中也需要偶尔给予光照。

② 温度适宜，不宜过高或过低，因此夏天需注意防晒，冬天需注意防冻。

③ 浇水次数不宜过多，保持盆土微潮就可以，切忌盆中积水。

④ 室内养护注意通风，注意适当修剪，以保持树形美观。

520. 棕竹黑斑病

症状表现：发病初，病斑为大小不等的黑褐色斑，中心为浅色，叶背出现灰黑色霉状物。严重时，叶片干枯。高湿、高温发病更重。

防治方法：①保持适当的温湿度，并减少叶片受伤。②药剂防治。喷洒 70% 代森锌粉剂 500 倍液、75% 百菌清粉剂 600 倍液或 50% 扑海因粉剂 1 000 倍液。

521. 棕竹芽腐病

症状表现：发病初，未开之叶枯萎、下垂。病菌从基部开始到芽部，使幼芽腐烂，严重时植株死亡。中心未开嫩叶基部变褐腐烂，散发臭味。

发病规律：病菌在芽叶或根部，防治病残体上越冬，借助雨水或灌溉水进行传播。高湿、多雨更易发病。

防治方法：①及时清除病株病叶并销毁。②保持通风透气，控制好温湿度。③药剂防治。喷洒 70% 代森锌粉剂 500 倍液、75% 百菌清粉剂 600 倍液或 80% 代森锰锌粉剂 500 倍液。

522. 相橘并盾蚧

症状表现：该虫一年两代，第一代若虫为 3 ～ 4 月，第二代若虫 8 ～ 9，11 月份开始越冬。

防治方法：①少量时，进行人工清除。②药剂防治。喷洒40%速捕杀1 500倍液或喷洒介螨灵200倍液。

养花无忧小窍门

养护棕竹要注意哪些问题？

① 棕竹喜欢在有肥力、腐殖质丰富、土质松散且排水通畅的酸性土壤中生长，不能忍受贫瘠及盐碱，在表层已经变硬的土壤中会长得不好。

② 棕竹属于典型的室内赏叶植物，比较能忍受荫蔽，畏强烈的阳光照射，在光线充足的房间里能长时间欣赏。

③ 棕竹喜欢温暖，略能抵御寒冷，生长适宜温度是 20 ～ 30℃。

棕竹

别名：观音竹、筋头竹

科属：棕榈科棕竹属

分布区域：东南亚、中国南部至西南部

大叶黄杨

别名：冬青卫矛、正木
科属：卫矛科卫矛属
分布区域：中国黄河以南地区

523. 大叶黄杨褐斑病

症状表现：主要为害叶子，夏季温度高湿度高，是褐斑病暴发的高峰期，发病初期，大叶黄杨叶片上会长出深黄色圆形斑点，后逐渐变成褐色。病情严重时，会造成叶片掉落，植株长势会变得缓慢。

发病规律：病原以菌丝在落叶或土壤里越冬，在春季或夏初形成分生孢子，借助风雨和浇水传播。

防治方法：①及时清除落叶，减少侵染源头。②早春时，可喷施波美度石硫合剂，消灭褐斑病越冬病菌。③加强水肥管理，增加植株抗病能力。④及时修剪过密枝条，加强植株通风透光性。⑤病发后，可喷50%多菌灵可湿性粉剂500倍液或75%百菌清可湿性粉剂 700 倍液等，每周喷1次，连续喷施 3～4 次。

524. 黄杨绢野螟

症状表现：该虫主要危害叶片。幼虫居于叶片和嫩枝之间进行取食，严重时将叶片吃光，使植株死亡。

防治方法：①人工捕杀。在成虫产卵期，修剪枝木，摘除卵虫并销毁。②用黑光灯进行诱杀。③药剂防治。喷洒 50% 杀螟松乳剂 1 000 倍液或 4.5% 氯氰菊酯 2 000 倍液。

养花无忧小窍门

养护大叶黄杨要注意哪些问题?

① 大叶黄杨对土壤要求不严，在微酸、碱性土壤里均能生长，但在肥沃排水性良好的土壤里生长迅速，且多分枝。

② 大叶黄杨喜光，稍耐阴，喜温暖，但也有一定的耐寒力，淮河流域可自然越冬，华北地区则要采取一定的保护措施。

③ 大叶黄杨喜湿润，生长期应浇足水，土壤应保持湿润但不能积水，否则会伤害根系。夏季气温高，应 1 天浇 1 次水，并对叶面进行喷雾，增加空气湿度。

④ 大叶黄杨栽种前应施底肥，底肥要与土壤充分拌匀，否则会烧根。进入正常管理后，仲春施 1 次氮肥，加快植株生长，使植株枝繁叶茂；初秋施 1 次磷、钾复合肥，加强新生枝条木质化，使植株安全越冬；冬季植株处于休眠期，应停止施肥。

525. 银杏茎腐病

症状表现：银杏树感染茎腐病初期，茎基部接近地表的表皮组织和地下根部组织会变成褐色，产生水渍状病斑，植株叶片会因此使去水分，变得低垂，等病菌蔓延包围茎基，并扩展到植株上部后，会导致植株枯死。

防治方法：①进行种植前，先进行土壤消毒。②使用的肥料要充分腐熟。③选择健壮的苗株进行栽培种植。④严格控制浇水，防止湿度过大，或苗木过于密集。⑤得病后，可用50%多菌灵可湿性粉剂200～300倍液，对植株进行喷施，每周喷1次，连续喷施2～3次。

526. 银杏早期黄化病

症状表现：树枝中部叶片和顶部失绿，变为浅黄色，后扩大到叶基，颜色变为浅褐色，最后叶片边缘呈灰色枯死。

发病规律：该病属生理性病害。于6月发生，7～8月为发病高峰期。碱性或缺锌土壤极易发病。

防治方法：药剂防治。在5月，施用10%的有效锌肥150克。

527. 银杏叶斑病

症状表现：该病从叶缘开始，后发展为大的病斑，颜色由浅褐色变为灰褐色。后期叶面散生轮状小黑点。潮湿时，变成带状或块状。

防治方法：①及时清除病株病叶并销毁。②药剂防治。喷洒65%代森锌粉剂1000倍液或1%等量波尔多液。

养花无忧小窍门

种植和养护银杏要注意哪些问题？

① 银杏可使用播种法进行种植，秋季采收种子后，去掉外种皮，将带果皮的种子晒干，南方可秋播，北方以春播为宜。

② 待种子长出两三片真叶后，要进行移栽，注意移栽时要选择排水性良好的地段，以防积水。

③ 银杏对土壤的适应力强，能生于酸性土壤、石灰性土壤和中性土壤中，但不耐盐碱土，也不耐过湿的土壤。

④ 银杏喜光，应选择坡度不大的阳坡为栽种地。

⑤ 银杏种植后要加强肥水管理，旱季要多浇水，雨季要注意及时排除积水，多施肥料，尤其要多施有机肥，比如厩肥、腐熟垃圾等。

银杏

别名：白果、公孙树、蒲扇
科属：银杏科银杏属
分布区域：原产中国，现全球各地广泛分布

鱼尾葵

别名：青棕、钝叶、假桄榔
科属：棕榈科鱼尾葵属
分布区域：亚洲热带、亚热带和大洋洲

528. 鱼尾葵炭疽病

症状表现：该病主要危害叶片。发病多从叶尖和叶缘开始呈现不规则黑褐色病斑。边缘隆起，四周有黄圈。后期生出轮纹状小黑点。
发病规律：病原为半知菌亚门真菌。病菌附在病叶或病残体上越冬，产生分生孢子进行传染。高温、高湿发病较重，植株生长势弱或受伤更易染病。
防治方法：①及时清除病株病叶并销毁。②强化栽培管理。保持空气流通，施用液肥，浇水时避免从头上淋浇。③药剂防治。喷洒 70% 炭疽福美 500 倍液或 75% 百菌清 800 倍液，10 天 1 次，连喷 3 次。

529. 鱼尾葵霜霉病

症状表现：霜霉病是由霜霉菌真菌引起的植物病害，从幼苗到成株等各阶段均会发生，以成株受害最为严重，主要危害叶子。其从叶片基部开始发病，渐向上部叶片发展，初期产生淡绿色水渍状小点，后发展为黄色病斑。湿度大时叶背会产生灰白色霉层，并会逐渐变为深灰色，干旱时病叶则会逐渐发黄干枯。
发病规律：该病主要通过气流、浇水、农事和昆虫传播，要是植株种植过密，土壤湿度大以及排水不畅导致发病。
防治方法：①选用抗病良种进行栽培种植。②植株之间种植距离不要太近，适当稀植，以保持通风，降低空气湿度。③浇水时浇小水，严禁大水漫灌。④要彻底清除病株跟落叶。⑤在发病初期用 75% 百菌清 500 倍液喷雾，发病较重时用 58% 甲霜锰锌可湿性粉剂 500 倍液，隔 7 天喷 1 次，连续防治 2 ~ 3 次，可有效控制霜霉病的蔓延。

530. 鱼尾葵黑斑病

症状表现：该病较为常见，南方各地都有发病。发病初，叶片出现黑褐色小点，后扩大成圆形病斑，后期病斑相连成大斑块，边缘凹起，上面散生黑色小点，严重时叶片干枯。
防治方法：①及时清除病株病叶并销毁。②药剂防治。喷洒 50% 多菌灵 800 倍液或 60% 代森锰锌 500 倍液。

531. 万年青红斑病

症状表现：该病主要危害叶片。发病后中心为灰褐色，边缘呈红褐色圆斑。后期病部生出黑色小粒点。

发病规律：病原为真菌。病菌在病体上越冬。产生子囊孢子进行侵染。温室万年青可常年受害。

防治方法：①及时清除病株病叶并销毁。②保持空气流通，施用液肥，浇水时避免从头上淋浇。③药剂防治。喷洒 70% 炭疽福美 500 倍液或 75% 百菌清 800 倍液，10 天 1 次，连喷 3 次。

532. 万年青炭疽病

症状表现：该病主要危害叶片。发病初叶片呈水渍状黄斑，后扩大为不规则大斑，中心灰白色，四周黑褐色。后期产生大量黑点，最后干枯，严重时病斑相连成片，呈干枯状。

防治方法：①及时清除病株病叶并销毁。②保持空气流通，施用液肥，浇水时避免从头上淋浇。③药剂防治。喷洒 70% 炭疽福美 500 倍液或 75% 百菌清 800 倍液，10 天 1 次，连喷 3 次。

养花无忧小窍门

养护万年青要注意哪些问题？

① 种植万年青用一般土壤即可，但若能采用有肥力、土质松散、透气良好、排水通畅的微酸性沙质土壤效果会更好。

② 万年青喜欢温暖，略能抵御寒冷，北方栽植时冬天要搬进房间里过冬，房间里的温度不能低于 12℃。

③ 万年青极耐阴，可长期放置在室内养护，怕强烈的阳光直接照射。

④ 平日给盆土浇适量的水就可以，需以“不干不浇”为原则，宁愿偏干燥也不能过分潮湿。

⑤ 夏天一定要让盆土维持潮湿状态。为了让小范围里气候保持潮湿，可于每日清晨和傍晚分别朝花盆周围地面喷水。

⑥ 春天和秋天浇水皆不适宜过分频繁，只需令空气维持潮湿状态即可，冬季要减少浇水量，不要使盆土太湿，以免根部腐烂、叶片发黄。

⑦ 每月最好施 1 次以氮和钾为主的液肥。夏初植株的生长势比较强，可以每隔约 10 天追施液肥 1 次，肥料里可兑入 0.5% 的硫酸铵，这能够促进植株的生长发育，令叶片颜色深绿且具光亮。

⑧ 每年春天更换花盆时，需将植株的老根及干枯的叶片剪掉。

万年青

别名：冬不凋、百沙草、九节莲

科属：百合科万年青属

分布区域：中国、日本

花叶万年青

别名：花叶黛粉叶
科属：天南星科花叶万年青属
分布区域：原产南美，中国华南、西南以及华东南部常见栽培

533. 花叶万年青炭疽病

症状表现：该病主要危害叶片。病菌多从叶尖或叶缘侵入。发病初出现褐色小斑点，后扩大为不规则大斑，中心为灰白色，边缘红褐色。后期，病斑散生大量黑点，严重时提前落叶。

发病规律：病原为真菌。病菌附在病残体上或土壤中越冬，次年产生分生孢子进行侵害。

防治方法：①及时清除病株病叶并销毁。②药剂防治。喷洒75%百菌清800倍液。

534. 糠片盾蚧

症状表现：该虫以成虫、若虫的形态在寄主叶背和枝干阴影处吸食汁液为主，致叶黄而枯，其排泄物易发煤污病。

防治方法：①合理疏理枝条，保持透光。②药剂防治。若虫初期，用40%氧化乐果1 000倍液或25%亚胺硫磷1 000倍液，10天1次，连喷3次。

养花无忧小窍门

养护花叶万年青要注意哪些问题？

① 种植花叶万年青用一般土壤即可，但以疏松、透气性好、微酸性壤土最为适宜。种植前需施适量的长效片肥作为底肥，以促使植株快速生长。

② 花叶万年青在充足散射光的条件下长势良好，可以长期置于房间里通风顺畅、光照充足的地方养护。

③ 在春天和秋天，早晨及傍晚可以让植株适度多接受一些光照，正午前后则要适度遮蔽阳光。

④ 夏天阳光比较强烈，要留意遮蔽阳光或将盆花摆放在比较荫蔽的地方，防止强光直接照射。冬天可以把它摆放在房间里朝阳的地方照料。

⑤ 花叶万年青喜欢温暖，不能抵御寒冷，生长适宜温度是25～30℃。

⑦ 花叶万年青喜欢潮湿，不能忍受干旱，浇水要充足。除了每日浇水之外，还需时常朝叶片表面和植株四周的地面喷水。

⑧ 花叶万年青生长期每半月施1次浓度较低的液肥，以促使植株快速生长，主要施用氮肥，但不能施用太多。进入秋天后要加施2次磷肥和钾肥，能令植株叶片颜色新鲜、光亮。冬天要少施用肥料。

535. 红蜘蛛

症状表现：该虫主要居于叶背，吸食叶片汁液。叶面先是出现灰黄斑纹，后脱落枯死。后期卷曲发黄，严重时叶落而亡。

防治方法：①保持通风透气，增施有机肥，提高抗病力。②高温干旱季节及时浇水，补充植株水分。③及时清除病株倍液并销毁。④药剂防治。喷洒 40% 氧化乐果 1 500 倍液、20% 灭扫利乳油 2 000 倍液或 50% 久效磷乳油 1 500 倍液。

536. 吹绵蚧

症状表现：常群集在嫩芽、新梢上危害，发生严重时，叶色发黄，造成落叶和枝梢枯萎，以致整枝、整株死去，即使尚存部分枝条，亦因其排泄物引起煤污病而一片灰黑，严重影响观赏价值。

防治方法：在初孵若虫散转移期，可喷施 40% 氧化乐果 1 000 倍液，或 50% 杀螟松 1 000 倍液，或用普通洗衣粉 400 ~ 600 倍液，每隔 2 周左右喷 1 次，连续喷 3 ~ 4 次。

537. 发财树叶斑病

症状表现：该病主要危害叶片。初为黄色斑点，后期病斑为灰褐色，边缘黑褐色。

发病规律：病原为真菌。病菌以分生孢子附在病残体上或芽苞上，温室中常年发生。

防治方法：①及时清除病株病叶并销毁。②对枝干和叶芽进行消毒。喷洒波尔多液或 0.3 波美度石硫合剂涂干。

养花无忧小窍门

养护发财树要注意哪些问题？

① 发财树喜欢在有肥力、有机质丰富、土质松散、排水通畅的中性或微酸性土壤中生长，不能在黏重土壤或碱性土壤中生长。

② 发财树喜欢温暖，不能抵御寒冷，生长适宜温度是 20 ~ 30℃。

③ 在植株的生长季节，要每月施用浓度较低的液肥 1 次，并适当加施 2 ~ 3 次磷肥和钾肥。在生长旺盛期内，要少施用氮肥，以免植株徒长。夏天温度较高时和植株开花时应少施用肥料。冬天则不要再对植株施用肥料。

发财树

别名：瓜栗、马拉巴栗、鹅掌钱

科属：木棉科瓜栗属

分布区域：原产中南美洲，中国华南地区常见栽培

蔓绿绒

别名：春羽、喜树蕉
科属：天南星科喜林芋属
分布区域：我国中南部各省

538. 蔓绿绒炭疽病

症状表现：该病主要危害叶片。发病初叶片出现黄褐色下陷小点，后期不断扩大。叶片迅速干枯，严重时植株死亡。

发病规律：病原由镰刀菌、丝核菌等引起，病菌在病残体和土壤里过冬，从植物伤口入侵，高温高湿环境下更易发病。

防治方法：①及时清除病株病体并销毁。②合理浇水，增施磷钾肥提高抗病力。③药剂防治。施用波尔多液进行杀菌消毒。

539. 蔓绿绒叶斑病

症状表现：发病初叶面为褐色斑点，后逐渐变成圆形病斑。边缘为褐色，中心灰白色。

发病规律：病原为真菌。病菌附在病残体上或土壤中越冬。在适宜环境下从伤口处进行侵染。

防治方法：①及时清除病株病叶并销毁。②播种前用50%福美双按种子重量0.2%～0.3%拌种。③避免从头浇水，保持通风透气。④药剂防治。喷洒50%苯来特1 200倍液。

540. 蔓绿绒锈病

症状表现：该病主要危害叶片。发病初，叶面出现橘红色斑点，后期叶背出现褐色孢子。

防治方法：①及时摘除病叶病枝。②对栽培介质进行消毒，保持通风透气。

养花无忧小窍门

养护蔓绿绒要注意哪些问题？

① 种植蔓绿绒宜选择排水良好，富含腐殖质的沙壤土。

② 蔓绿绒喜温暖，畏严寒，适宜生长温度为16～26℃，冬季温度不能低于5℃，方能安全过冬。

③ 蔓绿绒喜湿润，要求空气湿度达60%以上，方能长势良好。生长季要保持土壤湿润，夏季温度高时还应向植株喷水，以降低气温和增加空气湿度。

④ 蔓绿绒喜半阴，忌强光，夏季温度高时，要加强遮阴跟通风，否则叶片会变黄，但遮阴太过也会引起植株徒长和倒伏，春、秋、冬应全日照。

⑤ 蔓绿绒生长季节应每半月施1次肥，以腐熟稀薄的有机液肥为主。

合栽好处多

① 插花是一门艺术，栽种植物也可以将插花艺术与栽种的快乐巧妙结合，合栽就是带给我们这种快乐的种植方式。合栽首先就是要选择一个足够大的花盆，既然是合栽，那么花盆中就不可能只栽种一种植物，因此花盆要足够大才可以。

② 一般来说，要选择比植株体积大两倍的花盆，这样合栽才不会影响植株的根系自如生长。选好花盆后，先用碎瓦片覆住容器底部的小孔，然后放入培养土。合栽植物要根据植株根部的大小，按照由大到小的顺序依次栽种，苗与苗之间要填满培养土，否则在浇灌的时候土壤就会下沉。

③ 合栽之前要做一些功课。因为只有了解清楚植物的形状、大小、颜色等特点，才能做成具有协调感的美丽合栽，还要根据植物的习性来选择生长环境相近的植物，这样才能让植物生长得更好。

④ 首先是决定一下主要的植物，再根据主要植物的特点来挑选能够突出其美感的辅助性植物。基本上，花朵大、草茎高，具有较强生存感的植物适合做主要植物，花朵相对较小、草茎较低的植物做辅助性植物。只有考虑草茎的高低，协调栽种，才会更具有立体感。以花卉为主要植物，以香草为辅助性植物是非常完美的搭配法。另外，植物的颜色搭配也很重要，可根据主要植物的色彩来进行色彩搭配上的考量，例如，红与紫、红与橙等。

⑤ 植物的生活习性主要是根据光照和水分而定的，大部分植物都是喜欢阳光的，只有少数植物喜阴。合栽时，喜阴的植物不要跟喜光的植物合栽，喜湿植物也不要与耐旱植物合栽，否则不利于管理。

合栽将插花艺术与栽种的快乐巧妙结合。花朵大、草茎高的植物适合做主要植物，花朵相对较小、草茎较低的植物做辅助性植物。

彩叶草

别名：老来少、五彩苏、五色草
科属：唇形科鞘蕊花属
分布区域：现分布世界各地

541.彩叶草灰霉病

症状表现：该病主要危害茎、叶、花和果实。叶片受害初呈水渍状斑点，后扩大为黑褐色软腐斑。花蕾也是如此。高湿更易发病。

防治方法：①及时清除病枝病叶，少施用氮肥。②药剂防治。喷洒灰霉克、农利灵或施佳乐。

542.彩叶草白绢病

症状表现：该病主要从茎部和根部侵入。多在茎基部发病，感病部位呈褐色腐烂并长出白色绢丝状物。

防治方法：药剂防治。喷洒50%多菌灵1 000倍液。

543.彩叶草立枯病

症状表现：幼苗出土前，因温度过低而感染，根部变黄腐烂；出土后，尚未木质化，根茎和根部变成红褐色枯死，后转为猝倒病，如若木质化，地上部分直立枯死称为立枯病。

防治方法：①种苗出土20天左右，控制浇水量，保持适当的通风透气。出土后，50%代森铵200倍液或托布津2 000倍液，对地表进行消毒，杀死病菌。发现发病幼苗应将其清除。②土壤消毒。取40%福尔马林50克加水10升，浇灌育苗土壤，后用草将其覆盖一周，放过气后即可育苗。

养花无忧小窍门

养护彩叶草要注意哪些问题？

① 栽种彩叶草适宜选用有肥力、土质松散、排水通畅的沙质土壤。

② 彩叶草喜欢温暖，不能忍受寒冷，其生长的适宜温度是20～25℃，冬天如果温度在5℃以下则容易受冻害。

③ 彩叶草喜欢光照充足，可是怕强光直射久晒，在炎夏阳光强烈的时候要注意遮阴。

④ 彩叶草喜欢潮湿，在生长季节需让土壤处于潮湿而稍干的状态，若土壤过湿则容易造成植株疯长，影响株形美观，因此浇水要适量。

⑤ 彩叶草嗜肥，日常要多施用磷肥，以使叶面颜色艳丽；不要施用太多氮肥，不然叶面颜色会变浅变暗。

⑥ 当彩叶草幼苗生出4～6枚叶片时，要多次进行摘心处理，以促其萌生新枝。

544. 蜗牛

症状表现：蜗牛常将嫩叶、嫩茎啃食成孔洞状，引起细菌侵入而腐烂。苗期多雨时、潮湿处发病更为严重。

防治方法：①清除杂草，减少它的栖息地。②在温室潮湿处撒下石灰粉或砒酸铅。③药剂防治。喷洒8%敌百虫或灭蜗灵颗粒1 000倍液。

545. 弹簧草鳞茎基腐病

症状表现：该病主要危害植株下部，茎叶也有发生。先是地下部分染病，根系呈水渍状褐色腐烂。鳞茎基盘出现褐色斑并向上蔓延，使鳞茎组织变褐腐烂，鳞片变成丝状物。茎叶生出褐色不规则病斑，并扩大。发病轻者植株矮化，叶短、不生根而枯死；重者腐烂枯死。

发病规律：病原为尖孢镰刀菌。病菌在土壤中存活，从伤口处侵入。受伤更易发病，种植带病鳞茎发病更重。贮藏处不通风也亦犯病。

防治方法：①在植株从栽种至生长前后勿使其受伤。②栽种时进行挑选，去除有病鳞茎并销毁。后将种球晾干，贮藏于干燥、通风处。③对种球进行处理，用50%苯来特粉剂1 000倍液浸泡半小时。④药剂防治。喷洒50%多菌灵粉剂或苯来特800倍液浇灌根部。

养花无忧小窍门

养护弹簧草要注意哪些问题？

① 种植弹簧草宜选用疏松肥沃、排水透气性良好，富含腐殖质的土壤。可用腐叶土、草炭土、蛭石、沙土配制，并掺入少量骨粉。

② 弹簧草喜凉爽湿润，怕热，其在秋季和春季冷凉季节生长，在夏季温度高时休眠。

③ 弹簧草夏季休眠时，叶片会干枯，这时要控制浇水，但不用整个夏天都不给水，要微微保持盆土潮湿，因为此时地下的球茎还在继续生长，等到休眠期结束，鳞茎会长大不少，会有新芽从鳞茎中长出。

④ 冬季温度保持在10～20℃，弹簧草便能继续生长，温度保持在5℃以上，便能安全越冬。

⑤ 弹簧草喜光，生长期应给予充足的光照，但弹簧草畏强光直射，夏季要遮阴，否则会引起叶尖干枯。

弹簧草

别名：螺旋草
科属：百合科哨兵花属
原产地：南非

捕蝇草

别名：食虫草、苍蝇地狱、落地珍
科属：茅膏菜科捕蝇草属
分布区域：原产北美洲。现中国有引种栽培

546. 捕蝇草褐斑病

症状表现：该病主要危害叶片。发病初为圆形褐斑，后为暗黑色，病部与健康部分界明显。后期生出黑点，严重时病斑相连，从下部叶片向上枯死，其余干枯脱落，影响生长。高湿、光照不足、生病及积水的状况下都会加重病害。

防治方法：①及时清除病株病叶并销毁。②强化栽培管理；保持通风透气。③盆栽土壤要年年更换新土。④药剂防治。喷洒 50% 多菌灵 500 倍液，10 天 1 次，连喷 3 次。

547. 捕蝇草软腐病

症状表现：该病首先侵染叶柄，产生水渍状病斑，使组织软腐、下垂。球茎受感染时，外皮完好而内部组织崩溃。高湿、高温情况下，有伤口时更易发病。

防治方法：①及时清除病株病叶并销毁。②保持通风透气，增施磷钾肥，操作时减少伤口。③将染病花盆进行热处理灭菌。④药剂防治。喷洒 400 倍液链霉素或土霉素。

养花无忧小窍门

养护捕蝇草要注意哪些问题？

① 捕蝇草喜好保水性强、酸性的栽培介质，可直接用泥炭土或者水苔来栽培。但水苔价格贵，使用年限也比较短，只适合作为叶插或小苗的栽培，大株的捕蝇草比较适合用成本较低的泥炭土进行栽培。栽培介质最好 1 年换 1 次。

② 捕蝇草喜光，但畏阳光直射，春、秋、冬三季可全日照，夏季应适当遮阴，或置于室内向阳窗台。

③ 捕蝇草喜温暖，适宜长生温度为 15 ～ 35℃，当温度低于 5℃时，则会进行休眠。

④ 捕蝇草对水质非常敏感，浇水要选用矿物质含量低的水，如雨水、纯净水等软水。

⑤ 捕蝇草喜湿润，原生的环境是沼泽型的草原，需要大于 50% 的湿度，才能长势良好。可将捕蝇草的盆放于托盘或玻璃缸内，注 1 ～ 2 厘米深的水，并定期补水，有助于保持空气湿度。

⑥ 捕蝇草的根系极不耐盐，直接将肥料施入基质中，会导致植株死亡，应施浓度低的叶面肥，生长季节每半月施 1 次。

548. 鹅掌柴寒害

症状表现：寒害又称冷害，即温度在零度以下时对花卉的危害，受到寒害后植株变色、坏死和出现斑点。木本花卉还会出现顶枯、芽枯、破皮流胶及落叶等。

防治方法：控制好栽培过程中花卉的生长温度，如若突然降温及时做好室内保暖工作。

549. 鹅掌柴叶斑病

症状表现：该病多发于叶片伤口处，病斑呈圆形黄褐色病斑，后扩大，边缘暗褐色，中心由黄褐色转为灰褐色。后期出现黑褐色霉斑。

发病规律：病原为真菌。病菌附在土壤中或寄主上，当寄主势弱时，从伤口处侵染。高温、高湿、受介壳虫危害时都会更加加重病害，发病期在6～9月。

防治方法：①及时清除病株病叶并销毁。②药剂防治。喷洒50%代森铵1 500倍液或等量波尔多液。

养花无忧小窍门

养护鹅掌柴要注意哪些问题？

① 鹅掌柴喜欢土层较厚、土质松散且有肥力的酸性土壤，略能忍受贫瘠。

② 鹅掌柴喜欢阳光充足，也略能忍受半荫蔽，畏强烈的阳光直接照射久晒。在房间里培养时，每天约有4小时直接照射的阳光便可较好地生长，也可以长时间置于房间里散射光充足、湿度合适且通风顺畅处。

③ 鹅掌柴喜欢温度较高的环境，生长适宜温度是15～25℃，也具一定的抵御寒冷的能力。

④ 鹅掌柴喜欢潮湿和较大的空气湿度，盆土要时常维持潮湿状态，未干透时便须进行浇水。

⑤ 在春天和秋天，每隔3～4天对植株浇1次水即可。夏天每日要浇1次水，还要时常朝叶片表面喷洒清水，以增加空气湿度。

⑥ 鹅掌柴长得过于迅速，需肥量比较大，在生长期内要每3～4周施用浓度较低的液肥1次。斑叶品种则不适宜施用过多的肥料，尤其是氮肥。

⑦ 每年春天可以结合更换花盆进行修剪，包括修剪植株的根系、干枯枝、病虫枝、对徒长枝进行短截等。

鹅掌柴

别名：鸭掌木、鹅掌木

科属：五加科鹅掌柴属

分布区域：中国台湾、广东、福建等省

吊竹梅

别名：吊竹兰、红莲、花叶竹夹菜
科属：鸭跖草科吊竹梅属
分布区域：原产墨西哥，现多见于中国华南地区

550. 吊竹梅叶枯病

症状表现：该病主要危害叶片，发病初为黑褐色小斑，四周有褪绿晕圈，后扩大为不规则状。边缘暗褐色，内部灰白色。后期病斑出现黑色颗粒物。

发病规律：病原为半知菌类、叶点菌属真菌。病菌在病残体上存活，早春便能感染危害。高温、高湿更易发病，发病期为6～8月。

防治方法：①强化栽培管理：加强肥水管理。②定期喷洒硫酸亚铁溶液。③药剂防治。喷洒65%代森锌1000倍液或70%托布津1000倍液。

551. 介壳虫

症状表现：该虫较小，但数量很大，吸附在枝叶上。其排泄物覆盖枝、叶，诱发黑霉生，并使枝叶发黑。

防治方法：①少量时，人工清除即可。②药剂防治。喷洒40%氧化乐果乳油1500倍液。

养花无忧小窍门

养护吊竹梅要注意哪些问题?

① 吊竹梅对土壤及土壤酸碱度的要求都不严格，有很强的适应能力，也比较能忍受贫瘠，然而最适宜在有肥力、土质松散、排水通畅的土壤中生长。

② 吊竹梅喜欢阳光充足的环境，也耐半荫蔽，畏强烈的阳光直接照射久晒，以散射光为宜，然而也不适宜将它长期摆放在过于昏暗的环境中，不然植株容易徒长。

③ 吊竹梅喜欢温暖，不能抵御寒冷，生长适宜温度是15～25℃，冬天要搬进室内过冬，室内的温度不可在10℃以下。

④ 吊竹梅喜欢多湿的环境，在平日料理时应令盆土维持潮湿状态，生长季节植株除了要每日浇水1次之外，还需时常朝叶片表面和植株四周环境喷洒水。

⑤ 吊竹梅对肥料没有很高的要求，可以依照具体生长态势适量施肥。在茎蔓刚开始生长期间，应每半个月追施浓度较低的液肥1次；在生长季节可以每2～3周施用一次液肥，同时增施2～3次磷肥和钾肥，以促进枝叶的生长，令叶片表面新鲜、光亮。

552. 五针松叶枯病

症状表现：发病初叶片出现椭圆褐斑，四周有褪绿圈，后扩大为不规则状，多从叶缘、叶尖侵染。后期病斑产生黑点。高湿、通风不畅、栽植过密时会触发病害。

防治方法：①及时清除病株病叶并销毁。②保持通风透气。③每年更换土壤。④药剂防治。喷洒65%代森锌500倍液、75%百菌清500倍液或50%多菌灵粉剂500倍液。

553. 五针松落针病

症状表现：此病一般感染两年生针叶较多，一年生针叶也会受到侵染，发病初，针叶出现黄绿的斑纹，渐渐扩大，转为红褐色或黄褐色，病斑上会产生很多黑粒，这时针叶大部分脱落，植株生长变得缓慢。

发病规律：以病菌和菌丝体在落叶或树枝病叶上过冬，春末夏初形成子囊盘产生子囊孢子，通过风雨传播，由气孔侵入针叶。土壤板结或土壤瘠薄、地势低洼排水不良、生长期浇水过多、植株栽植过深等，均易引发此病。

防治方法：①秋冬及时清除落叶，并剪除树上发病枝叶、干枯枝叶、过密枝，然后集中烧毁，减少病菌侵染来源。②加强养护，对板结土壤进行松土，施腐熟的有机肥，施肥后及时浇水，栽种松树时不应过深。③发病后，及时喷1：1：100波尔多液，500～800倍液50%退菌特和70%敌克松等。

教你一招

喷水对花草的好处

① 很多观叶植物叶片很大而且喜欢潮湿温暖的环境，北方气候干燥，经常对这类植物进行喷水，可以增加空气湿度、降低室内温度，能缓解小范围里的干燥情况，避免叶片发生焦边、枯叶等现象。尤其是一些喜阴湿的花卉，像山茶、杜鹃、兰花、龟背竹这些，经常向其叶面上喷水，对其生长发育十分有利。

② 在施加肥水时，如果肥水溅到了叶片上，不仅会影响叶片的色泽，还会对叶片造成伤害。喷水可以保持叶片清洁和冲洗叶片上残留的肥水。

五针松

别名：日本五针松、五钗松

科属：松科松属

分布区域：原产日本，中国长江流域以南可露地栽培

海芋

别名：滴水观音、巨型海芋

科属：天南星科海芋属

分布区域：中国南方亚热带、热带地区

554. 凤仙花天蛾

症状表现：主要以幼虫危害植物。该虫一年2代，7～10月为幼虫危害叶片和花的严重时期，严重时能把叶片和花蚕食光。幼虫一般白天隐藏在枝杈处，早晨取食，幼虫老熟后入土化为蛹。

防治方法：①天蛾幼虫较大，看到时直接用手将其拿下踩死。②经常检查叶片和花，如有破损查找虫子将其杀死。③药剂防治。可喷施50%辛硫磷2500倍液，或2.5%功夫菊酯乳油2500～3000倍液。④寒冬到来之前翻地消灭土中越冬蛹。

555. 海芋病毒病

症状表现：发病初沿叶脉出现褪绿黄点，后扩大为花叶状，严重时新叶畸形，植株矮化。

发病规律：病原为黄瓜花叶病毒，借助蚜虫、汁液和人工操作进行传播。

防治方法：①选取无病母株繁殖，不引种带毒苗。②育苗房放置纱网防止蚜虫进入。③及时喷洒杀虫剂，同时铲除周围杂草。

栽种用土的种类

土壤的种类千差万别，作为栽种用土，常见的主要有3种：培养土、基础用土和改良用土。

① 培养土：培养土主要是用于球根、宿根等植物种类的栽种，因为是根据养分比例调和好的土壤，所以非常适合初学者使用。

② 基础用土：指的是自己调和土壤的时候所使用的基础土，各个基础土之间的差别主要是由当地的土壤性质所决定的。

③ 改良用土：是一种非常优质的土壤，它运用其他的有机质提高了基本用土的透气性、排水性、保水性、保肥性。其中最为人们熟知的就是腐叶土，腐叶土首先是将腐烂的阔叶树树叶弄碎，融合在基础用土之中，这样可以提高土壤中微生物的含量，有效地改善土质。

556. 亮丝草细菌性叶斑病

症状表现：该病主要危害叶片。发病初叶面呈水渍状斑点，中心为浅黄褐色，后扩大为不规则病斑，四周有黄色晕圈。潮湿时，表现为湿腐斑。

防治方法：①及时清除病株病叶并销毁。②强化栽培管理：保持通风，降低室内湿度，控制浇水，增强植株抗病性。③培育无病种苗，采用无病菌土壤育苗。④药剂防治。喷洒75%百菌清800倍液或65%代森锌500倍液。

557. 亮丝草茎腐病

症状表现：发病初为圆形凹陷状，边缘呈褐色，中部为灰色；后扩大，使枝条枯死，后期出现黑色粒状物。

发病规律：病原为半知菌类壳单隔孢属真菌。病菌在寄主上存活，通过风雨传播，从伤口、人为损伤处进行危害，高温条件下更易发病。

防治方法：①控制浇水，减少伤口。②在高温高湿季节可喷洒0.3%波尔多液进行预防。

558. 根线虫病

症状表现：染病后，细胞组织生长畸形。表现为叶片扭曲、反卷，枝干出现丛枝，根部为肿瘤或丛根。

防治方法：①选择无虫草育苗。②深翻土壤，能减轻虫害发生。③药剂防治。土壤施用3%呋喃丹颗粒防治。

养花无忧小窍门

养护亮丝草要注意哪些问题？

① 亮丝草不耐盐碱土，种植亮丝草宜选择肥沃疏松、保水性强的酸性壤土。

② 亮丝草适宜生长温度为18～30℃，过冬温度不宜低于12℃，如果温度在8℃以下，植株会受到寒害。

③ 亮丝草喜湿怕干，生长期茎叶需要充足的水分，每天早晚应该喷水，使空气湿度增加，冬季气温较低时，要减少喷水和浇水量，否则盆土过湿，会引起根部腐烂，叶片变黄枯萎。

④ 亮丝草怕强光，耐阴，如遭强光暴晒，叶面会变白黄枯，灼伤叶片。亮丝草在低光度下也能生长，但叶色会缺乏层次光泽，应选择有充足的散射光照射的地方进行养护。

亮丝草

别名：广东万年青、粗肋草
科属：天南星科亮丝草属
原产地：中国和东南亚一带

花叶芋

别名：五彩芋、两色芋、彩叶芋
科属：天南星科五彩芋属
原产地：南美亚马孙流域

559. 凤仙花天蛾

症状表现：该虫以幼虫危害植株为主。在 7 月底至 8 月初和 9 月中旬至 10 月中旬，为幼虫危害叶片和花的严重期。严重时能把叶片和花蚕食光。幼虫白天隐藏，早晨取食。

防治方法：①少量时进行人工捕杀。②经常检查花叶，如有破损找到虫子将其杀死。③药剂防治。施用触杀剂消灭。

560. 花叶芋块茎腐烂病

症状表现：植株在栽培和贮藏中易受病菌侵染，引起黏滑性腐烂等。

防治方法：①在贮藏过程中防止堆积和潮湿。②栽植时要保持一定的距离，不要太密，保持通风透气，适当浇灌。③药剂防治。用 58% 苯来特 1 000 倍液浸泡 20 分钟或用 55 度水浸泡半小时，以达到灭菌的作用。

561. 花叶芋叶斑病

症状表现：该病主要危害茎和叶。叶片受害后，发病初叶片呈水渍状不规则黑色病斑，四周有黄圈。后期叶片产生大量病斑，萎蔫垂于茎上。茎部受害变成黑褐色，茎皮部产生黑斑，严重时坏死。

发病规律：病原为叶斑病致病变种侵染引起。病菌附在病残体上越冬。借助风雨或昆虫从伤口侵入传到茎上和叶片。

防治方法：药剂防治。喷洒 72% 硫酸链霉素或新植霉素 3 000 倍液，10 天 1 次，连喷 2 次。

养花无忧小窍门

养护花叶芋要注意哪些问题？

① 花叶芋喜黏质土壤，种植要选用黏质田土和腐叶土混合而成的疏松肥沃、排水性良好的黏质土。

② 花叶芋喜高温，适宜生长温度为 20 ～ 30℃，温度低于 10℃，便会停止生长。

③ 花叶芋喜半阴，忌阳光直射，应选择有充足的散射光照射的地方进行养护。

④ 花叶芋喜湿，生长期要保持土壤湿润，忌干燥或排水不良。

562. 兰屿肉桂褐根病

症状表现：该病主要危害根部，发病初没有明显症状，严重时茎干干枯，根系出现腐烂，如果不及时治疗，则会使病株短期内死亡。
防治方法：药剂防治。喷洒 50% 硫黄悬浮剂或甲基硫菌灵 800 倍液。

563. 兰屿肉桂褐斑病

症状表现：该病主要危害叶片。发病初叶片出现圆形黄斑，后扩大，叶背变紫，严重时叶子变黄、枯萎而死。发病期主要在 4～5 月，通风不佳、排水不畅更易发病。
防治方法：药剂防治。喷洒 50% 杀菌王水剂 1 000 倍液或 50% 多菌灵粉剂 500 倍液，10 天 1 次，连喷 3 次。

564. 兰屿肉桂炭疽病

症状表现：该病主要危害叶片。发病后叶面产生不规则大斑，中心为灰白色或浅褐色，边缘为深褐色。严重时，叶片发黄枯死。
发病规律：病原为真菌。病菌附在病残体上越冬。借助灌溉水、风雨从伤口处侵入进行传播。高湿、多雨条件下发病更加严重。
防治方法：①及时清除病株病叶并销毁。②药剂防治。喷洒 75% 百菌清 800 倍液。

养花无忧小窍门

养护兰屿肉桂要注意哪些问题？

① 种植兰屿肉桂宜选择疏松肥沃、排水良好、富含有机质的酸性沙壤。
② 兰屿肉桂喜光，但也耐阴，应选择一个阳光充足的场所进行种植，但要避免阳光直射。
③ 兰屿肉桂喜温暖，适宜生长温度为 20～30℃，冬季应移至室内或大棚内，且室内和棚内温度不能低于 5℃，方能安全过冬。
④ 兰屿肉桂喜湿润，但土壤不能积水，否则会引起烂根。相对湿度保持 80% 以上为好，夏秋温度高的季节，要经常向叶面或植株周围喷水，增加空气湿度。
⑤ 兰屿肉桂喜肥，生长季节每隔半月要施 1 次稀薄的饼肥水或肥矾水等。

兰屿肉桂

别名：平安树、大叶肉桂、红头山肉桂
科属：樟科樟属
原产地：中国台湾南部

米兰

别名：鱼子兰、珍珠兰、四季米兰
科属：楝科米仔兰属
原产地：原产东南亚地区及中国华南地区

565. 米兰炭疽病

症状表现：该病主要危害叶柄、叶片和嫩枝。发病初，叶尖变褐，严重时叶斑侵害过半；叶柄感病后，病部变褐，逐渐蔓延发展。在发病过程中，叶片不断脱落，直至叶枯而死。

发病规律：病菌附在病残体上和病叶上越冬，借风雨传播，从伤口处侵害，通常状况下，发病于6～10月。

防治方法：①及时清除病株病叶并销毁。②施用药剂防治。

566. 蛾蜡蝉

症状表现：该虫主要吸食汁液，使得寄主生长较弱，叶片变得卷曲，严重时嫩枝枯死。

发病规律：该虫以成虫的形态在树林中越冬，次年产卵，南方一代若虫发生在3月、4月间，成虫在5月、6月；二代若虫在7月、8月，成虫在9月、10月，成虫产卵于叶柄或嫩梢中，其虫极善跳跃。

防治方法：药剂防治。在10%吡虫啉可湿性粉剂1 500～2 000倍液或25%噻嗪酮可湿性粉剂1 000～2 000倍液喷雾防治。由于该虫被有蜡粉，药液中如能混用含油量0.3%～0.4%的柴油乳剂，可显著提高防效。

567. 白轮盾蚧

症状表现：该虫主要分布于我国西南、华南及台湾等。该虫吸食叶片及嫩枝汁液，受损害的植株轻者枯枝枯叶，严重时影响生长。

防治方法：①病轻时，人工摘除有虫枝叶并销毁。②数量多时，喷50%马拉硫磷或25%亚胺硫磷1 000倍液防治。

教你一招

正确给花草松土

松土是花草种植必做的功课，主要目的是让土壤不至于板结，提高土壤的透气性。在给花草松土的过程中，要注意两个问题：

① 松土时间应在浇完水后，盆土半干时进行。深度以见根为准，就算切断一些表层根也无所谓，这样反而会有利于催生新根。

② 松土频率越多越好，看到板结了就应该进行松土，但如果松土时伤及根了，就不要频繁松土了。

568. 蚜虫

症状表现：蚜虫繁殖能力强，危害大，其分泌的排泄物会阻碍花卉的生长，诱发其他疾病。受害叶片背面出现卷曲和脱落等，严重时出现植株枯萎、死亡的现象。

防治方法：药剂防治。喷洒10%吡虫啉可湿性粉剂2000～3000倍液。

569. 银边翠灰霉病

症状表现：该病主要危害叶片和幼茎。叶片受害，叶尖和叶缘出现水渍状褐斑，后扩大并腐烂。幼茎受害发生褐色腐烂，枝叶枯死。潮湿条件下，病部长满灰色霉层。

发病规律：病原为灰葡萄孢菌。病菌在病残体上越冬，借助风雨从伤口处或表皮进行传播。高湿、栽种过密、植株衰败、低温都会加大发病概率。

防治方法：①及时清除病株病叶并销毁。②药剂防治。喷洒50%多菌灵粉剂500倍液、70%代森锰锌粉剂500倍液或50%甲基托布津粉剂500倍液。

养花无忧小窍门

(1) 银边翠繁殖方法?

① 银边翠可采用播种法和扦插法进行繁殖，但以播种法为主。

② 银边翠一般在3月下旬至4月中旬进行播种，先将苗床整细耙平并浇足水，然后将种子均匀播撒于苗床。

③ 种子撒好后，最好盖上一层塑料薄膜，以保温保湿，只要温度适宜，7天便可出芽。

④ 待幼苗出土后，要于上午9:30之前或下午3:30之后，将薄膜揭开，让幼苗接受光照；并适当进行间苗，将有病的和长势弱的苗拔除，使幼苗之间有一定空间。

⑤ 当幼苗长了3片或3片以上的叶子时，就可以进行移栽了。移栽小苗前，先在底部撒上一层有机肥料做基肥，再覆上一层土并放入苗木，使肥料跟根系分开，以及烧根。

(2) 养护银边翠要注意哪些问题?

① 银边翠不耐贫瘠，种植银边翠宜选择疏松肥沃、排水良好的沙壤土。

② 银边翠喜光，宜选择一个阳光充足处进行种植。

③ 银边翠喜温暖，不耐寒，适宜生长温度是18～35℃。

银边翠

别名：高山积雪、象牙白

科属：大戟科大戟属

原产地：北美

雁来红

别名：老来少、叶鸡冠、向阳红
科属：苋科苋属
分布区域：原产亚洲热带，中国广泛栽培

570. 雁来红炭疽病

症状表现：该病症状有两种：一种是茎上产生淡褐色圆形病斑，后生出轮纹状黑色小点。另一种发病初，叶片呈红褐色圆形小斑，后扩大为深褐色，再转为灰白色，边缘呈绿色，最后病斑转为黑褐色。

防治方法：①及时清除病株病叶并销毁。②植株不要过密，不要淋浇，保持通风透气。③药剂防治。发病初，喷洒50%炭疽福美粉剂500倍液、50%多菌灵粉剂800倍液或75%百菌清500倍液。

571. 雁来红立枯病

症状表现：病原为真菌，病菌主要从幼苗开始侵染，受害幼苗会成片枯死。病菌附在土壤中，这也是立枯病发生的主要原因。

防治方法：①对土壤进行消毒。用福尔马林和五氯硝基苯消毒。②严格控制浇水，防止潮湿。幼苗出土后喷50%代森铵200倍液或0.5%硫酸亚铁。③及时清除病株并用药防护。

养花无忧小窍门

(1) 种植雁来红要注意哪些问题？

① 栽种雁来红适宜选用有肥力、土质松散、排水通畅的沙质土壤。
② 将充分腐熟的腐殖土和沙土各半掺匀，置入苗盆，再将苗盆放入水中浸透。
③ 将雁来红的种子播入苗盆中，微覆薄土，用玻璃板或塑料薄膜覆盖在上面，并保持盆土湿润。
④ 大约10天后，种子发芽，这时要勤浇水。
⑤ 再过约2周的时间，幼苗长出2片叶后即可移栽进泥盆中。

(2) 养护雁来红要注意哪些问题？

① 雁来红喜欢温暖，不能忍受寒冷，其生长的适宜温度是20～25℃，冬天如果温度在5℃以下则容易受冻害。
② 雁来红嗜肥，日常要多施用磷肥，以使叶面颜色艳丽；不要施用太多氮肥，不然叶面颜色会变浅变暗。
③ 刚刚播种后要及时浇水，幼苗长出真叶后水分则不宜过多，土壤湿润即可。
④ 当雁来红幼苗生出4～6枚叶片时，要多次进行摘心处理，以促其萌生新枝，令株形丰满；如果植株长得太高，要对其进行截顶，以促进基部萌生新枝。

572. 竹节蓼茎枯病

症状表现：发病时变态茎上出现褐色不规则病斑，且病斑上散生黑色颗粒，受感染后，茎部会发生枯死现象。

发病规律：病原为半知菌亚门槭色二孢菌。病菌在病残体上越冬，借助风雨进行传播。高温多雨更易发病。

防治方法：药剂防治。喷洒 30% 氧氯化铜胶悬剂 600 倍液或 1% 等量波尔多液，10 天 1 次，连喷 3 次。

573. 竹节蓼红斑病

症状表现：该病主要危害叶片。发病后多从叶缘开始，初叶片出现红斑，后扩大为不规则状，中心为红褐色。潮湿环境下叶背产生褐色粉状霉，严重时只剩叶片少许。

发病规律：病原为竹节蓼尾孢。病菌在病叶上越冬，借助风雨进行传播。

防治方法：①及时清除病株病叶并销毁。②药剂防治。喷洒 70% 甲基托布津粉剂 1 200 倍液或 70% 代森锌粉剂 500 倍液，10 天 1 次，连喷 3 次。

574. 竹节蓼白粉病

症状表现：该病主要危害叶片，也可侵染嫩梢。发病初，叶面出现白色粉点粒，后扩大为污白色圆斑，最后边缘呈放射状白粉斑。严重时，病斑相连，后期出现黑色小点粒。

发病规律：病原为真菌。病菌在适宜的温度下由风雨进行侵染传播。

防治方法：①及时清除病株病叶并销毁。②休眠期喷洒 5 波美度石硫合剂，消灭菌源。③药剂防治。喷洒 50% 多菌灵粉剂 500 倍液或 15% 三唑酮粉剂 1 000 倍液。

养花无忧小窍门

养护竹节蓼要注意哪些问题？

① 竹节蓼喜湿润，要求要有较高的空气湿度，但根部不能积水，种植要选用排水良好，疏松透气的沙质园土。

② 竹节蓼喜温暖，不耐寒，冬季应入室保暖，室内温度保持在 6℃ 以上，方能安全越冬。

③ 竹节蓼耐阴，不能直接接受光照，应放于散光处。夏季光照强烈时，要移到半阴处，并要对植株进行喷水降温。

竹节蓼

别名：扁叶蓼、百足草、扁茎竹

科属：蓼科竹叶蓼属

分布区域：产于南太平洋所罗门群岛，我国偶见栽培

冷水花

别名：白雪草、透明草、长柄冷水麻
科属：荨麻科冷水花属
分布区域：中国各地常见栽培

575. 金龟子

症状表现：该虫主要危害叶片。幼虫称蛴螬，为地下害虫。1 年 1 代，在 6 ～ 7 月，黄昏时飞出为害。

防治方法：①利用成虫的趋光性，用灯光诱捕或用果醋液诱杀。②利用成虫假死性，在清晨或傍晚摇动树枝捕杀。③在冬季将残枝落叶清除，消灭树枝、干和土壤中的虫茧。④药剂防治。喷洒 50% 马拉松 1 000 倍液、90% 晶体敌百虫 1 200 倍液或 40% 氧化乐果 1 000 倍液。

576. 冷水花叶斑病

症状表现：该病主要危害叶片。染病后，叶片出现不规则褐色斑点，边缘浅黄色，后斑生有小黑点。

发病规律：病原为叶点霉属真菌。其分生孢子无色，卵圆形。借助浇水水滴进行传播。

防治方法：①及时清除病株病叶并销毁。②不要淋浇植株，保持通风透气。③播种前用 50% 福美双按种子重量的 0.2% ～ 0.3% 拌种。④药剂防治。喷洒 50% 苯来特 1 000 倍液。

养花无忧小窍门

（1）冷水花繁殖方法？

① 冷水花可采用扦插法进行繁殖。

② 扦插在春秋皆可进行，选取一根壮实的枝条，剪为 5 厘米左右一段作为插穗，注意保留顶端的几片叶子，然后插入基质中，入土深度不要超过 2 厘米。

③ 扦插好后，置于半阴处，土温保持 18 ～ 20℃，干燥时用喷壶喷水，半月便可生根，1 ～ 2 月后，即可移栽或上盆。

（2）养护冷水花要注意哪些问题？

① 冷水花喜温暖，适宜生长温度为 18 ～ 30℃，当温度下降到 14℃以下时，便会进入休眠状态，当温度接近 5℃时，植株会受到冻害，当温度接近 0℃时，植株则会因冻伤死亡。

② 冷水花耐阴，但更喜欢充足光照，光线太暗，叶片颜色会变淡。冷水花虽喜光，但惧阳光直射，阳夏季应放在半阴处。

③ 冷水花喜湿润，但浇水保证盆土干而不裂，润而不湿为好，盆内不能积水。夏季温度高时，应经常向叶面喷雾，可保持叶面清洁而具光泽。

④ 冷水花生长季节每半月施 1 次稀薄氮素液肥，秋后施磷、钾肥，能使茎秆强壮，防止植株倒伏。

577. 金钱树褐斑病

症状表现：该病多发于叶片。病斑呈圆形，颜色由灰褐色转为黄褐色，边缘颜色略深。高温高湿、通风不畅更易发病。

防治方法：①及时清除病株病叶并销毁。②药剂防治。喷洒50%多菌灵粉剂600倍液或40%百菌清500倍液，10天1次，连喷3次。

578. 介壳虫

症状表现：该虫主要吸食植株叶片。在通风不畅或光照不足下更易发病。

防治方法：①少量时，用湿布或透明胶除去。②药剂防治。喷洒20%扑虱灵粉剂1 000倍液。

579. 金钱树烂根病

症状表现：通常下烂根病因浇水过多导致，或晾干或减少浇水量和次数。浇水要以盆土的干燥程度为准。

防治方法：烂根严重时用高锰酸钾500倍液或多菌灵500倍液浸泡10分钟，后用清水冲洗晾干，重新栽植。

580. 金钱树白绢病

症状表现：受害部位呈水渍状黄斑，中心凹陷，边缘较为明显，后转为深褐色，严重时植株枯萎而死。

发病规律：病菌附在地表表层，从叶柄基部、根茎处或伤口处进行侵害。

防治方法：①及时清除病株病叶并销毁。②加强通风透气，避免积水。③栽培土要进行高温消毒或烘烤灭菌。④喷洒百菌清或绘绿等。

养花无忧小窍门

养护金钱树要注意哪些问题？

① 种植金钱树应选择疏松肥沃、排水性良好、富含有机质或呈酸性或微酸性土壤。如果种植土壤偏碱性，会生长受阻，发育不良。

② 金钱树性喜温暖，适宜生长温度为20～32℃。

③ 金钱树比较耐旱，浇水应严格遵守“见干见湿”原则，忌积水，否则会引起块茎腐烂。

金钱树

别名：龙凤木、美铁芋、泽米芋

科属：天南星科雪铁芋属

分布区域：热带、亚热带地区

常春藤

别名：洋常春藤
科属：五加科常春藤属
分布区域：中国各地广泛栽培

581. 常春藤疫病

症状表现：感病后叶片变褐腐烂，茎基部或嫩基呈暗绿色水渍状，后变褐黑色，病部枝叶枯萎。当插枝或土壤带菌，湿度过大时更易发病。
防治方法：①及时清除病株病叶并销毁。②栽植不能过密，保持通风透气，避免积水。③药剂防治。喷洒 25% 甲霜灵粉剂 800 倍液、72% 克露 600 倍液或 64% 杀毒矾粉剂 600 倍液。

582. 介壳虫

症状表现：该虫比较常见，受害植株生长不良，且易染煤污病，使叶片变黄，提前落叶。
防治方法：①少量时，人工刮除。②药剂防治。喷洒 40% 氧化乐果乳油 800 倍液。

583. 常春藤叶斑病

症状表现：发病初叶面出现水渍状暗斑，后扩大为黑色多角形，有时四周有褐色沉积物。
发病规律：病菌在病组织内越冬，借助风雨或昆虫进行传播。通风不畅、透光差更易发病。
防治方法：①选取无病母株进行繁殖育苗。②药剂防治。喷洒 12% 绿乳铜乳油 600 倍液或 20% 龙克菌悬浮剂 500 倍液。

584. 常春藤炭疽病

症状表现：该病主要危害叶片。受害后叶片呈灰白色，多雨季更易发病。
防治方法：①保持通风透气，不要当头浇水。②药剂防治。喷洒 50% 多菌灵粉剂 500 倍液，7 天 1 次，连喷 3 次。

585. 常春藤灰霉病

症状表现：发病后，叶缘呈水渍状黑斑，严重时病斑占满全叶，潮湿时生出灰霉层。
防治方法：①及时清除病株病叶并销毁。②合理浇水，控制氮肥的施用量。③选取无病新土栽培。④药剂防治。喷洒 75% 百菌清 500 倍液，10 天 1 次，连喷 3 次。

养花无忧小窍门

种植和养护常春藤要注意哪些问题?

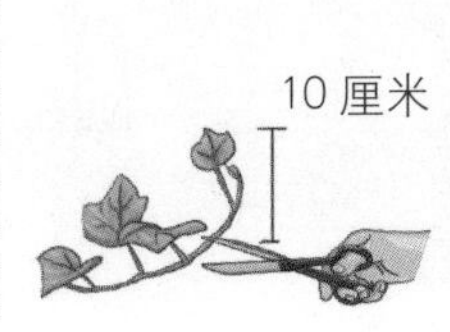

① 常春藤多采用扦插的繁殖方式，春、夏、秋三季均可进行，选取当年生的健壮枝条，剪下 10 厘米左右的嫩枝做插穗，插入培养土中，注意浇水遮阴。

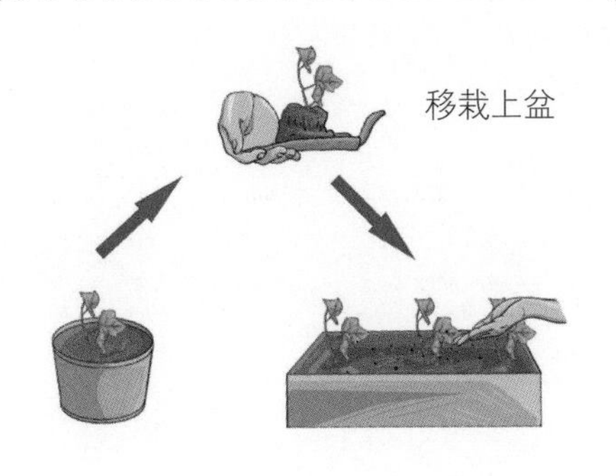

② 15 天左右的时间植物即可生根，生长 1 个月后就可以移栽上盆，上盆后放在半阴处养护。

盆土见干再浇水

冬季低温时要控制浇水

③ 生长期内要保持植株土壤的湿润，土壤要见干即浇水，若冬季低温则严格控制浇水。

④ 常春藤作为一种攀缘性植物，需要搭设支架才可以生长，可通过绑扎枝蔓的方式引导藤蔓的生长方向，以保证植株的姿态优美。

夏季高温和秋冬低温

⑤ 生长期需追 1 次稀薄的复合液肥和 1 次叶面肥，夏季高温和秋冬低温时要停止追肥。

黄栌

别名：乌牙、黄杨木、黄栌台
科属：漆树科黄栌属
分布区域：中国、印度及欧洲南部等

586. 黄栌黄萎病

症状表现：发病初，枝条下部叶片的叶肉呈黄色斑驳状，叶脉正常。后期枝梢变黄枯萎，根、干、枝条内有黑褐色条纹，整株枯死。

发病规律：病原为真菌。病菌在病残体上或土壤中越冬，借助土壤或灌溉水从茎基部或根部伤口处侵入进行传播。高温、高湿、虫害严重时更易发病。

防治方法：①及时清除病株病叶并销毁。②实行轮作。③药剂防治。喷洒 30% 土菌消水剂 800 ～ 1 000 倍液或 50% 多菌灵粉剂 1 000 倍液。④栽植后施用高锰酸钾 1 000 倍液浸根。

587. 黄栌立枯病

症状表现：立枯病多发生在黄栌育苗中后期，主要危害基部和地下根部，初时长暗褐色病斑，病部渐渐凹陷、溢缩，变为黑褐色，当病斑绕茎一周时，黄栌病苗就会干枯死亡。

发病规律：立枯病病原为丝核菌属立枯丝核菌，其以菌丝和菌核在土壤或寄主病残体上越冬，腐生性非常强，能在土壤里存活 2 ～ 3 年。通过水、沾有带菌土壤的堆肥等传菌，一般从苗株的伤口侵入，也可穿过表皮直接侵入。

防治方法：①种植黄栌时，要用充分熟化的土壤。②种植前先对土壤进行消毒，可施用50%多菌灵可湿性粉剂。③种植时，用50%多菌灵可湿性粉剂拌种。④病发后，要及时处理病株，并喷洒50%的多菌灵、50%可湿性粉剂500～1 000倍液或喷1：1：120倍波尔多液，每10～15天喷洒1次。

养花无忧小窍门

养护黄栌要注意哪些问题?

① 黄栌耐瘠薄和碱性土壤，但在土层深厚、肥沃且排水良好的沙质壤土中长势尤佳。

② 黄栌喜光，但也耐荫，生长季节应置于向阳处，但在炎热夏季，应置于半阴处。

③ 黄栌耐旱，但不耐水湿，浇水时要严格遵守“见干见湿”原则，不要积水。

④ 黄栌对肥要求不高，不用施大肥，春末、初秋各施 1 次肥即可，否则会引起枝条徒长，叶片变大。

⑤ 黄栌生长很快，春季发芽后要修剪一次，剪掉过密枝条和影响造型的枝条，使枝干保持优美形态。

588. 爬山虎叶斑病

症状表现：发病初叶片出现黄褐色斑点，后扩大为圆形病斑，后期病组织变浅黄，叶缘为褐色并散生黑点。

发病规律：病原为叶点霉真菌。病菌防附在病体上越冬，次年进行侵害。发病期为4～9月，6～8月为高峰期。

防治方法：药剂防治。喷洒50%多菌灵粉剂1000倍液、75%百菌清粉剂800倍液或50%托布津粉剂800倍液。

589. 梧桐天蛾

症状表现：该虫以成、幼虫的形态为主。幼虫取食叶片，使叶片缺刻和孔洞；成虫趋光性强，一般在夜间活动。高温、高湿条件下更易发病。

防治方法：①及时清除病株病叶并销毁。②加强管理，控制室内湿度，保持通风透气。③根据成虫趋光性特点，用黑光灯诱杀成虫。④药剂防治。喷洒90%晶体敌百虫1000倍液或50%辛硫磷1000倍液。

590. 大袋蛾

症状表现：该虫以成、幼虫的形态危害为主。幼虫蚕食叶片使其缺刻和孔洞，严重时将叶片吃光。

防治方法：①人工摘除并销毁。②药剂防治。喷洒2.5%溴氰菊酯500倍液。

养花无忧小窍门

养护爬山虎要注意哪些问题？

① 爬山虎可采用播种法、扦插法及压条法进行繁殖。

② 爬山虎适应力极强，耐贫瘠，对土壤没有严格要求，但在疏松肥沃的土壤中长势良好。

③ 爬山虎喜阴喜湿，但也不畏强光，在阴湿环境或向阳处，均能茁壮生长。

④ 爬山虎耐旱耐寒，对气候有较强的适应力。

⑤ 爬山虎耐修剪，可每月摘心1次，以防藤蔓互相缠绕遮光，促使植株粗壮。

爬山虎

别名：红丝草、飞天蜈蚣、爬墙虎
科属：葡萄科地锦属
分布区域：中国各地广泛栽培

薄荷

别名：野薄荷、夜息香
科属：唇形科薄荷属
分布区域：中国华东、华中、华南、西南等省区

591. 薄荷斑枯病

症状表现：发病初叶面呈圆形暗绿色病斑，后扩大为暗褐色病斑。老斑内部为灰白色，生出黑色小点。有时病斑四周有暗褐色带，严重时叶枯脱落。

防治方法：药剂防治。喷洒80%代森锌粉剂800倍液或1∶1∶200波尔多液。收获前20天停药。

592. 薄荷锈病

症状表现：发病初叶背有黄橙色粉状孢子堆，后期发生冬孢子，黑褐色粉状，严重时叶片枯死脱落。

防治方法：药剂防治。用1∶1∶200波尔多液喷雾，收获前20天应停止喷药。

移栽植株养护注意

① 植株移栽最好的时期是春季和秋季，因为这时的温度和湿度最适宜。

② 刚移栽的植株在萌发新叶、新根的过程中，如果盆土过湿，就会使根系因为缺少氧气而腐烂死亡，所以，盆土不能过湿，以偏干为好。

③ 很多人因选在春季移栽植物，认为春季空气湿度大，不必对植物进行喷水养护。但其实春天风大，且气温回升快，水分蒸发很快，容易缺水；而且新移栽的植株都是先长叶后生根，根系吸收的水分很难跟得上植物对水分的需要，所以，要经常向植株喷水，也可直接整株套袋保持湿度，注意在袋上通几个洞保持通风。

④ 对于刚移栽的植株，不要急于施肥，因为刚移栽的植株，还不能正常吸收水肥，这时如果施肥，会烧死新长出的嫩根，造成植株枯死。

⑤ 刚移栽的植株一长出新叶，就急于将它放于阳光下，这也是造成植株枯死的一个重要原因。因为此时植株刚萌芽，消耗的主要是自己本身的水分跟营养，置于阳光下，就加快了蒸腾作用，易引起植株缺水。所以，新移栽的植株一定要放在阴凉通风处养护，直到植株彻底恢复生长，才可逐步放到阳光下。

养花无忧小窍门

种植和养护薄荷要注意哪些问题？

① 薄荷的种子细小，出芽率比较低，因此在播种前需要松土。在容器上覆盖上一层保鲜膜，并在上面扎出几个小孔，并将其置于光照充足的地方。

② 种子发芽后要揭去保鲜膜。如果幼苗拥挤，要进行适当间苗。每 2 ~ 3 天浇水 1 次，浇水要浇透，且不要直接浇到叶子上，以免发生病害。

③ 过期的牛奶、乳酸菌饮料和腐熟的淘米水对于薄荷来说是非常好的肥料，可每隔 15 ~ 20 天施 1 次稀薄的有机肥。

④ 当植株的高度超过 25 厘米的时候，需要对植物进行摘心，摘掉植株最顶端的叶尖部分，以促进侧枝的生长。摘下的茎叶是可以食用的，可以用来泡茶或做成美食。

绿萝

别名：黄金葛、黄金藤
科属：天南星科麒麟叶属
分布区域：原产印尼所罗门群岛，中国华南、西南以及华东南部可露地栽培

593. 绿萝叶斑病

症状表现：发病初，出现水渍状褐斑，后扩大成轮纹状褐色斑点，后期轮纹状更加明显，黄色晕圈一直存在。

发病规律：病菌附在病斑上越冬，由水滴进行传播，高湿、多雨、淋浇时病害易发生。光照不足、通风不畅时更会加重病害。

防治方法：①应将花盆摆在中层盆架上，利于通风、光照，不要淋浇。②药剂防治。喷洒72%农用链霉素3 000倍液、2%加收米粉剂2 000倍液、12%绿乳铜乳油600倍液或20%络氨铜锌水剂400倍液。

594. 绿萝炭疽病

症状表现：该病主要危害叶片和花朵。发病初，呈褐色小脓疱状斑点，后扩大成长条形斑块，边缘黑褐色，内部黄褐色。因此，也可称为黑斑病或黑褐病。同一植株可重复感染。

防治方法：①将叶片清洗干净，多晒太阳。②选用多菌灵、代森锰锌、托布津等溶剂进行喷洒。③喷洒德国产的施保功1 500倍液。

595. 绿萝根腐病

症状表现：该病主要危害根部，引起腐烂，严重时使叶片发黄枯萎而死。

防治方法：①药剂防治。喷洒50%多菌灵或用溶液进行灌根。②严重时，将其拔出，清除腐烂部分，重新栽种。

教你一招

豆浆、牛奶能直接用来浇花吗

① 日常生活中，我们常将我们吃剩的豆浆、牛奶，直接拿来作为肥料使用，其实这是不正确的。豆浆、牛奶不能直接用来浇花，而要先经过充分腐熟发酵。这是因为豆浆和牛奶里最主要的成分是蛋白质，未经发酵的蛋白质，容易使土壤板结，浇水时水分很难渗下去，影响植株健康生长。

② 豆浆和牛奶发酵一般需要1～2周的时间，夏季高温时，2～3天便可成功发酵，发酵后的豆浆富含氮肥，而发酵后的牛奶则富含磷肥和钾肥，施用可使植株生长快速。

养花无忧小窍门

种植和养护绿萝要注意哪些问题?

① 绿萝主要采用扦插的方式进行繁殖，时间多在 4 ~ 8 月间进行。剪取带有气生根的嫩枝 15 ~ 30 厘米，去掉下部的叶片，将 1/3 的枝条插入土中，浇透水后，遮阴并保持适宜的温度和湿度。

② 经过 30 天左右的时间就可以生根了。将 3 ~ 5 棵小苗一起移栽在一个容器中，放在半阴处养护。

③ 绿萝在生长期内要保持盆土湿润，夏季要经常浇水，冬季则要控制浇水量。

④ 绿萝需要攀缘支架生长，通过绑扎、牵引枝蔓的方式将植株引向支架。

⑤ 植物在生长期内需要追施 1 次稀薄的复合液肥，秋冬季节则要施加 1 次叶面肥。

变叶木

别名：洒金榕
科属：大戟科变叶木属
原产地：原产于亚洲马来半岛至大洋洲。中国南方各省区常见栽培

596. 截形叶螨

症状表现：该虫主要以成螨、若螨的形态在叶背吸食汁液为主，使得叶片失绿。发病期以6～7月份最重，7月份出现焦、黄、落叶，高温干旱更加重病害。

防治方法：①在早春时节，花、灌木发芽前，用晶体石硫合剂200倍液或20号石油乳剂40倍液喷洒。②药剂防治：喷洒1.8齐螨素4 000倍液或23%灭猛乳剂2 000倍液。

597. 紫牡蛎蚧

症状表现：该虫以成虫、若虫的形态吸食汁液为主，严重时枝叶枯黄，影响植株生长。该虫1年2代，5月，雌成虫产卵不久即固着取食为害，并逐渐分泌蜡质物形成介壳。

防治方法：①合理疏枝，保持通风透气。若是盆栽植株可用毛刷刷除害虫。②露养时，可保护和利用天敌，比如黑蚜小蜂、瓢虫和黄蚜小蜂等。③药剂防治。喷洒40%氧化乐果或25%亚胺硫磷1 000倍液，10天1次，连喷3次。

598. 变叶木根腐病

症状表现：该病病菌从伤口侵入根部，引起病部组织变褐腐烂，严重时植株死亡。

发病规律：病原为镰孢霉属真菌。病菌在土壤中存活，高湿温暖、通风不畅、阴雨天、土壤积水时更易发病。

防治方法：①盆内不要积水，注意及时排除。②及时清除病株病叶并销毁。③药剂防治。喷洒50%多菌灵800倍液。

599. 变叶木叶斑病

症状表现：该病主要危害叶片。染病后叶面出现圆斑，外部为褐色，中心呈灰白色，边缘隆起。病斑上生出小黑点，影响植株生长。

发病规律：病原为真菌。病菌在病叶上越冬，借助风雨或昆虫进行传播。7～8月发病最重。高温条件下，或遇长势较弱的植株发病更重。

防治方法：①及时清除病株病叶并销毁。②药剂防治。喷洒50%多菌灵800倍液或60%代森锰锌500倍液。

600. 蛞蝓

症状表现：该虫为含羞草的常见害虫，喜食萌发的幼芽及幼苗，造成缺苗或幼苗死亡。

防治方法：①栽培时，清洁田园，夏秋倒茬。②采用人工捕杀和诱杀。③用农药蜗牛敌配成毒饵，将含有效成分为5%左右的玉米或豆饼撒入田间进行诱杀。

教你一招

根据光照时长对花卉进行分类

光照是促进花卉形成花芽最重要的外因，根据花卉对光照时长要求不同，将花卉分为：

① 长日照花卉：这类花卉每天日照时间需12小时以上，才能形成花芽，如唐菖蒲、水仙、鸢尾、瓜叶菊等。

② 短日照花卉：这类花卉每天日照时间要少于12小时才能形成花卉，如一品红、波斯菊等。

③ 中性花卉：这类无卉无论什么日照条件，都能开花，不受日照长短影响。像黄瓜、番茄、四季豆、蒲公英等。

养花无忧小窍门

养护含羞草要注意哪些问题？

① 含羞草对土壤没有严格的要求，但在土层较厚、土质松散、有肥力且排水通畅的土壤中生长得最好。

② 含羞草用播种法进行繁殖，在春天和秋天均可进行。

③ 含羞草喜欢温暖，不能抵御寒冷，生长适宜温度是20～28℃。冬天要把它搬进房间里养护，房间里的温度控制在10℃以上，便可顺利过冬。

④ 含羞草喜欢光照充足的环境，也略能忍受半荫蔽，在生长季节可以置于阳台上或院落中，冬天则要放在房间里朝阳的地方。

⑤ 在阳光充足的环境中，要每日浇水。夏天酷热干旱的时候则要于每日清晨和傍晚分别浇水1次，如果缺少水分就会令叶片向下低垂或变黄，受到触碰的时候也不会再闭合，但也不能积聚太多水。

⑥ 当小苗生长出4枚叶片的时候要开始对其施用液肥，通常每7～10天施用腐熟且浓度较低的液肥1次就可以。

⑦ 平日要尽早将干枯焦黄的枝叶剪掉，更换花盆的时候要留意适度修剪干枯老化的根系，以促进植株生长和保持株形美观。

含羞草

别名：怕丑草、感应草、夫妻草
科属：豆科含羞草属
分布区域：世界热带区域各地均有分布

海桐

别名：宝珠香、山矾、七里香
科属：海桐科海桐花属
分布区域：中国长江流域、淮河流域广泛分布，朝鲜、日本亦有

601. 吹绵蚧

症状表现：吹绵蚧是海桐常发生的虫害，多寄生在海桐嫩枝叶上，吸食汁液，造成植株干枯。吸食汁液的过程中，吹绵蚧还会分泌大量蜜露，诱发煤污病。

防治方法：①及时摘除虫叶。②可以用蚧杀死 1 000 倍液喷施来预防和治理。

施肥四忌

① 忌施浓肥。施的肥料浓度不可以过大，用量也不能太多，要"薄肥勤施"，标准为七分水，三分肥。

② 夏季忌中午施肥。夏季中午土壤温度高，施肥容易伤根，要在傍晚进行。

③ 忌施未腐熟的农家肥。未发酵腐熟的农家肥，不仅容易生虫和散发臭气，遇水还会发酵产生高温，造成烧根，必须发酵后才能施用。

④ 施的基肥要远离根系。栽种花卉时可施基肥，但不能将根直接置于基肥上，根要远离基肥，否则容易烧根。

养花无忧小窍门

养护海桐要注意哪些问题？

① 海桐适应能力比较强，对土壤没有严格的要求，在黏重土壤、沙土和偏碱性土壤中皆可生长，然而在土质松散、有肥力、排水通畅的酸性土壤或中性土壤中长得最为良好。

② 海桐喜欢温暖，生长适宜温度是 15 ~ 30℃，也具一定程度的抵御寒冷的能力，能忍受较短时间的 0℃的低温，然而不能抵御极度的寒冷，晚上最低温度要控制在 5℃以上，否则不利于其生长和发育。

③ 海桐喜欢光照充足的环境，也比较能忍受荫蔽，能长期置于房间里向南窗口光照充足的地方养护。夏天可以把它放在户外背阴凉爽的地方照料，防止强烈的阳光久晒。

④ 海桐喜湿，春天和秋天要每日浇 1 次水。夏天则要于每日清晨和傍晚分别浇一次水，并要时常朝叶片表面喷洒清水，以增加空气湿度。冬天要注意掌控浇水，以每周浇 1 次水最为适宜。

⑤ 海桐长得比较迅速，在生长季节可以每月施用 1 ~ 2 次肥料。在植株的花期前后，要分别施用浓度较低的饼肥水 1 次。在冬天则不要再对植株施用肥料。

第四章

观果类植物病虫害的识别与防治

蓝莓

别名：甸果、都柿、蓝梅
科属：杜鹃花科越橘属
分布区域：中国黑龙江省及俄罗斯和欧美地区

602. 蓝莓根腐病

症状表现：该病发病最重为幼苗期。毛细根先出现坏死斑，后根系变褐枯死。

发病规律：该病由藤仓赤霉菌所致。病菌从根部伤口侵入，在病部产生分生孢子，借雨水或灌溉水传播，低温高湿更易于发病。染病后，植株生长缓慢、叶片变黄，并最终干枯而死。

防治方法：①控制土壤湿度，注意浇水，增施有机肥或有机质。②及时清除病株病叶并销毁。③药剂防治。在春季初进行预防，5月初再用碱性溶液灌根。可选药剂有普力克、甲霜灵和恶霉灵。

603. 蓝莓贮藏腐烂病

症状表现：在贮藏期，果实出现黑色或灰色霉层，果实变软，一旦有伤口就会很快腐烂。

防治方法：①采收时，避免碰伤，尽量采用人工收获，提高收获质量，延长贮藏时间。②增施磷钾肥，提高植株的抗病性。③贮藏前进行消毒。

604. 蓝莓根瘤病

症状表现：发病初，根部出现小的隆起，后颜色变深、增大，最后变黑。

发病规律：根瘤病是一种细菌性病害，主要危害根茎和枝，病菌在病残体上和土壤里存活，通过风雨、昆虫和园艺工具传播。

防治方法：①选取健壮的幼苗。②及时清除病株病叶并销毁。③强化栽培管理；注意在耕作和施肥时不要伤到根部，及时防治地下线虫。④铲除树上的病瘤，并对其进行消毒。⑤药剂防治。用0.2%硫酸铜或0.4%农用链霉素灌根。

605. 蓝莓灰霉病

症状表现：该病主要在花和果实发育期进行危害，后传给花蕾和花序，先出现灰色粉状物，后期花部变黑而枯，果实受感染则会破裂腐烂。

防治方法：①及时清除病株病叶并销毁。②选取抗病品种。③增施磷钾肥，保持通风透气。④药剂防治。喷洒50%苯来特粉剂1 000倍液或50%代森铵800倍液。

成组摆设的造型

桌上摆这么一盆植物，真是让人赏心悦目。这是植物成组摆设的一个造型。成组摆设并无硬性规定——只要有利于植物生长，可以随喜好搭配。不过要注意，对生长环境要求截然不同的植物不能放在一起，比如说喜阴花卉不能与喜光花卉一起造型，喜湿花卉也不能与耐旱花卉一起造型。

① 这种碗状容器没有排水孔，不必担心其损毁家具，但必须用沙砾在容器底部铺设排水层，并控制浇水量。

② 在容器中放少许盆栽土，然后将植物移入，注意合理搭配观叶植物和观花植物。

③ 移植完成后，如有必要，在植物根部再加些盆栽土，轻轻压实。然后浇水，注意控制水量。

向日葵

别名：朝阳花、向阳花、望日莲
科属：菊科向日葵属
分布区域：世界各地均有分布

606. 向日葵黑斑病

症状表现：发病初，叶片出现不规则黑斑，有时叶柄、茎和花部也会发生黑斑。

发病规律：由一种叫球根链格孢的真菌侵染引起，病菌借助风雨、水流、农具和病残体传播。7～8月病害最为严重。

防治方法：①及时清除病枝病叶并销毁。②强化栽培管理：保持通风透气，不要积水。③选取优良抗病品种。④药剂防治。喷洒75%百菌清500倍液、50%多菌灵粉剂800倍液或80%代森锌500倍液，10天1次，连喷3次。

607. 向日葵白粉病

症状表现：该病主要危害叶片，也会危害茎。发病初，叶片出现黄色斑点，后扩大为圆形病斑，且叶片表面产生白色粉状霉层。严重时，影响植株生长，导致植株死亡。高温、高湿条件下更易发病，发病期为3～4月。

防治方法：①选取优良抗病品种进行栽培种植。②及时清除病株并销毁。③药剂防治。喷洒25%粉锈宁粉剂或25%病虫灵乳油兑水进行喷洒。

养花无忧小窍门

养护向日葵要注意哪些问题？

① 向日葵喜欢土质松散、有肥力的土壤。
② 向日葵采用播种法进行繁殖。播种时间通常在3月下旬到4月中旬，时间越早，植株的产量和品质就越高，直接播种或育苗移植都可以。
③ 向日葵对温度的要求不甚严格，生长适宜温度是15～30℃，然而在夏天长得比较快。
④ 向日葵对光照的要求比较严格，在播种之初及生长期内皆要为其提供足够的光照。
⑤ 向日葵喜欢阳光，新陈代谢迅速，所以需水量较大。在幼苗阶段，应为其提供足够的水分。
⑥ 春天不用浇太多水，每3日浇1次即可。夏初温度较高、水分蒸发得较多时，则要对植株增加浇水量，但盆土也不宜太湿，不然基部叶片易变黄。
⑦ 向日葵长得较快，需肥量较大，仅施用底肥及种肥不能满足花蕾萌生后植株对营养的需求，所以要在合适的时间对其追施肥料。
⑧ 从现蕾期至开花期，要接连进行2～3次打杈，直到把所有分枝及侧枝清除干净。

608. 红蜘蛛

症状表现：该虫主要危害叶片和果实。受害后叶面出现针头状斑点，重者落叶衰弱。高温干燥的环境中发病更重。

防治方法：①生物与化学防治结合：冬季在种植区喷洒高浓石硫合剂，也可利用捕食螨来控制。②药剂防治。20%三氯杀螨醇500倍液、洗衣粉250倍液或40%水胺硫磷1 200倍液。也可用辣椒粉加0.5%波美度的石硫合剂。

609. 介壳虫

症状表现：该虫主要危害枝叶和果实。染病后会导致植株生长势弱，枝枯叶落。

防治方法：①及时清除病枝病叶并销毁。②药剂防治。用40%水胺硫磷800倍液、50%马拉硫磷600倍液或松脂合剂12倍液进行喷施。

610. 佛手煤烟病

症状表现：染病后，叶面初生灰斑，后扩大变成黑色，覆盖全叶，影响生长。

防治方法：①强化栽培管理：保持通风透气，注意排水。②药剂防治。喷洒25%菌威乳油1 200倍液、炭疽福美800倍液或40%乐果1 000倍液。

养花无忧小窍门

养护佛手要注意哪些问题?

① 佛手喜酸性土壤，种植佛手应选择以腐殖土、河沙、泥炭土或炉灰渣按比例混合而成的酸性沙壤土。

② 佛手为热带植物，喜热不耐严寒，适宜生长温度为22～24℃，冬季温度要为5℃以上，方能安全越冬。

③ 佛手喜光，但惧阳光直射，否则会造成日灼或伤害浅根群，夏季应进行适当遮阴。

④ 佛手喜湿润，生长期要浇足水，但土里不能积水，严格遵循“不干不浇，浇则浇透”原则。

⑤ 在干燥季节，应该每天向佛手植株叶面喷水1～2次，也可向植株周围地面喷水增加空气湿度。

⑥ 佛手每年施肥4次便可，花芽萌发前施1次，约为3月中旬；开花盛期施一次；结果时施一次，此时应施磷钾肥，以促进果实肥大，提高产量；采完果实后施最后1次。

佛手

别名：五指橘、蜜萝柑
科属：芸香科柑橘属
分布区域：中国南方各省

金橘

别名：枣橘
科属：芸香科金橘属
分布区域：中国南方各地

611.金橘疮痂病

症状表现：该病较为常见，受害后叶、茎、果实形成疮痂状斑点，叶片畸形，造成早落。发病初，出现油渍状小点，后扩大，形成黄褐色病斑。严重时叶片畸形。幼果受害后，出现黄褐色突起状，严重时病斑相连，果小变形，并易落。

发病规律：病原为柑橘痂圆孢。病菌附在病残体上越冬。借助风雨从伤口处或气孔处进行传播。

防治方法：①及时清除病株病叶并销毁。②药剂防治。喷洒1%等量式100倍波尔多液，10天一次，连喷3次。

612.介壳虫、蚜虫

症状表现：介壳虫和蚜虫均繁殖能力强，危害大。其排泄物滋生煤污病，影响植株生长。

防治方法：药剂防治。发现蚜虫时，喷洒10%吡虫啉粉剂2 000倍液；发现介壳虫时，喷洒25%扑虱灵粉剂2 000倍液；每半月喷洒1次70%甲基托布津粉剂800倍液。

613.金橘炭疽病

症状表现：该病主要危害叶片，也会危害枝干和果实。发病初，叶片产生圆形黄褐小斑，后期扩大，中心灰白色，边缘深褐色，生有轮状黑点。病叶会提前脱落，影响生长。

防治方法：①及时清除病株病叶并销毁。②药剂防治。喷洒50%多菌灵粉剂或代森锌粉剂500倍液或70%甲基托布津粉剂800倍液，交替喷洒，连喷3次。

教你一招

种植盆花房间要经常通风换气

花卉生长发育需要新鲜空气，自然界中的空气主要成分为氮气、氧气、二氧化碳、水蒸气及少量稀有气体等，但室内由于空气不流畅，各种气体比例变化很大。要是不注意通风换气，将有害气体排除，保持空气新鲜，会影响花卉的生长及发育。过多的有害气体，还会造成植物中毒，产生生理病害，并易发生蚜虫、介壳虫等虫害，所以，种植盆花房间一定要做好通风换气工作。

养花无忧小窍门

种植和养护金橘要注意哪些问题？

① 将金橘苗带土球上盆，浇透水后放置在半阴的环境中 10 天左右即可，然后再搬移到阳光明媚的地方培植。

不同时期浇水量不同

② 生长期要保持土壤湿润，干燥时向叶面喷水，开花后期和结果初期都不可以浇水过多。

③ 金橘喜欢在肥水充足的环境中生长，在种植之前首先要选择保水性和保肥力都比较好的土壤，土层较深厚的黑沙土是不错的选择，它更能促进金橘根系的发育，只要在种植中注意浇水施肥即可。

④ 金橘喜肥，生长期需施加 1 次稀薄的液肥，花期前要追施 1 ~ 2 次的磷钾肥。

⑤ 当新枝长到 20 厘米左右的时候要进行摘心，花蕾孕育期间要及时除芽，每个分枝只要保留 3 ~ 8 个花蕾即可，摘除其他花蕾以保证肥力。

石榴

别名：丹若、天浆、安石榴
科属：石榴科石榴属
分布区域：中国大部地区都有种植

614. 石榴角斑病

症状表现：该病主要危害叶片，也会危害果实。发病初，叶片出现褐色斑点，后扩大为不规则褐色病斑，后期生出灰褐色霉点，病叶易脱落。

发病规律：病原为石榴尾孢菌。病菌在病叶上越冬。多雨天气利于发病，高温不利于发病。

防治方法：①及时清除病株病叶并销毁。②强化栽培管理：保持通风透气，保持一定的栽种间距，经常浇水施肥，提高植株抗病能力。③因地制宜选择不同的品种。④药剂防治：喷洒 70% 甲基托布津 1 000 倍液或 50% 多菌灵 800 倍液。

615. 咖啡豹蠹蛾

症状表现：该虫 1 年 1 代，幼虫在枝干越冬。成虫有趋光性，白天躲于阴暗处，傍晚活动。小幼虫大多从叶柄进入枝条，每次危害后都会钻一个排粪孔，致使枝条枯萎或折断。

防治方法：①用黑光灯诱杀成虫。2 ～ 3 月时，看到排粪孔及时剪去枝条。③对有孔的地方注射果树宝灌注液，然后把口封上。虫害严重时，喷洒 40% 氧化乐果药剂。

无土栽培类型

① 水培法。是最常见的无土栽培方式，将花卉的根系浸于营养液中，营养液一般要有 10 ～ 15 厘米深，最好呈流动状态，以增加空气含量。

② 沙培法。指用直径小于 3 毫米的珍珠岩、沙子、塑料或其他无机质作为基质，加入营养液来培植花卉的方法。

③ 砾培法。指用直径小于 3 毫米的砾、熔岩、玄武石、熔岩、塑料或其他无机质作为基质，加入营养液来培植花卉的方法。

④ 喷雾培法。将花卉置于栽培槽里，悬挂于空中，使根系直接接触空气，然后用喷雾的方式来维持根系的营养和水分的一种无土栽培方法。对喷雾要求很高，雾点要细而均匀。

⑤ 锯末培法。用粗杉木搭建一个栽培床，栽培床要设排水管，上放适当比例的锯末，以黄杉和铁杉的锯末为佳，别的锯末担心有毒，一般用滴灌法供给植物水分和养分。

养花无忧小窍门

种植和养护石榴要注意哪些问题？

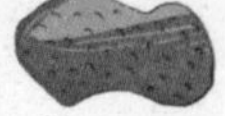

① 盆栽选用腐叶土、园土和河沙混合的培养土，并加入适量腐熟的有机肥。

② 生长期要求全日照，并且光照越充足，花越多越鲜艳。光照不足时，会只长叶不开花，影响观赏效果。

③ 石榴耐旱，喜干燥的环境，浇水应掌握“干透浇透”的原则，在开花结果期，不能浇水过多，盆土不能过湿，否则枝条徒长，会导致落花、落果、裂果现象的发生。

④ 盆栽石榴应按“薄肥勤施”的原则，生长旺盛期每周施1次稀肥水。

⑤ 夏季及时摘心，疏花疏果，以达到通风透光、株形优美、花繁叶茂、硕果累累的效果。

观赏南瓜

科属：葫芦科南瓜属
分布区域：亚洲、美洲

616. 观赏南瓜枯萎病

症状表现：染病后，叶片变黄、萎蔫、枯萎，茎基部变褐呈立枯状。成株发病，叶片下垂，后扩大，危及全株，致枯而死。果实染病引起果腐，初为黄色后变紫色。高温干旱病害更重。

防治方法：①及时清除病株病叶并销毁。②增施磷钾肥，提高抗病能力。③药剂防治。喷洒 40% 多菌灵粉剂 300 倍液或 70% 甲基托布津粉剂 800 倍液。

617. 观赏南瓜白粉病

症状表现：该病主要发生在南瓜生长的中后期，主要危害叶片、茎和叶柄。发病初叶面呈粉状圆斑，后扩大为大块病斑，严重时全叶布满白粉，白粉下叶组织为浅黄色，后变褐色，后期变灰白色，叶片卷缩干枯，叶柄和嫩茎也是如此。

防治方法：①及时清除病株病叶并销毁。②合理施肥，实行轮作。③药剂防治。喷洒 40% 福星 8 000 倍液、2% 加收米 600 倍液或 10% 世高 1 500 倍液。

618. 瓜蚜

症状表现：主要以成虫、幼虫的形态附在叶背和嫩茎吸取汁液，受害后，叶片卷缩，瓜苗萎缩、枯死。老叶受害，提前枯落。

防治方法：药剂防治。喷洒50%辛硫磷乳油1 200倍液、20%灭扫利乳油2 000倍液或10%吡虫啉粉剂2 500倍液。

619. 观赏南瓜花叶病毒病

症状表现：该病的表现为叶绿素分布不均，叶面出现黄斑或斑驳花叶，后形成深绿色相间带，严重时叶面变形。

防治方法：①选取无病种子，防止传毒。②种子使用 10% 磷酸三钠浸种 20 分钟，用清水冲洗后播种。③及时防治蚜虫和叶甲等防止害虫传染病毒。④药剂防治。发病初喷洒 5% 菌毒清水剂 400 倍液、20% 病毒 A 粉剂 500 倍液或 1.5% 植病灵乳剂 1 000 倍液。10 天 1 次，连喷 3 次。

养花无忧小窍门

种植和养护观赏南瓜，要注意哪些问题？

① 用手按住观赏南瓜苗的底部，使苗的根部完整地放入已经挖好坑的容器中，埋好土后轻轻按压。

② 3 周后留下主枝和 2 个侧枝，然后将其余的芽全部去掉。

③ 观赏南瓜开花后，将雄花摘下，去掉花瓣，留下花蕊，将雄花贴近雌花授粉，注意带有小小果实的是雌花。

④ 当最初的果实逐渐变大时，进行 1 次追肥，以后每隔 2 周追肥 1 次。

⑤ 观赏南瓜蒂部变成木质、皮变硬的时候就可以收获了。

南天竹

别名：钻石黄、南天竺、天烛子
科属：小檗科南天竹属
分布区域：中国南方各省均有分布

620. 南天竹红斑病

症状表现：该病多从叶尖和叶缘开始，初为褐色小点，后扩大为圆形深褐色病斑，后期病部产生块状物，严重时，提早落叶。

发病规律：病原为真菌。病菌在病叶上越冬，借助风雨进行传播。

防治方法：①及时清除病株病叶并销毁。②药剂防治。喷洒70%甲基硫菌灵粉剂1 200倍液或70%代森锰锌粉剂500倍液。

621. 南天竹炭疽病

症状表现：该病主要危害叶片，也危害嫩梢。发病初叶面产生淡褐色圆斑，后扩大为不规则病斑，中心灰白色，边缘黑褐色，上生小黑点。

发病规律：病原为真菌。病菌在病叶上越冬，借助风雨进行传播侵染。

防治方法：①选取抗病品种。②及时清除病株病叶并销毁。③药剂防治。喷洒50%福美双粉剂500倍液或75%百菌清粉剂800倍液。10天1次，连喷3次。

622. 角蜡蚧

症状表现：该虫以成虫若虫吸取叶片和枝条汁液为主，并诱发煤污病，使植株变黑，影响生长。

防治方法：①少量时，人工清除病叶或病枝进行销毁。②如露养，可保护和利用其天敌，如红蜡蚧、扁角跳小蜂等。③保持通风透气，合理整理枝条。④药剂防治。喷洒40%乙酰甲胺磷乳油1 200倍液或20%稻虱净乳油1 800倍液。

养花无忧小窍门

养护南天竹要注意哪些问题？

① 种植南天竹要选择肥沃疏松、排水性良好的沙质壤土。

② 南天竹喜温暖湿润，比较耐阴耐寒，要求空气相度湿度在50%～70%，假如空气湿度不够，上部叶片会变得无光泽，下部叶片会黄化、脱落。

③ 南天竹对水分要求不严，耐湿也耐旱，浇水严守“见干见湿”原则。南天竹比较喜肥，主要施磷、钾肥，生长期每半月施1次液肥。

623. 柠檬疮痂病

症状表现：该病主要危害嫩叶、幼果和嫩枝。发病初出现水渍状褐色圆斑，后呈蜡黄色，严重时叶片畸形、扭曲；果实果皮上出现突起状，果小易落。叶片受害时，叶背产生灰绿色病斑，后扩大为褐色，最后病部干枯脱落、穿孔。严重时大量落叶。

发病规律：病原为嗜果枝孢。病菌在枝梢上越冬，借助风雨进行传播。

防治方法：①及时清除病株病叶并销毁。②保持通风透气，提高抗病能力。③发芽前，喷洒3～5度波美石硫合剂或1∶1∶120波尔多液。④药剂防治。喷洒50%多菌灵1 000倍液或大富生1 000倍液。

624. 潜叶蛾

症状表现：该虫潜入柠檬嫩叶、嫩枝和果实皮下取食，受害部位会形成白色虫道，叶片卷曲脱落，果实受害后腐烂。

防治方法：①摘除过早和过晚的嫩梢，切断食物链。②药剂防治。喷洒20%灭扫利、氯氰菊酯或敌杀虫2 000倍液。

养花无忧小窍门

养护柠檬要注意哪些问题？

① 柠檬适宜温度为23～29℃，若超过35℃植株会停止生长，若低于−2℃植株就会受到冻害。

② 每天应使植株接受充足柔和的光照，在柠檬开花后至挂果前，若中午气温超过30℃，应该遮阴3小时左右。

③ 春季是柠檬抽嫩芽、发新枝、含苞待放的时候，此时要适量浇水。夏季日照强烈，气温偏高，会蒸腾掉大量的水分，要多浇水。秋季为满足果实的生长需要，也要有充足的水分。晚秋与冬季则要保证盆土偏干。

④ 柠檬喜肥，平时应多施薄肥。植株发芽前施1次液肥，生长期间每周施肥1次，可将有机肥与复合肥交替使用。入秋后，果实黄熟，此时要少施肥，让土壤保持湿润略微偏干的状态，否则会提前落果，缩短观赏时间。

⑤ 春季枝条发芽前，要除掉枯枝、病虫枝、徒长枝、交叉枝等，对强枝弱剪，留4～5个饱满芽。而开花之前要先摘去部分花蕾，花谢、坐果后，再摘掉一些位置不当的幼果，这样可集中有限的养分供给品质比较优良的花、果，使果实长得更大更好。

柠檬

别名：柠果、益母子、益母果

科属：芸香科柑橘属

分布区域：东南亚地区及中国、美国等

枸骨

别名：猫儿刺、老虎刺、鸟不宿
科属：冬青科冬青属
原产地：中国的长江中下游地区

625. 枸骨煤污病

症状表现：发病初，叶片产生黑色霉层，后增厚，严重时覆盖全叶。

发病规律：病菌在病叶上越冬，寄主表面出现蚜虫蜜露或粉虱排泄物时，使病情加重。温暖潮湿，有虫害时，更易诱发该病。

防治方法：①不要积水，保持透光，修剪降湿。②经常检查，发现害虫喷洒50%抗蚜威粉剂2000倍液或50%辛硫磷乳油1500倍液。③药剂防治。喷洒40%多菌灵600倍液或50%多菌灵粉剂1000倍液。

626. 木虱

症状表现：该虫主要吸取花卉组织汁液，导致生理性或病理性伤害。受害后花卉出现变色、卷曲、枯萎或畸形。另外很多具有刺吸式口器还能传播病害。

防治方法：在梅雨季节前4月、5月，10天喷洒1次波尔多液或石硫合剂。或早春喷洒50%氧化乐果2000倍液。

养花无忧小窍门

养护枸骨要注意哪些问题？

① 枸骨喜欢在有肥力、腐殖质丰富、土质松散且排水通畅的酸性土壤中生长，在中性和偏碱性土壤中也可以生长。

② 枸骨的繁殖方法一般采用播种法及扦插法。

③ 枸骨喜欢光照充足的环境，也比较能忍受荫蔽，可以长期置于房间里光线充足的地方。

④ 枸骨喜欢温暖，也具一定程度的抵御寒冷的能力。它可以忍受较短时间的-5℃的低温。晚上温度不适宜在3℃以下，白天温度最好不要超过25℃。

⑤ 夏天每日上午浇1次水，且要时常给叶片喷水，增加空气湿度；春天和秋天每2～3天浇1次水；冬天令盆土维持偏干燥状态就可以。

⑥ 在植株的生长季节，可以大约每隔15天施用浓度较低的腐熟的饼肥水1次。冬天仅需施用1次有机肥作为底肥，以后则不要再对植株追施肥料。

⑦ 每年夏天和秋天要分别对植株进行1次适度修剪，把稠密枝、徒长枝、干枯枝和病虫枝剪掉，对长得太长的枝条进行短截，以维持一定的植株形态。

627. 乳茄叶腐病

症状表现：该病主要危害叶片。受害后出现褐色斑，并迅速向球茎发展，严重时地上部枯死倒伏。

发病规律：病原为立枯丝核菌。病菌在土壤中存活，从表皮或伤口处侵入，引发病害。高温潮湿发病更重。

防治方法：①及时清除病株病叶并销毁。②降低湿度，增施磷钾肥，提高抗病性。③药剂防治。喷洒 20% 甲基立枯磷乳油 100 倍液、5% 田安水剂 500 倍液或 70% 敌克松粉剂 700 倍液。喷洒和灌根兼用。

628. 乳茄叶斑病

症状表现：该病主要危害叶片。发病初为黄斑，后变为黑圆斑，后期为灰褐色，边缘黑褐色。

发病规律：病原为真菌。病菌附在病残体上或芽苞上。室内温度高可常年发病。

防治方法：①及时清除病株病叶并销毁。②加强枝干、叶芽的消毒。喷洒波尔多液。

629. 蚜虫

症状表现：繁殖能力强，对植株危害大；部分蚜虫唾液中还含有氨基酸，吸食后引发叶片斑点、缩叶、卷叶等，叶背出现不规则褶皱、卷曲、脱落，严重时植株死亡。

防治方法：喷洒40%氧化乐果1 000倍液或敌杀虫3 000倍液。

养花无忧小窍门

养护乳茄要注意哪些问题？

① 乳茄对土壤要求不高，在中性和弱碱性土壤里也能生长，但在土层深厚、疏松肥沃、排水性良好的弱酸性沙壤土中长势良好。

② 乳茄喜阳光充足，喜温暖，适宜生长温度为 15 ～ 25℃，有一定耐寒性，能耐 3 ～ 4℃的低温。

③ 乳茄喜湿润，怕干旱，也怕积水。夏季温度高时，每天浇 1 次水，花期土壤则应保持稍干为好，否则会引起落花，降低结果率，果实成熟期土壤要湿润，以防果实干黄无光。

④ 乳茄生长过程中应多次摘心，以多发侧枝，不仅能形成丰满匀称的株形，也有利于开花结果。

乳茄

别名：黄金果、五指茄
科属：茄科茄属
分布区域：原产美洲，现中国两广、云南均引种

珊瑚樱

别名：红珊瑚、四季果、珊瑚子
科属：茄科茄属
原产地：美洲热带地区

630. 珊瑚樱根腐病

症状表现：病菌从茎基部和根部侵入，病部变黑暗色腐烂，严重时韧皮部输导组织被破坏，植株枯萎。

防治方法：①及时清除病株病叶并销毁。②通风透气，保证阳光充足。③药剂防治。喷洒50%苯来特粉剂1 000倍液灌根。

631. 红蜘蛛

症状表现：红蜘蛛以吸食叶片汁液为主，使叶绿素受害，叶片呈黄斑，枯萎脱落。高温干燥更利于生长。

防治方法：药剂防治。喷洒40%乐果1 200倍液或40%三氯杀螨醇1 000倍液。

教你一招

按观赏部分对植物进行分类

① 花卉是用来欣赏的，不同的花卉都有不同的特征，根据花卉观赏的部位不同，可以把花卉分为以下几种类型。

② 观株形类：观株形类花卉是以观赏植株形态为主的一类花卉，如龙爪槐、龙柏等都属于观株形类花卉。

③ 观果类：观果类花卉主要以观赏果实为主，比如金橘、佛手、南天竹、观赏椒等属于观果类花卉。

④ 观花类：蔷薇、百合、菊花、月季、牡丹、中国水仙、玫瑰、栀子花等都属于观花类花卉。这些花卉的观赏重点在于花色、花形。生活中，人们种植的花卉大多属于观花类花卉。

⑤ 观根类：观根类花卉是以观赏花卉的根部形态为主的一类，比如金不换、露兜树等。

⑥ 观叶类：观叶类花卉观赏的重点是叶色、叶形。比如变叶木、花叶芋、旱伞草、龟背竹、橡皮树等都属于观叶类花卉。

⑦ 观茎类：观茎类花卉的观赏重点是枝茎，比如仙人球、仙人掌、佛肚竹、彩云阁、竹节蓼、山影拳类等植物。

养花无忧小窍门

种植和养护珊瑚樱，要注意哪些问题？

① 在培养土中撒种后，覆一层薄土，发芽前都要保持土壤湿润，大约需要 10 天的时间就可以发芽了。

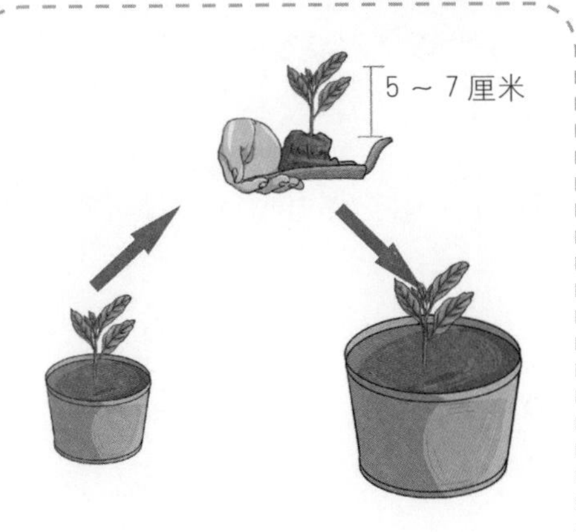

② 当幼苗长到 5 ~ 7 厘米的时候可以进行上盆移栽。

③ 珊瑚樱不喜欢积水潮湿的环境，生长期内保持土壤湿润即可，开花期要少浇水。

④ 生长期内要施 1 次稀薄的复合液肥，开花前再施加一些磷钾肥。

⑤ 珊瑚樱播种半年就可以开花结果了。保证充足的光照和适宜温度，并追施磷、钾液肥，会延长挂果时间。

朱砂根

别名：金玉满堂、八角金龙
科属：紫金牛科紫金牛属
分布区域：中国、日本及东南亚地区

632. 朱砂根褐斑病

症状表现：该病主要危害叶片。发病初，叶片出现褐色圆斑，后扩大为淡黄色椭圆斑，最后中心为灰白色、边缘暗褐色。相邻病斑相连，使叶片组织枯死。

防治方法：①及时清除病株病叶并销毁。②保持通风透气，降低湿度，增施磷钾肥，提高抗病能力。③药剂防治。喷洒50% 多菌灵 600 倍液或 70% 甲基托布津 1 000 倍液。

633. 朱砂根根腐病

症状表现：病菌从根部和茎基部侵入，病部变黑腐烂，严重时植株枯萎而死。

发病规律：病原为镰孢霉属真菌。病菌在病株上存活，遇碱性土壤或高湿环境更为严重。

防治方法：喷洒 80% 的 402 乳油 1 500 倍液或 40% 根福宁 1 000 倍液进行灌根或剪除病根。

养花无忧小窍门

（1）朱砂根怎样繁殖？

① 选择当年采收、颗粒饱满、没有病虫害的种子，进行播种繁殖。

② 播种前，先用温热水将种子浸泡 12 ～ 24 个小时，直到种子膨胀起来，然后，将种子一粒一粒放到基质上，覆盖约 1 厘米厚的土。

③ 假如温度适宜，1 周便可发芽，当幼苗长出 3 片或 3 片以上的叶子时，便可进行移栽。

（2）养护朱砂根要注意哪些问题？

① 朱砂根喜温暖，不耐热，适宜生长温度为 16 ～ 30℃，当温度高于 32℃，会停止生长。当冬季气温低于 3℃时，应采取防冻措施。

② 朱砂根耐阴，不耐暴晒，在全日照阳光下会生长不良；喜湿润，要求空气相对湿度为 70% ～ 80%，应选择一个湿润、荫蔽、通风良好的环境进行种植。

③ 朱砂根生长旺季应多浇水，但注意土壤里不能积水，且喜肥，生长旺季每半月施一次肥，注意薄肥多施。冬季朱砂根进入休眠期，应严格控制浇水，并停止施肥。

普通压条繁殖

压条适用于培育少量植物。普通压条法只适用于部分植物，如要繁育主干底部枝叶所剩无几的菩提树，最好使用空中压条法。

普通压条法适用于枝条细长柔韧的攀缘植物或蔓生植物。可以在母株附近放上花盆，直接将枝条压到新盆盆栽土中。这种方法常用于培育常春藤和喜林芋属的新植株。

① 在母株周围放上几个花盆，装入适宜的盆栽土（含防腐剂）。

② 选择较长且长势较好的新枝，尽量不要和其他枝条纠结，方便压条。

③ 将该枝条有“节”的部位埋在土中，并用金属丝固定。

④ 压条生根后通常需要 4 周左右开始抽新芽，此时可将压条从母株上剪下。将新生植株放到光照充足但无阳光直射的地方，浇水需特别小心，直到植物情况稳定、茁壮生长为止。

虎舌红

别名：红毛毡、肉八爪、毛地红
科属：紫金牛科紫金牛属
分布区域：中国南方各省及越南

634. 红蜘蛛

症状表现：红蜘蛛主要危害叶片，使叶片出现褪绿斑点，后枯黄脱落，严重时植株死亡。

防治方法：药剂防治。喷洒 0.3 度的石硫合剂或 40% 氧化乐果 1 200 倍液及杀螨剂等。

635. 虎舌红根腐病

症状表现：该病主要危害幼苗根部，也能侵害成株植株。发病初，根尖出现水渍状病变，后变褐腐烂。

发病规律：病原为真菌。病菌附在病残体上或土壤中越冬，借助风雨或浇水进行传播。高温、高湿等条件下都会利于病害传播。

防治方法：①施用无菌土栽培繁殖。②及时清除病株病叶并销毁。③药剂防治。喷洒 30% 托布津粉剂 500 倍液或 50% 多菌灵 500 倍液。

养花无忧小窍门

养护虎舌红要注意哪些问题？

① 种植虎舌红忌碱性板结土壤，宜选择疏松肥沃、排水性良好的微酸性土壤。

② 虎舌红适宜生长温度为 15 ～ 30℃，温度为 5℃或超过 35℃时，植株会停止生长。高于 40℃时，植株叶片会被灼伤，低于 0℃时，植株会被冻伤。

③ 虎舌红喜半阴，在 50% 遮光环境中，虎舌红生长迅速，光合作用强；而在全日照环境中，植株生长缓慢，叶片变焦变黄，所以，应选择一个荫蔽场所进行种植。

④ 虎舌红喜湿润，以 75% ～ 80% 的空气湿度为最佳，至少要保持 30% ～ 40% 的空气湿度，方能正常生长。

⑤ 虎舌红叶片薄而大，所需水分比较多，可 3 ～ 4 天浇水 1 次，保持盆土既不干燥也不积水，夏天温度高，且处于生长旺度，需水量大，每天就应浇水 1 次，且宜在早晚浇水，冬季植物处于休眠期，要严格控制浇水。

⑥ 虎舌红生长期消耗养分多，应多施肥，以满足生长需要，以氮肥为主，每半月施肥 1 次，开花期应施磷、钾肥，可提高其坐果率。

空中压条繁殖

空中压条法常用于大型桑科植物，如橡皮树，当然也可以用于其他植物，如龙血树属植物。通常在枝条下方不长叶的部位进行压条，若枝条有部分老叶，可将老叶剪去。

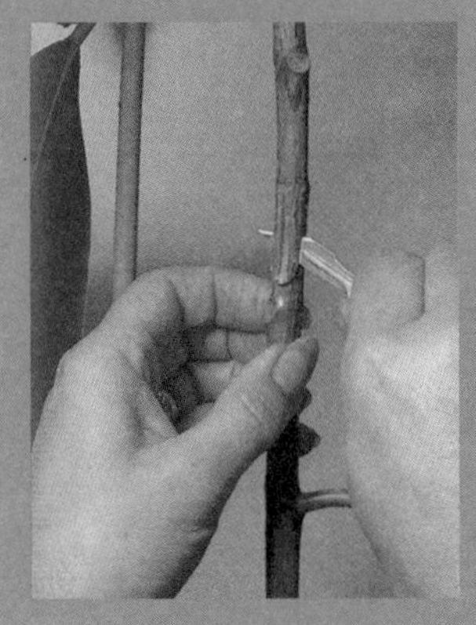

① 准备一个透明塑料套，用透明胶带固定在即将压条的位置下方。用锋利的小刀或刀片在靠近节的部位划一个长约2.5厘米的切口。确保切口深度不超过枝条直径的1/3，否则会导致主条断裂。

② 用小毛刷将适量植物生长素刷到切口处，在切口中填入一些泥炭藓块。

③ 在切口处裹上更多泥炭藓块，卷起塑料套固定。

④ 用透明胶带扎紧塑料套上方开口。

⑤ 经常查看泥炭藓是否湿润，切口处是否已经生根。

⑥ 一旦可以透过塑料套明显看到新长出的植物根须，就可以从根须下方将枝条剪下并进行移栽。移栽时不要移除泥炭藓，此时植物根系还很娇嫩，泥炭藓最好多保留几周。

葡萄

别名：草龙珠、菩提子、山葫芦
科属：葡萄科葡萄属
分布区域：世界各地均有

636. 葡萄黑痘病

症状表现：该病主要危害叶片和果实。染病后，果面产生褐色圆形病斑，后扩大，中心灰白色，边缘褐色或红色，后期病斑龟裂，味酸。叶片染病产生黄斑，中心灰白色，边缘褐色或黑色，后期干枯。
发病规律：病原为葡萄痂圆孢真菌。病菌在病组织越冬，借助风雨进行传播。
防治方法：①盆栽时不要选取带病苗木。②选取抗病品种。③及时清除病株病叶并销毁。④药剂防治。喷洒 25% 多菌灵 500 倍液或 75% 百菌清 600 倍液。

637. 天蛾

症状表现：该虫主要为幼虫危害。幼虫夜间取食叶片，使叶片呈不规则缺刻，严重时幼虫会吃光叶片只剩叶柄。成虫有趋光性，白天潜伏，夜间活动。
防治方法：①春秋季节要给植株四周土壤消毒，消灭越冬虫。②检查地面或叶片是否有虫粪的迹象，然后在枝条和叶柄上寻找幼虫。③药剂防治。喷洒 40% 氧化乐果。④用灯诱杀，灯下放盆水，撒入洗衣粉。

养花无忧小窍门

养护葡萄要注意哪些问题？

① 葡萄对土壤适应能力强，在经过改良的各种土壤里均能栽培，但以壤土和细沙质壤土为佳。
② 繁殖葡萄可采用扦插繁殖、压条繁殖和嫁接繁殖等方式。
③ 葡萄适宜生长温度是 12 ~ 15℃，开花最适宜温度为 20℃，葡萄植株春季萌芽后，如果温度上升快，就会造成枝条徒长；遇寒则会发生冻害，这时应多施磷肥，少施氮肥。要是昼夜温差大，葡萄着色会比较好，口味也更甜。
④ 葡萄生长期需要较多水分，生长后期和结果期，则不需要太多水分，否则会伤根。葡萄忌雨水，假如雨季过长，葡萄日照不足，光合作用会受到限制，会引起枝条徒长；而湿度过大，还会引发各种疾病。
⑤ 要保证葡萄长势良好，必须要有一定强度的光照，假如光线太强，葡萄容易发生日灼，这时可给果实套袋，或者给植物留叶时，尽量留能遮住果实的叶；但要是光线不够，又易导致花朵受精率低，不结果或结果少，以及成熟后着色不好，甜度低。

第五章

多肉类植物

病虫害的识别与防治

仙人掌

别名：火焰、霸王树、牛舌头
科属：仙人掌科仙人掌属
分布区域：南美洲、非洲、东南亚地区及中国

638. 仙人掌灰霉病

症状表现：该病主要危害花和茎节。受害后皮层腐烂，内部组织成黏稠状，后变软腐。花器受害呈湿腐状。后期出现黑色小菌核。

发病规律：病原为灰葡萄孢真菌。病菌在土壤中或病残体上越冬，借助风雨及气流从表皮或伤口处进行传播。

防治方法：①及时清除病株并销毁。在晴天时候进行切花，有利伤口愈合。②药剂防治。喷洒50%甲基托布津粉剂500倍液、70%代森锰锌粉剂500倍液或50%多菌灵粉剂500倍液。另外，还可选用烟剂和粉尘剂。

639. 仙人掌炭疽病

症状表现：该病主要危害球茎或茎节，发病初出现水渍状褐斑，后扩大为灰白色圆斑，边缘隆起，潮湿时产生散生轮纹状小黑点。

发病规律：病原为真菌。病菌在病残体上越冬，借助风雨、浇水、昆虫或人为接触通过伤口处进行传播。高温、高湿、光照不足及通风不畅条件下都利于发病。发病期为7～9月。

防治方法：①及时清除病株病叶并销毁。②药剂防治。喷洒50%多菌灵粉剂500倍液、70%炭疽福美800倍液或50%退菌特500倍液。

640. 仙人掌茎腐病

症状表现：该病主要危害仙人掌幼嫩球茎基部或顶部。发病初病斑为黄色，后变深褐色，潮湿环境下生出褐色霉层。病部发生腐烂。

发病规律：病原为真菌。病菌在病残体上越冬，露养时借助灌溉水、风雨由伤口或嫁接处进行传播。高温、高湿条件下发病更重。

防治方法：①选取无病菌土壤，施用腐熟的有机肥。②土壤消毒。将土壤翻松，露养时施用40%甲醛50倍液1 000毫升，覆盖挥发后再栽植。③及时清除病株病叶并销毁，同时用50%多菌灵粉剂进行消毒，嫁接的工具也要用酒精进行消毒。④增施磷钾肥，选择适当的浇水时间和水量，避免冻害和低温。⑤药剂防治。喷洒70%敌克松粉剂1 000倍液或50%代森铵水剂800倍液。

641. 白盾蚧

症状表现：该虫分布广泛，危害较重。刺吸寄主汁液，使其生长衰弱，茎节脱落。虫口较大时，茎和叶布满白色介壳，介壳边缘重叠，被害部呈黄色，有时还会腐烂。

发病规律：该虫孵化期为4～5月和8～9月，冬季仍可繁殖，虫害严重时，茎叶变白，肉质腐烂，不开花。

防治方法：①人工刷除害虫。②若虫时期，喷洒清水或80倍中性洗衣粉冲洗。③药剂防治。在被害植株根部浇40%氧化乐果1 000倍液。或在孵化期，选用20%菊杀乳油1 200倍液或40%速扑杀乳油1 200倍液。

642. 叶螨

症状表现：该虫主要分布长江以南，以成螨和若螨形态刺吸植株汁液为主，受害处出现棕色小斑。严重时，植株变褐色，萎缩。高温、干旱时危害严重。

防治方法：①及时清除病株病叶并销毁。②保持通风透气，避免干旱或室温过高。③虫害少量时，用40%三氯杀螨醇1 000倍液或25%三氯杀螨砜800倍液。

养花无忧小窍门

养护仙人掌要注意哪些问题?

① 仙人掌对土壤没有严格的要求，但适宜在土质松散、有肥力且排水通畅的沙质土壤中生存，在贫瘠、黏重、水分积聚的土壤中则会生长发育不好。也可用20%的腐殖土与80%的沙粒来调配，或用腐叶土、园土、石灰石砾、粗沙及适量骨粉等来调配。

② 仙人掌能忍受较高的温度，不能忍受寒冷，室内温度在2℃以上（含2℃）时就能顺利过冬。

③ 仙人掌喜欢阳光，在生长季节需要充足的光照，然而夏天光照太强时要适度遮阴，防止强光直接照射灼伤植株；冬天要将植株摆放在房间里朝阳的地方。

④ 平时浇水要以“不干不浇，干则浇透”为原则。在生长期内应适当加大浇水量，如果排水良好，可以每日浇1次水。

⑤ 在夏天温度较高时，以在上午9点之前或下午7点之后浇水为宜，正午温度较高时不可浇水，否则会导致植株的根系腐烂。在冬天植株处于休眠期时，每1～2周浇水1次就可以。对长有长毛的品种，留心不可把水直接浇到长毛上，否则会影响其观赏性。

⑥ 仙人掌需要的肥料比较少，主要是施用磷肥和钾肥，可每2～3个月施用1次。在生长季节每月以施用1～2次以氮为主的液肥为宜，并适量补施磷肥，可促进仙人掌的生长。但在仙人掌的根部受到损伤且没有恢复好时，以及当植株处于休眠期时，都不可施用肥料。

⑦ 仙人掌长势较慢，根系不旺盛，利用修剪的方式能调整营养成分的妥善分派，使地下和地上部分的平衡关系得当。为了得到肥大厚实的茎节做砧木，要注意疏剪长势较差和被挤压弯曲的幼茎，每一个茎节上至多留存两枚幼茎，以保证仙人掌挺直竖立。

量天尺

别名：霸王花、剑花、三角火旺
科属：仙人掌科量天尺属
分布区域：中国、澳大利亚

643. 量天尺白绢病

症状表现：发病初茎基出现水渍状病斑，后皮层呈黄褐色软腐状，后期长出菌丝，最后生出褐色油菜籽状的菌核。

防治方法：①及时清除病株病叶并销毁。②栽植不要过密，保持通风透气。③药剂防治。喷洒 50% 多菌灵 500 倍液进行浇灌，10 天 1 次，连喷 3 次。

644. 量天尺炭疽病

症状表现：该病主要危害茎部。受害后茎节上或边缘处出现圆斑，后期变为灰白色，生出小黑点。

防治方法：①及时清除病株病叶并销毁。②药剂防治。喷洒 50% 多菌灵粉剂 500 倍液、70% 炭疽福美 800 倍液或 50% 退菌特 500 倍液。

盆栽植物出现叶片发黄的原因

盆栽花卉种植过程中，叶片发黄现象经常发生，可能有以下几个原因。

① 浇水过多造成的水黄。要是盆栽植物的新梢和顶尖萎缩，嫩叶变成淡黄色，老叶则呈暗黄色，这表明盆土积水久湿，使植物根系呼吸不畅，造成缺氧。要是根系已开始腐烂，应将花卉带土坨从盆中移出，放在阴凉通风处，让其迅速散发水气，可向叶片喷少量水，过 3 ~ 5 天植株复原后，再重新上盆养护。

② 缺水引起旱黄。久忘浇水，使盆土过干，出现顶心新叶正常，下部叶片干黄脱落。这时不应浇大水，应先稍浇些水，放到阴凉处，等茎叶挺起后，再浇透水，能防止根系损伤和叶片大量枯黄脱落。

③ 施肥过量造成叶片发黄。这时应多浇水，可播些菜种来消耗养分，出苗几天后便可拔去。

④ 缺肥造成发黄。叶薄嫩黄、节长等，都是缺肥现象，应及时施肥。

⑤ 喜酸性土壤植物种在偏碱的土壤里，会出现叶片发黄现象。

⑥ 白粉虱、蚜虫、叶螨等虫害，会造成叶片发黄。

⑦ 有时叶片发黄属正常现象，这是新枝新叶落萌发后，老叶自然黄落现象。

养花无忧小窍门

种植和养护量天尺，要注意哪些问题？

腐殖土　园土　河沙混合

骨粉　草木　腐熟有机粪肥

① 量天尺比较喜欢排水性好的土壤，将腐殖土、园土、沙土混合起来的培养土比较适合量天尺的生长。

阴凉处晾 2 ~ 3 天

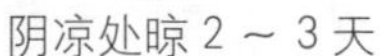
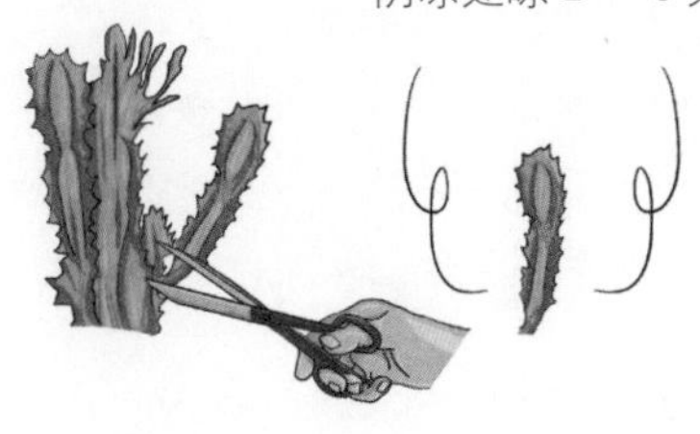

② 选取粗壮的量天尺茎，截成 15 厘米的小段，剪下后放在阴凉处晾 2 ~ 3 天，插入土中，30 天就可以生根了，等根长到 3 ~ 4 厘米的时候就可以上盆移栽。

春秋两季 10 天左右

夏季浇水要勤

③ 量天尺比较耐旱，春秋两季 10 天浇水 1 次即可，夏季浇水要勤一些。

生长期内需追肥 1 次

入秋后再追 1 次肥

④ 生长期内需追 1 次腐熟的稀薄液肥或复合肥，入秋后再追 1 次肥。

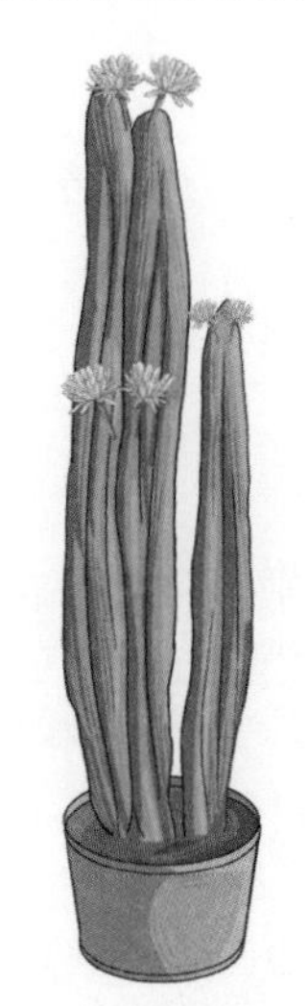

⑤ 量天尺只有在植株高 3 ~ 4 米的情况下，才能够孕蓄花蕾。

芦荟

别名：卢会、奴会、劳伟
科属：芦荟科芦荟属
分布区域：非洲南北部、北美的西印度群岛

645. 芦荟根腐病

症状表现：该病主要危害幼苗根部，也会侵害成株。发病初，根尖出现水渍状病变，后变成褐色腐烂。最后导致幼苗死亡。

防治方法：①改良土壤或基质，调制偏酸性为宜，如浇花用水呈碱性，用硫酸亚铁调到微酸性，注意控制土壤湿度。②药剂防治。用 800 倍种衣剂浇根，10 天 1 次，连浇 3 次。

646. 芦荟疫病

症状表现：该病危害根、茎、叶、花等，受害严重的为叶片。发病初，出现暗绿色水渍状病斑，后发生软腐，根部染病，出现水渍状褐色腐烂。

发病规律：病原为真菌。病菌附在病残体上越冬，通过雨水或流水从伤口或气孔处进行传播。高温、多雨、通风不畅条件下更易发病。

防治方法：①用新地或 95% 敌克松 300 倍液喷灌。②药剂防治。喷洒 75% 百菌清 1 000 倍液或 25% 甲霜灵 800 倍液。

647. 芦荟黑霉病

症状表现：该病主要危害叶基部，病斑呈水渍状黑斑，后扩大，叶片变黑褐色腐烂，后期病斑出现霉层，内部有黑色颗粒物。

发病规律：病原为葡萄孢属真菌。病菌借助昆虫、风、人为地从伤口处进行传播。高湿、低温环境下更易发病。

防治方法：①雨季时在叶面上喷布 200 倍液的纤维素。②加强防护，注意除虫，浇水时不要将水溅到叶面。

648. 芦荟褐斑病

症状表现：该病主要危害叶片。发病初叶片出现水渍状斑点，后扩大为圆形褐斑。中心凹陷，呈赤褐色。后期病斑产生黑色星状小点。

发病规律：病原为真菌。病菌在病残体上或土壤中越冬。通过风雨进行传播。高湿多雨更易发病。

防治方法：①及时清除病株病叶并销毁。②药剂防治。喷洒 50% 百菌清 500 倍液或 50% 甲基托布津 600 倍液。

养花无忧小窍门

养护和种植芦荟时，要注意哪些问题？

涂上草木灰，晾晒
24 小时

① 芦荟以分株繁殖为主，在春季结合换盆进行。首先将植株脱盆，萌生的侧芽切下，在切口的位置涂上草木灰，晾晒 24 小时后就可以进行移栽了。

② 春秋季每 5 ～ 7 天浇水 1 次，夏季时每 2 ～ 3 天浇水 1 次，冬季低温的环境中要控制浇水量，也要注意花盆不要积水。

③ 生长期要追 1 次腐熟的稀薄液肥，肥水不要浇到叶片上，如果土壤的肥力充足，也可以不进行追肥。

④ 芦荟栽种 5 年才会开花，让植株充分接受光照，保持空气干燥，每隔 10 天追施 1 次磷肥，会更加有利于植株开花。

⑤ 盆栽芦荟一般 1 ～ 2 年换盆 1 次，以春季换盆为宜。

昙花

别名：琼花、昙华、韦陀花
科属：仙人掌科昙花属
分布区域：原产拉丁美洲，现世界各地均有种植

649. 昙花黑霉病

症状表现：发病初茎上出现黑褐色病斑，后扩大为圆形病斑，中心灰褐色，边缘暗褐色，茎基部组织腐烂。后期病斑产生黑色霉状物。

防治方法：①选取无病土壤进行栽培，并施用腐熟的有机肥。②及时清除病株病叶并销毁。③保持通风透气，增施磷钾肥，改善棚室环境。

650. 昙花花枯病

症状表现：该病主要危害茎叶，产生圆形淡黄色褐斑，严重时导致全株枯死，后期病斑产生小黑点。

防治方法：①土壤处理，对土壤进行消毒或换土。②及时清除病株病叶并销毁。③药剂防治。喷洒1%波尔多液，保护植株，减少发病。

651. 昙花炭疽病

症状表现：该病主要危害茎。初期茎上出现水渍状褐色小斑点，后扩大为圆形褐斑，外围有黄色晕圈。后期病斑呈灰白色，其上呈轮纹状黑点。

防治方法：①及时清除病株病叶并销毁。②药剂防治。喷洒50%多菌灵粉剂500倍液、70%炭疽福美800倍液或50%退菌特500倍液。

养花无忧小窍门

养护昙花要注意哪些问题?

① 昙花喜欢有肥力、土质松散、腐殖质丰富且排水通畅的微酸性沙壤土。

② 昙花喜欢半荫蔽的环境，怕强烈的阳光久晒，在夏天阳光比较强烈时要进行适度遮蔽。

③ 昙花喜欢温暖，不能抵御寒冷，13～20℃是其生长的最适宜温度，过冬温度不能在5℃以下。

④ 昙花喜欢潮湿的土壤及较大的空气相对湿度，然而也不能忍受积水，在暮秋、冬天和春天之初大气温度比较低的时候处在半休眠状态，需严格掌控浇水的量和频次，令盆土保持偏干燥，干透后稍浇一点儿水就可以。

⑤ 当春天气温升高后，昙花的生长开始逐步恢复，此时可以渐渐增加浇水量。

⑥ 昙花较嗜肥，通常适宜施用腐熟的有机肥，再加入少量的骨粉或过磷酸钙。

652. 夜蛾

症状表现：该虫主要危害叶片。幼虫蚕食嫩叶，形成孔洞。夜蛾一年发生两代，以老熟幼虫在土中营造土茧越冬。5～10月为幼成虫生长为害期。

防治方法：①少量时，人工捕杀。②药剂防治。喷洒50%辛硫磷乳油或杀螟松1 000倍液。

653. 观音莲炭疽病

症状表现：该病有两种症状，一种是发病初叶片呈红褐色圆斑，后期扩大呈深褐色病斑，中心为灰白色，边缘为暗绿色，最后变为黑褐色，产生排状小点。严重时叶枯而亡。另一种是茎上产生淡褐色圆斑，其上生出轮纹状黑点。

发病规律：病原由炭疽病菌侵染引起。病菌在病残体上或土壤中越冬，借助雨水或浇水进行传播。高温、高湿的7～9月更易发病。

防治方法：①及时清除病株病叶并销毁。②强化栽培管理：保持通风透气，避免从头淋浇植株。③选取抗病品种。④药剂防治。喷洒50%多菌灵粉剂800倍液。

养花无忧小窍门

养护观音莲要注意哪些问题？

① 观音莲的繁殖方法有叶插和分株两种，常用分株繁殖方式，将叶片中间生长的新枝剪掉，插在土壤中，即成新的植株。

② 种植观音莲要求用疏松肥沃，有良好的排水性和透气性的土壤。种植土壤可用1/3的腐殖土、1/3的河沙和煤球渣、再渗入少许骨粉配制而成。

③ 新栽好的观音莲不必浇太多水，半干状态就可以了，有利于根系的恢复。

④ 观音莲喜温暖，生长适宜温度为20～30℃，不耐热，夏季高温季节植株停止生长，进入休眠。冬季越冬温度白天在15℃以上，夜间不低于5℃，便可正常生长。

⑤ 观音莲夏季高温和冬季低温季节都处于休眠期，生长期主要集中在凉爽的春、秋季，生长期要求要有充足的光照。

⑥ 观音莲浇水不能太多，春秋15天左右1次，夏季4～5天1次，盆中不能积水，否则易引起烂根。但也不能过于干旱，否则易造成植株生长缓慢，叶色暗淡缺乏生机。浇水时注意不能溅到叶片上。

⑦ 生长期每20天左右施1次腐熟的稀薄液肥或低氮高磷钾的复合肥。施肥宜在傍晚进行，次日早上浇1次透水。

观音莲

别名：长生草、观音座莲、佛座莲
科属：景天科长生草属
分布区域：欧洲、亚洲

石莲花

别名：宝石花
科属：景天科石莲花属
分布区域：世界多地作为园艺种栽培

654. 石莲花根腐病

症状表现：该病主要危害根部，发病初出现水渍状褐斑，严重时病斑扩大，致使根部腐烂、脱落。

防治方法：①防治带病植株接触健康植株。②药剂防治和土壤处理。用3%呋喃丹颗粒剂进行防治。

655. 石莲花锈病

症状表现：该病主要危害芽和叶片。发病初叶面出现不明显黄点，叶背及叶柄出现橘红色粉末。后扩大为多角形，病斑外围有褪色环。秋季叶背出现黑色粉粒，嫩梢、叶柄等上面病斑明显突起。温暖、多雨、多雾更利于发病。

发病规律：病原为柄锈菌。锈孢子借气流传播，重复侵染。6～7月发病最重。多雨，温暖潮湿天气更易发病。

防治方法：①选取抗病品种。②将种子进行消毒后再栽种。③及时清除病株病叶并销毁。④保持通风透气，降低湿度。⑤发病初，喷洒20%粉锈宁500倍液或75%百菌清600倍液。

夏季休眠植物的养护

夏季休眠植物主要为原产南半球的植物以及一些原产地中海沿岸的球根植物。休眠以后，有的叶片仍保持绿色，称为常绿休眠，如石莲花等；有的叶片脱落，称为落叶休眠如郁金香、风信子等。必须掌握这些植物的生长习性，精心打理，才能使其安全过夏。

① 注意通风，并减少光照。应将休眠植株放在通风散射光充足处，避免阳光直晒，并向植株浇水，以降低气温和增加空气湿度。

② 要严格控制浇水。夏季休眠植株根系活动弱，浇水多容易烂根，但浇水少也会导致根部萎缩，以偏干稍微湿润为宜。

③ 停止施肥。夏季休眠植物由于生理活动减弱，养分消耗少，不需要施肥，否则易引发烂根。

④ 球根花卉的块茎或鳞茎夏季休眠后，还可将球茎直接挖出，除去枯叶和泥土，放在通风干燥处贮存，或用河沙埋藏，等天气转凉后再进行栽种。

养花无忧小窍门

种植和养护石莲花，要注意哪些问题？

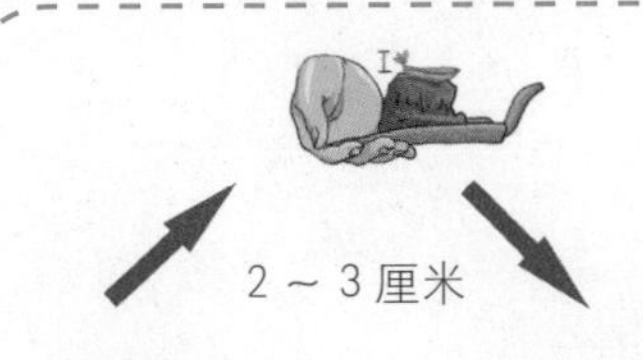

① 将粗壮的叶片平铺在潮润的土面，叶面朝上，不覆土，放在半阴处，7～10 天就可以长出小叶丛和浅根了。当根长到 2～3 厘米长的时候，带土进行移栽上盆。

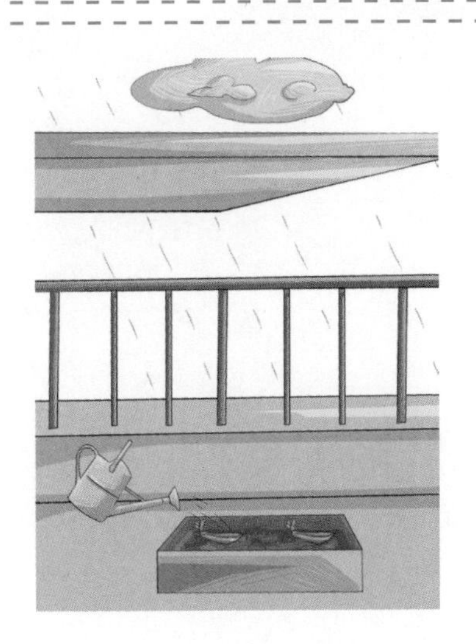

② 为避免盆土积水，采取见干再浇水的方式进行浇水。冬季控制浇水，常下雨的时候要将其搬入室内，以免受涝。

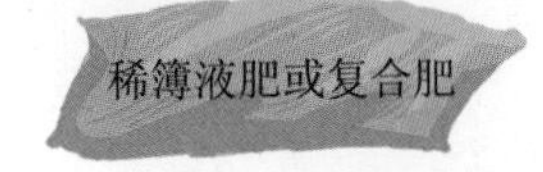

③ 生长期可追加 1 次腐熟的稀薄液肥或复合肥，以氮肥为主，注意肥水不要溅到叶片上。如果培养土的肥力充足，可以不追肥。

④ 石莲花开花前喜欢充足的阳光，光照越充足就越容易开花。

筒叶花月

别名：吸财树、玉树卷、马蹄角
科属：景天科青锁龙属
原产地：南非纳塔尔省

656. 介壳虫

症状表现：介壳虫是多肉常见虫害，介壳虫拥有刺吸式口器，吸食叶片的汁液，同时还会释放出一种黏液。黏液沾染灰尘后，颜色会变黑，所以只要发现叶片上有奇怪的黑污渍，多半就是发生介壳虫了。会引起叶片发黄脱落，释放的黏液还会诱发煤污病。

防治方法：①发现后及时去除，少量时，可用毛刷刷除。②最好用清水喷洗多肉植株，将黏液洗干净。③药剂防治。喷洒 40% 氧化乐果 1 200 倍液。

657. 根粉介壳虫

症状表现：根粉介壳虫是一种特别的介壳虫，普通情况下极难发现它，它们几乎全在土壤里，靠吸食根系的养分为生，然后产卵孵化。除非虫子泛滥，才会爬出来或者从花盆的出水口流出来。平时多留意花盆周围地面，如果发现地面有白色小点，就要留心了。假如多肉发生了根粉介壳虫虫害，这时拔出多肉植株，会发现根部全是白色粉末状，与根系的毛根有点像，鉴别方法为，抖一抖，看有没有虫子掉下来。有的话，就是根粉介壳虫了。

防治方法：①最好将原土全部丢弃，换新的种植土。②花盆也要用刷子仔细清洗干净。③修剪多肉根系，并清洗，先用清水泡半个小时，然后晾 1 ~ 2 天，再重新上盆。④药剂防治。可喷施蚧必治、速扑杀和呋喃丹等专用药剂。

养花无忧小窍门

种植和养护筒叶花月，要注意哪些问题？

① 种植筒叶花月宜选择疏松透气的轻质酸性土，比如腐叶土和草炭土，不能种在碱性土里，否则不利于植株生长。
② 筒叶花月的繁殖方法主要为扦插，选取健康强壮的枝条，放置 1 ~ 2 天，等伤口皱缩后，再进行扦插，插扦时间最好为春秋两季。
③ 筒叶花月比较适宜的生长温度为 18 ~ 25℃，不耐寒，过冬温度不能低于 5℃。
④ 筒叶花月喜光，除盛夏高温季节要适当遮阴外，其他季节要接受充足光照。
⑤ 筒叶花月耐干旱，水分过多容易死亡，生长旺季每 15 天浇 1 次水，冬季温度低于 5℃时，要断水，否则易发生冻害。
⑥ 筒叶花月喜肥，生长期每月施 1 次肥。

658. 蟹爪兰茎节萎缩

症状表现：蟹爪兰不能强光直射，喜酸性土壤。高温、强光、干燥、碱性土壤都会造成发黄和脱落；另外，发生红蜘蛛时也会造成茎节萎缩变黄。

防治方法：①控制好水肥施用，保持通风透气。②药剂防治。喷洒克螨特1 000倍液防治红蜘蛛。

659. 蟹爪兰落花落蕾

发病规律：发病原因有下面几种情况：①突降温度或温差较大。②受到寒害。③施肥不足。④浇水不当。

防治方法：①在降温时要做好保暖工作。②保持盆土适度的湿润。③现蕾后，掌握好时间，及时施肥。④浇水要适宜，不要连续浇水。

养花无忧小窍门

养护蟹爪兰要注意哪些问题？

① 蟹爪兰喜欢土质松散、有肥力、腐殖质丰富且排水通畅的泥炭土及腐叶土。

② 蟹爪兰属短日照植物，在每日8～10小时阳光照射的条件下，2～3个月便能开花。它喜欢半荫蔽的环境，畏强烈的阳光久晒，夏天阳光比较强烈时需遮阴。

③ 蟹爪兰喜欢温暖，不能抵御寒冷，其生长的最合适温度是15～25℃。夏天若温度高于28℃，植株就会进入休眠或半休眠状态；当温度在15℃以下时，便可能会使花蕾脱落；当温度在5℃以下时，植株则会生长得不好；冬天应将植株移入室内过冬，室内温度控制在15～18℃为宜。

④ 春天和秋天可以每2～3天浇水1次。夏天应每1～2天浇水1次，且需时常朝枝茎喷洒水，达到降温增湿的目的。冬天浇水不宜太多，可以每隔4～5天浇水1次。

⑤ 从春天到夏初，需大约每隔15天对植株施用1次浓度较低的肥料，主要是施用氮肥；进入夏天后可暂时停止施用肥料；在孕育花蕾到开花之前需加施1～2次以磷肥为主的肥料，以促进其分化花芽。

⑥ 对栽培多于3～5年的植株，冠幅经常可以超过50厘米，需于春天对茎节进行短截，并对一些长势差或过分稠密的茎节进行疏剪，这样能令萌生出来的新茎节翠绿健壮。

蟹爪兰

别名：锦上添花、仙指花

科属：仙人掌科蟹爪兰属

原产地：巴西

仙人球

别名：草球、长盛球
科属：仙人掌科仙人球属
分布区域：产于南美洲，一般生长在高热、干燥、少雨的沙漠地带

660. 仙人球炭疽病

症状表现：炭疽病是真菌病害，植株初感病时，扁平茎的局部出现水渍状病斑或浅褐色小斑，病变部分下陷，边缘则凸起。扩展后，病斑变为圆形或半圆形，发病处叶肉组织发软变黑，严重时仙人球分茎和全株腐烂，干枯死亡。

防治方法：①种植仙人球时，要对土壤进行消毒，可高温消毒或用土壤消毒剂消毒。②栽种处要通风透光，浇水要适量，不要造成有利真菌生长的潮湿环境。③及时将受害病叶剪下焚毁，并隔离患病植株，否则易传染给附近健康植株。④发病后及时施50%甲基托布津600至1 000倍液，或75%百菌清800倍液，或1%波尔多液等，每间隔10天喷施1次。

661. 根结线虫病

症状表现：根结线虫是白色线状两头尖的软体虫子，其侵入幼苗根部，使主根和侧根长出许多大大小小的瘤状物，根结线虫在瘤内吸食汁液，造成植株营养不良、生长衰弱、叶片小而皱，丛生等，最后植株渐渐枯死，根系整个坏死。根结线虫繁殖快，对植株危害十分严重。

防治方法：①种植时应选择健康强壮的植株。②将土壤和花盆都经过高温消毒，根结线虫极怕高温，温度达到55℃时，就可杀灭根结线虫虫卵。③发病后及时用80%二溴氯丙烷乳油1 000倍稀释液浇灌防治，并在土中埋入呋喃丹颗粒药。

教你一招

盆栽植物雨季管理

① 及时排水。露养的盆花，下雨后盆内容易积水，会造成空气不足，缺氧，对根系的生长极为不利，要及时将雨水排出。

② 防雨淋。某些植物的叶片和花芽对水湿非常敏感，受雨淋容易烂根和脱叶，比如说多肉植物。这类植物下雨时，应进行遮挡。

③ 防止倒伏。一些株高或茎空的植物品种，遇暴风雨易倒伏，要将盆栽移到避风处，或提前设立支架绑扎花枝。

④ 加强通风。雨季温度高湿度大，若不加强通风，易发生病虫害。

⑤ 严格扣水。雨季因为连续的阴雨天，常造成花枝徒长，要严格扣水，控制浇水量和浇水次数，使枝条壮实。

养花无忧小窍门

种植和养护仙人球时，要注意哪些问题？

晾 2 ~ 3 天

① 将母球上萌生的小球切下，晾晒 2 ~ 3 天后插入盆土中，以喷雾的方式供水。

春秋两季 5 ~ 7 天浇水 1 次

夏季 3 ~ 7 天浇水 1 次

② 仙人球非常耐旱，春秋两季 5 ~ 7 天浇水 1 次即可，夏季 3 ~ 4 天浇水 1 次，夏季高温和冬季休眠期间，要控制浇水。

③ 如果培养土中的肥力充足，第一年可以不追肥，从第二年开始，生长期内需追 1 次腐熟的稀薄液肥，入秋后再追施 1 次氮肥。

④ 扦插繁殖的植株一般 2 年就可以开花了，植株以短日照的方式进行培植，就可现蕾。花蕾出现后土壤不要过干或过湿，这样有可能导致花蕾脱落。

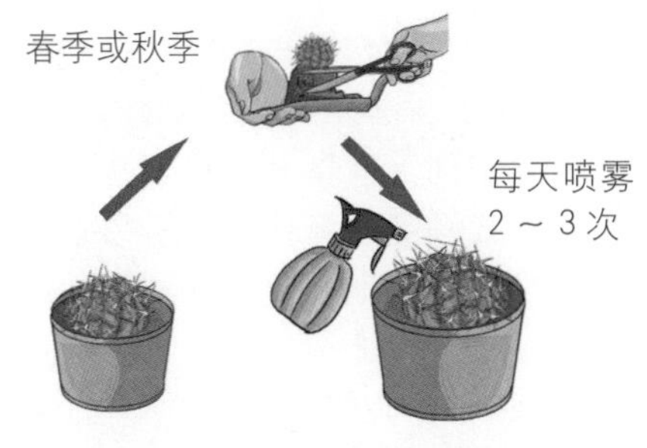

⑤ 换盆要在早春或秋季休眠前进行，剪去部分老根，晾 4 ~ 5 天，再栽入新土中，覆土，每天喷雾 2 ~ 3 次。

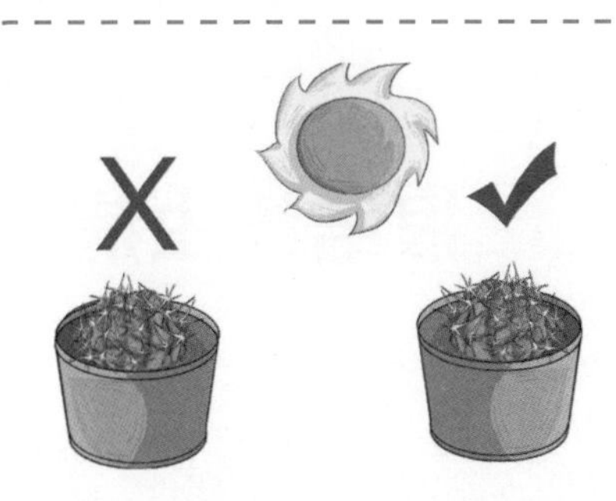

⑥ 仙人球喜欢阳光充足的生长环境，即便是阳光暴晒也没有关系，不要将植物放置在光线弱的场所，保证植物能在全日照的环境中生长是最好的。

虎刺梅

别名：麒麟花、铁海棠、麒麟刺
科属：大戟科大戟属
原产地：非洲马达加斯加地区

662.虎刺梅叶腐病

症状表现：该病主要危害叶片。叶片受害后出现褐色斑点并腐烂，严重时引起植株枯死倒伏。高温、多雨条件下更易发病。

防治方法：①及时清除病株病叶并销毁。②保持通风，降低湿度，科学浇水。③药剂防治：发病初，喷洒70%敌克松粉剂700倍液或20%甲基立枯磷乳油100倍液。

663.虎刺梅根腐病

症状表现：该病主要危害根部，阴雨天或浇水过多导致积水时，易发此病。发病后，植株根系发黑腐烂，引起叶片脱落，严重时甚至引发死亡。

发病规律：病原为镰孢霉属真菌。病菌在土壤中存活，可传染多种花卉。在碱性土壤中发病更重。

防治方法：①以预防为主，阴雨季节，将其搬到雨水淋不到的地方，并及时倒出盆内积水。②雨季不要施有机肥，能有效避免病害。③可用根腐灵灌根或用80%的402乳油1 500倍液对植株进行灌根或喷洒40%根福宁1 000倍液。

养花无忧小窍门

种植和养护虎刺梅，要注意哪些问题？

① 虎刺梅对土壤没有严格的要求，能忍受贫瘠，然而在有肥力、土质松散、排水通畅的腐叶土或沙质土壤中长得最好。

② 虎刺梅喜欢温暖，不能抵御寒冷，生长适宜温度是18～25℃，当白天温度在22℃上下，晚上温度在15℃上下的时候长得最好。

③ 虎刺梅喜欢阳光充足的环境，不畏炎热和强烈的阳光，一年四季皆要使其接受足够的阳光照射。

④ 虎刺梅比较能忍受干旱，在春天和秋天浇水要做到“见干见湿”。

⑤ 夏天可以每日浇1次水，令盆土维持潮湿状态，然而不能积聚太多的水。冬天植株会步入休眠状态，令盆土维持略干燥状态就可以。

⑥ 在植株的生长季节要每隔半个月追肥1次，施用复合化肥或有机液肥皆可，不可施用带有油脂的肥料，不然会令根系腐烂。秋后，则不要再对植株施用肥料。

⑦ 在植株开花之后或春天萌生新的叶片之前要尽早把稠密枝、纤弱枝、枯老枝和病虫枝等剪掉，并对枝条顶端采取修剪整形措施。

664. 虎刺梅茎枯病

症状表现：受害植株出现缩水、干枯现象，病情严重时，导致植株枯萎、死亡。高温、高湿条件下更易发病。

防治方法：①注意排水，适量浇水。②药剂防治。喷洒 50% 克菌丹 800 倍液。

665. 粉虱

症状表现：　主要以若虫和成虫的形态刺吸寄主植物汁液为害。粉虱侵染植株后，极易引起煤污病。

防治方法：药剂防治。喷洒扑虱灵 1 000 倍液、吡虫啉 1 000 ～ 2 000 倍液防治。应选择在成虫活动性弱的清晨进行喷药。应保证喷药时叶片反面均匀着药。喷药选择在晨、晚露水未干时会提高防治成虫的效果。

种植多肉植物的 9 条学问

多肉植物又称肉质植物或多浆植物，是指具肥厚多汁的茎、根或叶片的植物。下面介绍种植和养护多肉植物时，要注意哪些问题。

① 多肉用土一般为泥炭、珍珠岩、蛭石、赤玉配制的土壤，比例要求不严，但要求一定要保水透气，不能积水，否则会引起烂根。

② 新购到手的多肉植物定植前，要先将土拌湿，程度为捏不成团，不黏手，即含水量约为 40% 左右。种下后，4 天左右便可浇水，假如是冬天，7 天左右再进行浇水。

③ 定植后，在土壤表面铺火山石或其他铺面石，进一步固定多肉，这不仅起到装饰作用，还能防止植株底部因潮湿而枯萎。

④ 多肉喜光，但刚种植的多肉不要急着晒太阳，要置于荫蔽处 3 天左右，再进行正常的光照管理。

⑤ 多肉适宜生长温度是 10 ～ 30℃，当夏季温度高于 35℃时，部分多肉植物会进入休眠状态，当温度达到 40℃时，所有的多肉植物都会进入休眠状态，即使“夏种型”（夏天生长）也不能幸免。冬天当温度低于 0℃时，多肉内部的水分也会结冰，植株会停止生长，这时一定要断水，冬天最好将多肉移到室内养护，否则一场雪后冰冻，就会引起植株死亡。

⑥ 多肉耐旱，浇水遵循“见干见湿”原则，等土干透了再浇透，宁愿干也不能湿，切忌浇水频繁，但也不能长期处于干旱状态，否则会引起植株枯死。夏冬是多肉休眠期，要严格控制浇水，否则会引起烂根。

⑦ 多肉不能用喷水的方式进行浇水，浇水时也要特别注意不能将水浇到叶片上，否则太阳一晒就很容易晒出斑纹。阴雨天气严禁浇水。

⑧ 对于多肉来说，通风和光照一样重要，要是通风不好，容易生病虫害。

鸾凤玉

别名：草球、长盛球
科属：仙人掌科星球属
分布区域：原产于南美洲，一般生长在高热、干燥、少雨的沙漠地带

666. 鸾凤玉灰霉病

症状表现：灰霉病是比较难防治的一种真菌性病害，属于低温高湿型病害。灰霉病由灰葡萄孢菌侵染所致，发病处呈灰白色，水渍状，高湿时表面生有灰霉。在湿度过高、光线不足的情况下，蔓延很快，植株很快变软腐烂，缢缩或折倒，使全株失去观赏价值，严重时，甚至会造成全株腐烂，无法抢救。

防治方法：①以预防为主，种植时进行土壤消毒。②选择健康强壮的品种进行种植。③要选择一个通风阳光充足处进行种植，种植环境不能过度潮湿。④平时浇水时，不要从顶部淋水。⑤一旦发现植株染病，应立即放到太阳直射处暴晒，并用 70% 甲基托布津可湿性粉剂 1 000 倍液喷洒，且将患病处切除，这样至少能保住植株其他的健康部分。

667. 红蜘蛛

症状表现：红蜘蛛是刺吸性害虫，鸾玉凤生长点附近和棱谷间是最易遭红蜘蛛吮吸的部分，鸾玉凤遭受红蜘蛛侵害后，植株会变形，生长衰弱，被侵害的表皮呈铁锈色，不仅影响美观，而且使植株变得冬天更不耐寒。红蜘蛛个体很小，很难被发现，往往发现时，为时已晚。

防治方法：①种植环境要保持通风，不能过于闷热。②预防为主，高发期之前就要喷药，每 10 天喷 1 次，可用 40% 氧化乐果乳油 1 500 倍液进行喷杀。

养花无忧小窍门

养护鸾凤玉时，要注意哪些问题？

① 鸾凤玉喜欢在有肥力、土质松散、石灰质丰富且排水通畅的沙质土壤中生长。

② 鸾凤玉喜欢光照充足的环境，但在夏天阳光比较强烈时，也要注意适当为鸾凤玉遮蔽阳光，以免植株被灼伤。

③ 鸾凤玉喜欢温暖，同时也具有一定的抵御寒冷的能力。冬天进入休眠期时，应将鸾凤玉摆放在室内温度不高的地方。在 5 ~ 10℃ 的环境里即可以安全过冬。

④ 鸾凤玉能忍受干旱，忌积水过多。在 4 ~ 10 月鸾凤玉的生长期，要准确把握好土壤的湿度，以盆土稍湿润而略干燥为宜。冬天需控制浇水，盆土应维持略干燥状态。

⑤ 栽植前应以适量的有机肥及骨粉作为底肥，以促使鸾凤玉生长。在鸾凤玉的生长季节，应每个月施 1 次肥。